华东师范大学

数学 系纪事（第一辑）

华东师范大学老教授协会数学分会◎组编

华东师范大学出版社

·上海·

图书在版编目（CIP）数据

华东师范大学数学系纪事. 第一辑 / 华东师范大学
老教授协会数学分会组编. —上海：华东师范大学出版
社，2021

（传承）

ISBN 978-7-5760-1507-2

Ⅰ.①华… Ⅱ.①华… Ⅲ.①华东师范大学—数学—
学科发展 Ⅳ.①O1-13

中国版本图书馆CIP数据核字（2021）第128706号

传承
——华东师范大学数学系纪事（第一辑）

组　　编　华东师范大学老教授协会数学分会
封面题签　苏渊雷
责任编辑　王海玲
责任校对　胡　静　范　薇　时东明
装帧设计　卢晓红

出版发行　华东师范大学出版社
社　　址　上海市中山北路3663号　邮编 200062
网　　址　www.ecnupress.com.cn
电　　话　021-60821666　行政传真 021-62572105
客服电话　021-62865537　门市（邮购）电话 021-62869887
地　　址　上海市中山北路3663号华东师范大学校内先锋路口
网　　店　http://hdsdcbs.tmall.com/

印 刷 者　上海展强印刷有限公司
开　　本　787×1092　16开
印　　张　27.25
字　　数　414千字
插　　页　8
版　　次　2021年8月第1版
印　　次　2021年8月第1次
书　　号　ISBN 978-7-5760-1507-2
定　　价　89.00元

出 版 人　王　焰

插页图1　1954届专科毕业照

第一排左四起为老师，他们依次是：赖英华、周彭年、高本义、吕海屿、孙烈武、王占赢、朱福祖、李锐夫、钱端壮、程其襄、曹锡华、刘景德、朱金乐

（王鸿仁提供，照片标题中的"1954级"应为"1954届"）

插页图 2　1955 届本科毕业照

第一排是老师，左起依次是：刘景德、王占灏、曹锡华、程其襄、孙泽瀛、徐春霆、周彭年、林忠民
（郑英元提供，照片标题中的"1954级"应为"1955届"）

插页图 3　第一届数学分析研究班毕业照

第二排是老师，左起依次是：雷垣、孙泽瀛、程其襄、李锐夫

（程其襄提供，摄于 1955 年 7 月 8 日）

插页图 4　1956 届本科及第二届数分研究班毕业照

第二排入座的教师左起是:陈美廉、郑英元、刘景德、赖英华、曹锡华、徐春霆、钱端壮、孙泽瀛、程其襄、魏宗舒、郑锡兆、王鸿仁、郑启明、林忠民、乔理;第一排右一是王慧怡,第四排左一是朱金乐,第四排左二是叶丽蓉

(唐瑞芬提供)

插页图 5　1957 届本科毕业照

老师坐在第二排，从左边第六位开始依次是：叶丽眚、王邦彦、曹锡华、余元希、钱端壮、孙泽瀛、徐春霆、周彭年、乔理、郎夫涛

（吴光焘、李绍芬提供）

插页图6　1957年数学分析研究班第三届毕业照

教师坐在第二排，从左四起依次是：赖英华、应天翔、李锐夫、程其襄、孙泽瀛、钱端壮、陈昌平、乔理

（姚璧芸提供）

插页图 7　　1958届本科毕业照

老师在第二排，从左七起依次是：叶丽蓉、陈淑、吴珠卿、陈信漪、应天翔、雷垣、余元希、钱端壮、曹锡华、程其襄、孙泽瀛、徐善霆、刘维南、李锐夫、朱树卓、张奠宙、吴光燕；第二排右起，第三位是唐瑞芬，第四位是曹伟杰

（郭诗松提供）

插页图 8　数学系分析、代数、几何研究班毕业照

第一排左四起是老师，依次是:曹锡华、程其襄、钱端壮、孙泽瀛、刘维南、李锐夫、雷垣、张奠宙、应天翔

（林继云提供）

插页图 9　　1962 届本科毕业照

教师坐在第二排，左起依次是：薛天祥、何平生、陈自安、王家勇、李惠玲、黄淑芳、李汉佩、林克伦、应天翔、王辅俊、魏宗舒、曹锡华、周彭年、朱福祖、郑启明、吕法川、徐元钟、胡启迪、徐钧涛、乔理、陆宝华。第三排左一是徐振寰（陈志杰提供，这张照片是从"文革"后系办公室的废纸堆中找到的，有些老师的脸被涂黑，系"文革"留下的痕迹）

插页图 10　　1965 届本科毕业照

参加拍照的老师大部分坐在第一排，从左三起依次是：陈淑、黄丽萍、葛金虎、陶增乐、华煜铣、鲍修德、胡启迪、陈美廉、田禾文、周彭年、程其襄、朱福祖、曹锡华、徐春霆、应天翔、林克伦、杨庆中。第二排：左一是庄秀娟、左二是吴珠卿、右一是陈月珍

（蒋鲁敏提供）

插页图11　首届工农兵大学生毕业照

王世云老师（第一排左七）和工宣队童师傅（第一排左六）参加了合影
（王仁义提供）

上海师范大学数学系七九届毕业合影 一九八〇.五.

插页图12　1976级毕业照

教师在第二排，左起依次是：程依明、何声武、瞿森荣、张九超、〇、俞建新、徐明唯、田万海、邹一心、刘鸿坤、徐小伯、祝杜林、陈信淘、吴允升、征道生、乔理、杨尘、王辅俊、华煜鈜、苏振袠、曹元希、徐振华、曹锡华、徐春霆、吴诗松、李汉佩、曹伟杰、唐瑞芬、邱森、黄云鹏、何福昇、顾鹤荣、魏国强、宋国栋、盛莱华、王玲玲、张维敏、胡之琤、马继锋。还有第三排右一陈果良、右二陈汉远两位老师（照片中无法识别的人的姓名用〇代替）

（李士锜提供）

华东师范大学教学系工会部门委员会欢送夫叙兄弟学校教工留念 一九五八·五

插页图13　　1958年的留念照片

第一排左起：陈美廉、姚璧芸、潘曾挺、赖助进、俞俊善、雷垣、孙泽瀛、吕海屿、李伯潘、陆慧英、朱念先、施孔成、倪若水、钱端壮、徐春霆、何福昇

第二排左起：唐瑞芬、林忠民、吴逸民、郑锡兆、余元希、李锐夫、魏宗舒、张奠宙、朱树卓、郑启明、曹锡华、王鸿仁、程其襄、陈淑、曹伟杰、郎夫涛

第三排左起：王慧怡、吴珠卿、许明、刘维南、郑英元、鲍修德、陈信漪、王邦彦、董纯飞、吕法川、陈昌平、柯寿仁、吴光寿、林克伦、黄云鹏、朱金乐、张佩蓓、荣丽珍、周礼聪

（姚璧芸提供）

廿一世紀

数学大國

数学教学

三十周年之庆

陈省身

插页图14　　陈省身先生题词（1985年）

《传承》丛书编委会

主　任　杜公卓

委　员（以姓氏笔画为序）

王祖赓　王麟生　朱小怡　许世远　杨伟民　吴　铎

吴稚倩　何敬业　张瑞琨　郑寅达　赵小平　钱　洪

钱景舫　黄　平　黄秀文

本书编委会

主　编　贾　挚

副主编（按姓氏笔画顺序）

陈志杰　赵小平

委　员（按姓氏笔画顺序）

张奠宙　陈志杰　郑英元　赵小平　贾　挚　倪　明

谈胜利

序 一

秉承前志,铸师魂,传文脉。

2021年是"十四五"开局之年,也是华东师大建校70周年,恰是一个历史交汇点。继《师魂》和《文脉》之后,师大"文脉丛书"再添《传承》系列。这部丛书回顾了华东师大70年学科建设、学校管理的奋斗历程,书写了一段多学科共创辉煌的发展历史。书中以学科发展、科学研究、人才培养等为线索,寻觅师大记忆,凝聚师大精神,充分开发了学校丰富的校史资源,传授学术真知,传承文脉与师魂。

非常幸运,我迄今为止的人生有三分之二的时光是在师大校园度过的,我在这里不停地接受着知识、文化、品格的丰富滋养,也亲身经历、亲眼见证了师大不平凡的建设历程,《传承》中叙述的不少事迹和人物仍然历历在目,颇为感怀。回首过去,华东师大奠基于新中国奋发图强的时代,从最初文史理工的全面学科布局开始不断成长、壮大,注重各学科的学术研究和人才培养,经过70年的积累形成了如今的崭新格局,不断朝着立足中国建设世界一流具有特色的综合性研究型大学的奋斗目标阔步前行。收获与希望,离不开不懈奋斗的师大师生,更离不开勇攀高峰的学科带头人。我想,所谓传承,既要铭记过往,用深厚的历史积淀筑牢理想信念,也要从先辈手中接过责任的担子,弘扬爱国荣校、自强不息的优良传统,努力将创获智慧、陶熔品性、服务民族和社会的理想精神薪火相传。

学校老教授协会的诸位先生远瞩高瞻、不辞辛劳地组织编辑出版的《传承》丛书是很好的枢纽,它将师者之魂融汇于隽永的文脉,通过文字、图片让先贤与后辈在书中相遇，以承前者与启后者的双重身份传承师大建校使命与社会责任，令人感动之余也深思不已。今天，引领新时代华东师大发展的火炬已经传到了我们这一代师大人的手中，我们又怎能不以建党百年华诞与70周年校庆为契机执笔挥毫新一页的华彩篇章呢？

　　抚今思昔，鉴往知来。在这里，我要向编撰《传承》丛书的参与者和组织者，特别是老教授协会的各位师者致以最深挚的敬意和由衷的感谢！你们对师大的拳拳深情和无私奉献，正是"传承"最美的注脚，也是激励一代又一代师大人破浪前行最动听的号角。

梅兵

2021年4月8日

序 二

《传承》是继《师魂》《文脉》之后，学校老教授协会为师大"文脉丛书"编撰的最新成果。2021年，不仅仅是学校建校70周年，更是学校启动"十四五"，开启新一轮"双一流"建设的新起点，在这个特别的时刻，《传承》系列丛书的付梓，有着特别的意义。

华东师大的学术传承，既光荣又厚重。作为新中国成立后组建的第一所社会主义师范大学，学校有着最为全面的学科布局，是一所真正意义上的"综合性大学"。在这里，文理基础学科有着深厚的学养，新型工科发展迅速，文体艺术交相辉映，形成了独具师大风格的学术文脉，走出了一位位享誉海内外的大师。这在《师魂》和《文脉》中都有具体的展现。

作为后继的《传承》，我想其重点更应该是对《师魂》和《文脉》的继承和发扬。在2018年进入华东师大之初，我受学校首任校长孟宪承先生所提大学使命——"智慧的创获、品性的陶熔、民族和社会的发展"的启迪，根据现时代的要求，提出了师大"育人""文明""发展"三大核心使命，希望能在治校过程中进一步发扬老一辈的师大精神，不辜负党和国家以及人民对师大的期盼。在2019年"不忘初心、牢记使命"的学习中，通过深挖师大精神内涵，我初步梳理提炼了"华东师大育人理想和担当"的核心内涵。在师大的三年多里，通过深入走访，了解学校各学科的基础、发展、特色，我深深地感到，华东师大有责任也有能力为中国的教育发展做出自己的贡献，也越来越感到传承师大建校使命，发扬师大优秀的学科文脉，对师大下一步的发展具有不可替代的核心作用。

当我们回望师大各学科的发展历史时，我们看到的不仅仅是一代代师大人奋斗的精神，一项项成果获得的自豪，更是一门学科在师大生根、发芽、成长的过程，这同时也是一门学科不断发展的过程。我们在传承精神、文脉的同时，更要关注学科发展的历史规律、内在逻辑和未来趋势，这是滋养学科生生不息、永续发展的源头活水，也是推动人类文明进步的根本动力。

当前，学校正在全面推动卓越育人改革，其中很重要的一项举措就是要建立"人类思维和学科史论"核心通识课程系列。学校各个学科的多位老师参与了这项工作，并取得了很好的成果。我们希望通过梳理学科发展历史，来传承发扬其中的思维内涵，实现学术真理的传授。这与老教授们编写《传承》丛书可谓是不谋而合。希望通过《传承》丛书，我们能够更加重视和发扬师大历史发展中的优秀举措和成果，为真正实现学校"育人""文明""发展"三大核心使命，践行创校校长孟宪承提出的大学使命而不懈努力。

最后，我要代表学校全体师生、校友，向组织、参与编撰《传承》系列丛书的老教授们，以及学校老教授协会的全体成员致以崇高的敬意和衷心的感谢，感谢他们一辈子对学校的关心和贡献。师大正是因为有了他们，才显得更加可敬、可爱。

钱旭红

2021 年 4 月 8 日

丛书前言

华东师范大学老教授协会在2009年至2017年间，编撰了《师魂——华东师范大学老一辈名师》《文脉——华东师范大学学科建设回眸》两部大型图书[1]，总结学校的优良传统和学科发展的历史经验。这是举学校离退休老教授之力完成的两项重大校园文化建设工程，受到校内外的重视与好评。《文脉》编委会被评为上海市老教授协会先进集体。

华东师范大学的奠基者和开拓者们，面对艰苦的办学条件，敢于创新，敢为人先，培养了一大批优秀人才，在科学研究上不断取得突破，完成了学科的构建，为华东师大的发展奠定了重要基础。华东师大之所以能先后跻身"211""985"和"双一流"高校建设行列，在很大程度上是因为我们的前辈们从建校之始就致力于实现"师范性"与"学术性"的统一，以及对教书育人和学术卓越的不懈追求。而今学校在不少学科领域承担着国家队的责任，并且将随着国家和社会的不断发展，力求在国内和国际范围内对人才培养和学科建设做出更大的贡献。

现在华东师范大学活跃在育人、教学、科研和管理一线的骨干，很多曾接受过这些前辈的教诲和扶持。把这些事迹记录下来，不仅是对前辈们的纪念，更是对华东师大文脉精神的传承和弘扬。在编撰《师魂》《文脉》的过程中，老教授协会各分会发挥了重要的组织、协调作用，离退休老教授积极性高涨。

---

[1] 华东师范大学老教授协会.师魂——华东师范大学老一辈名师［M］.上海：华东师范大学出版社，2011.华东师范大学老教授协会.文脉——华东师范大学学科建设回眸［M］.上海：华东师范大学出版社，2017.

在完成《师魂》《文脉》编撰任务的过程中，一些分会提出编撰本分会专册的建议。社科部（现马克思主义学院）分会、数学分会还按《师魂》《文脉》的思路、原则，编撰了本单位人才培养和学科建设的专册。社科部专册题名《思想政治理论课传承与创新》[①]，已经出版；数学系专册则正式纳入了本丛书的系列。这显示了编撰《传承》丛书的坚实基础和巨大潜力。

为喜迎学校建校70周年，发挥离退休老教授巨大智力库优势，开发学校历史资源，学校老教授协会决定组织编撰华东师范大学《传承》丛书。这套丛书是兼具学术性、教育性、史实性的系列撰著，集中体现华东师范大学育才和治学的科学精神、人文精神和优秀文化传统。丛书编撰的宗旨是：回眸历史，总结经验，增强自信，激励士气，为实现建设世界一流大学目标添砖加瓦。丛书编撰的原则是：紧扣学校校园文化建设要求，回眸培养人才和学科建设优良传统；坚持求真务实，叙真人真事，杜绝虚构；力求具有可读性，文风朴实，文字生动活泼。丛书的出版，将根据书稿质量、完稿时间以及出版的规范和要求，统筹和有序安排。

"满眼生机转化钧，天工人巧日争新。"《传承》丛书将作为全校离退休老教授"老有所为"的一项集体成果，献给学校现在和未来的开拓者们！

杜公卓

2021年4月

---

① 顾雪生、卢娟.思想政治理论课传承与创新［M］.上海：华东师范大学出版社，2016.

本书序

　　这部厚厚的书稿，记载了华东师范大学数学学科筚路蓝缕的发展历程。

　　以史为鉴，前事不忘，后事之师。数学学科发展的小史折射着"四史"大史，"四史"大史引领数学学科小史的发展。这部书共分四个部分。《纪事篇》是1951—1978年从改革开放前艰难起步、院系调整到春天来临的历史铺叙，《人物篇》记录了老一辈数学家开辟山林、提携后人、引领发展的点点滴滴，《学科篇》记录了各学科方向顺应时势、协力同心、共谋机遇的团队建设，《留痕篇》则沉淀了数学系的岁月记忆和人文故事。贯穿始终的是，从数学系到数学科学学院近70年的华丽蜕变。

　　在书中，既能看到统揽全局的历史叙事，也能感受到数学的"横看成岭侧成峰"和"远近高低各不同"。数学大家中既有能谋善断、高瞻远瞩者，也有知人善任、点石成金的伯乐；既有甘为人梯者，也有孜孜以求者。在教研中，既有"上通数学，下达课堂"扎实的教学和课程设计，更有团队协作对世界难题的从长计议；既有你追我赶的群策群力，也有个人的天资纵横。数学人有着良好的传承，在发展的大家庭中，每个人都不曾缺席。

　　所以，不管你是处于思考数学学科发展的角度，还是站在做好教学、科研的角度，亦或是一个准备终生从事数学工作的人，这部书都值得一看。因为，这些故事展现的是数学人自己在思考数学如何更好地发展。

　　2017年，华东师范大学数学学科入选国家"一流学科"建设计划。近年来，在国际权威的ESI全球学科排名中，位于全球数学学科排名前百分之一。在2017年公布的教育部学科评估中获评A类。2019年入选首批国家级一流本科专业建设点，2020年获国家批准招收数学类强基班。数学科学学院正呈现出越来越强劲的发展势头，这得益于数学人永不懈怠、一往无前的奋斗精神，务实求真、勇攀高峰的科学精神，和勠力同心、众志成城的团结精神。这些本色在数学人的血脉里代代流传。这部书的重点是数学系前期的发展，还有更加精彩的人和事后续待记，这也是"传承"。

凡是过往，皆为序章。感谢老同志们多年的努力，给年轻人留下这一厚重的礼物。

谨以此序缅怀老一辈数学家！让我们沿着他们开辟的道路大踏步前进！

贾挚

2020 年 8 月 20 日

＊本序作者：贾挚，华东师范大学数学科学学院党委书记。

目　录

学科篇

纪事篇

华东师范大学数学系教学科研大事记叙[*]

（1951—1978 年）

1951年：数学系成立

中华人民共和国成立以后，百废待兴，为适应社会主义教育事业的需要，1951年7月18日，华东军政委员会教育部宣布，经中央人民政府教育部批准，成立华东师范大学。以大夏大学、光华大学的文、理科为基础，加上复旦大学、同济大学、沪江大学、东亚体育专科学校等学校的教育、动物、植物、音乐和体育等系合并而成，以大夏大学原址为校址。10月16日举行开学典礼，正式宣布华东师范大学成立。11月30日，中央人民政府教育部任命华东军政委员会教育部部长孟宪承兼任校长。刚建校时，学校设有教育、中文、外文、历史、数学、物理、化学、生物、地理、音乐、体育等11个系。

数学系作为建校初期成立的11个系之一，当时仅有教师5人，他们是原大夏大学教授施孔成、原光华大学副教授徐春霆，以及三位刚从大学毕业分配来系里的助教赖英华（毕业于交通大学）、郭祐伯（毕业于浙江大学）和刘景德（毕业于山东大学）。此外，还聘请交通大学孙泽瀛教授任数学系主任（1952年1月报到并发聘书）。1951年12月12日，经校长研究决定，任命施孔成为代理

---

[*] 2003—2004年，张奠宙、郑英元完成了《华东师范大学数学系简史（1951—1976年）（初稿）》，后来温玉亮在此基础上写成《华东师范大学数学系系史（1951—1977）》。本文是陈志杰在以上两个版本的基础上增补了在校档案馆查到的资料以及部分校友的回忆后整理而成的，冠之以"大事记叙"，作为将来修订系史的参考。

系主任,处理数学系日常工作。

1951年,高校招生由华东、华北、东北等地高校分片联合招生。华东师范大学刚刚成立,学生知道的很少,因此在华东区联合招生时,数学系只招得1名学生。后来,华东师范大学单独组织招生,9月底新生报到,来数学系的有20名学生,其中男生7名,女生13名;1952年2月,福建省又保送5名学生。这就是首批数学系1951级的学生,共25名。

从1951年10月17日起,全校师生进行土改政策学习。11月5日,数学系全体师生(除年老的施孔成和体弱的两位女生杨传弟、顾安娜外)到安徽淮南市官塘乡参加土改工作,至1952年1月4日返校。

当时学生宿舍在群策斋(后来叫第一学生宿舍,现拆除重建为伸大厦),男生在二楼的一个小房间,女生在一楼的一个大房间。有时全系大会就在这个女生宿舍召开,全系师生共30人。学生上课在群贤堂(一度称为文史楼),但没有固定的教室。

第一届数学系和物理系学生联合成立团支部,由数学系学生潘曼丽担任团支部书记。数学系第一届学生会主席是方逸仙。

1952年:院系调整

1952年2月中旬,第二学期开始上课。"解析几何与初等微积分"分甲乙两班,分别由施孔成和徐春霆主讲,赖英华和郭祊伯辅导。"普通物理"由物理系的蔡宾牟教授主讲,田士慧辅导。此外还有公共必修课,如教育学、共产主义与共产党问题、体育、俄语等。

2月,金陵大学毕业的李伯藩来系里当助教。7月,吕海屿(毕业于南京中央大学数学系)从华东局人事部调来数学系当助教,从此华东师大数学系有了第一名中共党员。

这一年全校师生都参加了"三反""五反"和以改造旧思想、旧教育为目的的思想改造运动,在此基础上,党委有计划地在全校加强思想政治教育和组织建设。同学们还积极参与建校劳动。

1952年秋,全国实行院系大调整。浙江大学、交通大学、同济大学等改制为工科大学,停办理科;圣约翰大学被撤消,部分院系并入华东师范大学。于是,数学系师资得到很大扩充,这一时期先后加入数学系的有:复旦大学副教务长李锐夫教授、范际平副教授,交通大学理学院数学系孙泽瀛教授、武崇林教授、雷垣教授、周彭年讲师,同济大学理学院代理院长兼数学系主任程其襄教授、吴逸民副教授、陈昌平讲师、李汉佩讲师,圣约翰大学数学系主任魏宗舒教授、陈美廉助教,山西大学数学系主任钱端壮教授,浙江大学数学系曹锡华副教授。以名教授为代表的这批教师的加盟,大大提高了华东师范大学数学系的知名度,也为以后的发展打下了良好的基础。1952年调入的还有黄淑芳助教。

院系调整后,学校任命李锐夫为副教务长,孙泽瀛为数学系主任,钱端壮为副主任,周彭年为系秘书。

1952年秋,华东师范大学开始举办数学专修科。当年数学系入学新生(包括调干生)96名,其中本科55名,专科41名,加上1951级25名学生和圣约翰大学并入的3名三年级学生,此时数学系共有4个班级,学生124名。

1952年全校招收新生755人,加上院系调整调进师生268人,师生人数大量增加,教室和学生宿舍都不够使用。校行政会议决定,将数学、物理、化学三系暂搬至圣约翰大学(现华东政法大学万航渡路校区)西门堂,称华东师范大学分部。数学系在分部西门堂待了一年后,于1953年夏搬回中山北路校本部。数学系办公室在文史楼后面三排平房第三排的几个房间,那里现已拆除,盖了食堂。

当时,我国社会主义初建,缺乏办社会主义高等教育的经验,提出全面学习苏联教育经验。1952年8月,学校开始有计划、有步骤地学习苏联的教学经验,进行教学改革。先教学批判,再学习和讨论制订教学计划,后建立教学组织,拟订教学大纲,建立各种规章制度。至1952年10月,各系科都完成了教学计划(草案)的拟订工作。全校建立了33个教研组和教学小组。

1952年10月28日，校行政会议研究决定，成立第一届校务委员会。校务委员包括数学系教师李锐夫、孙泽瀛和钱端壮。自校务委员会成立以来，学校的一些重大问题均提交校务委员会讨论审查通过。

同年下半年，数学、物理、化学三系成立联合党支部，由吕海屿任支部书记。专科班学生潘洁明成为数学系第一名学生党员。

1953年

1953年8月，华东军政委员会教育部根据中央人民政府教育部指示，颁发《关于1953年高等师范院校少数文科调整的指示》，将学生人数少的班级予以归并集中。根据这一决定，安徽大学数学系二年级学生6人调整来华东师范大学，编入数学系1951级，此时1951级学生增加到31名。

1953年夏，由圣约翰大学并入学校的3名三年级学生（王慧怡、朱金乐、杨惠南）全部提前毕业，成为华东师大数学系成立后的第一批毕业生。

朱福祖副教授于1952年10月由同济大学先调入安徽大学，后于1953年8月从安徽大学调入华东师范大学。孙烈武和王占瀛由东北师范大学毕业后分配来华东师大工作。第一批毕业生王慧怡、朱金乐留校任教，1952级专科班学生潘洁明提前一年留校承担政治工作。

1953年第一学期的数学系教师有（李锐夫在校部任副教务长，尽管他仍在数学系兼课，但有时不列入数学系教师名单）：

教授：孙泽瀛、钱端壮、雷垣、施孔成、程其襄、魏宗舒；

副教授：曹锡华、吴逸民、徐春霆、朱福祖；

讲师：周彭年、陈昌平、李汉佩；

助教：赖英华、刘景德、李伯藩、吕海屿、陈美廉、黄淑芳、孙烈武、王占瀛、王慧怡、朱金乐。

1953年秋数学系和地理系成立联合党支部，刘维寅任党支部书记。

1953年秋，继续招收本科生和专科生，本科生入学154人，分成甲、乙、丙三个班,专科生61人。同年10月,按照教育部的部署,由华东师范大学数学系招收数学分析研究班,程其襄、李锐夫两位教授为指导教师。研究班成立的目的是为全国师范院校培养数学系基础课的师资。第一届数学分析研究班招收14人,分别来自东北师范大学、北京师范大学等校。数学分析研究班自1953年至1956年每年招生,为两年制。课程有:数学分析选论(程其襄主讲,吴逸民也讲过一届)、复变数函数论(李锐夫主讲),均为自编讲义;实变数函数论(那汤松本,程其襄讲授)、微分方程(钱端壮主讲)、线性代数(盖尔冯德《一次代数学》,雷垣主讲)、微分几何等。1956年还招收一年制"复变函数论进修班",许多高师院校的教师来校进修,也常随研究班听课。

1953年,曹锡华在《数学学报》发表论文《阶为 $g = p^2 g'$ 的群》。这是他在美国获得博士学位的论文,也是华东师范大学数学系教师首次在国家级学术刊物上发表论文。

由于数学系教授阵容强大,在学校和数学系领导的带领下,教学科研很快走上轨道。数学教育家武崇林曾在交通大学讲授实变函数论课程,激励了学生吴文俊坚持数学学习和研究。武崇林来华东师范大学以后,身体一直不好,不到一年便去世。他在系里做过一次有关实数理论方面的学术报告。那时,程其襄、钱端壮、曹锡华、陈昌平等组织讨论班,读卡拉泰奥多里的英文原版书《共形映照》。在学习苏联的口号下,大多数教师开始学习俄语,很快取得成效。雷垣、曹锡华、李汉佩、周彭年等翻译了里亚平的《高等代数》,1953年秋季开始在一年级使用,后来由高等教育出版社出版。

1953年11月14日,校务委员会通过《华东师范大学教学研究组试行工作条例》,条例对教研组的组织性质、人员构成、直属部门(领导)、教研组的任务均做了具体、详尽的规定。有了工作条例后,教研组工作得以健康有序地发展。到1955年9月,各系教研组数目达43个,其中数学系5个。

1953年,因学校招生人数增长较快,教室、运动场所、宿舍都跟不上。在学校全面规划下,数学馆,化学馆,第二、第三(现第19)、第四(现第20)学生宿舍,河西饭厅和学校主干道都在全面建设中。到秋季开学时,数学系大部分学生住进了刚建成的新宿舍,女同学在第二宿舍,男同学在第三、第四宿舍。刚建成的宿舍床铺没配全,部分学生就睡地铺。数学馆还没有建成,学生就在化学馆工地北侧搭建的三排临时草棚教室内上课。办学条件十分艰苦。到1953年秋建设工程陆续完工后,建筑面积比上年增加50%,建筑群跨过大校河,进入河西新天地,办学条件有了明显改善。

1954年

1954年春,数学系学生全都搬入第二、第三、第四学生宿舍,吃饭到河西第二学生饭厅。但数学馆和化学馆还未完工,数学系学生仍在临时草棚教室上课。当时全面学习苏联,每天上午上课5节,下午和晚上复习和活动。因要上5节课,学校在上午第三节和第四节课的课间给学生发馒头充饥。

1954年暑假,数学馆落成。数学系使用二楼和三楼,一楼由外语系使用。秋天,数学系学生又搬入新建成的第五学生宿舍。

受中央教育部委托,学校于1954年4月拟订《师范专科学校理科教学计划(草案)》报教育部,其中包括数学、数学与物理专修科,专科二年制,培养初级中学教师。

程其襄负责高师院校本科使用的"数学分析"教学大纲,李锐夫负责"复变函数论"的教学大纲。1955年暑期,在华东师范大学举行数学分析、复变函数两门课程教学大纲的审定工作,之后由高等教育出版社出版。

孙泽瀛负责高等几何学教学大纲。孙泽瀛编写的《解析几何学》《近世几何学》于1953年由高等教育出版社出版,在各高等师范院校使用十分广泛。

1954年5月,匈牙利科学院院士巴尔·杜兰教授根据《中匈文化合作协定》应邀来我国做学术访问,第一次专题报告在华东师范大学举行,题目为"分析学内之新方法与应用"。

1954年夏,1951级学生林忠民、郑英元提前毕业留校工作。曹伟杰、王绍从北京师大毕业后分配来华东师大数学系。1952级专科班毕业41人，其中赖助进、潘曾挺、滕伟石、王鸿仁、郑启明、朱念先等6人留校担任助教工作。

1952级（1952—1954年）专科班开设以下专业课程（不含公共课，下同。本文的课程列表都是根据学生成绩单摘录而成，仅供参考）：

年级	第一学期课程	学时	考试/考查	第二学期课程	学时	考试/考查
一	解析几何	4	考查	解析几何	3	考查
	初等数学复习及研究	8	考试	初等数学复习及研究	5	考试
	普通物理学	7	考试	普通物理学	7	考试
	制图学	1	考查	初等微积分	4	考试
				教育见习	2	考查
二	数学分析	5	考试	高等几何	4	考试
	高等代数及数论	3	考试	高等代数及数论	3	考查
	初等数学复习及研究	4	考查	初等数学复习及研究	4	考查
	数学教学法	5	考试	数学教学法	5	考查
				教育实习	2	考查

是年，数学系独立成立党支部，高本义任党支部书记，潘洁明任党支部副书记兼团支部书记。教师党员还有吕海屿、滕伟石，学生党员有袁永孝、张奠宙。

同年，从其他院校调入数学系的还有周正教授、孙志绥、郑锡兆。

1954年9月，本科生入学179人，分甲、乙两班。这一年的教学较为正规，由教授上大课，每班又分三个小班，由助教上习题课。学生大课没听懂的内容，习题课上基本能弄懂。当时教与学都比较认真，学习的气氛很浓。根据学校要求，一年级大学生采用口试方式考试（其实从1952级学生起已经有口试了）。考试前由任课教师出考题，学生进教室先随机当场抽题，然后在另一教室里准备半小时后，再进入口试教室，讲解自己的答案，老师再提问，学生解答，最后老师打分。评分是四级分制，5分优秀，4分良好，3分及格，2分不及格。不及格者开学再补考。口试气氛严肃、紧张。数学馆已开始使用。1954级新生也入住新盖的第五学生宿舍，8人一间。学生吃饭8人一桌，中间放一大盆菜,各取所需,敞开吃。得知晚上吃肉包子的时候,学生特别高兴,尤其是男同学,他们尽兴地在操场上锻炼,想多吃几个肉包。饭后还组织学生去打扫食堂。

1954—1956年举办第二届数学分析研究班,学生15人。

1954年秋起,没有再招专科生。

1954年起,数学系连续获得校运动会总分冠军。

1954年秋季开始,数学系有了负责教务工作的专职行政人员乔理,工会主席为吴逸民。

1954年12月13日,民主德国数学家格雷尔教授莅临学校参观,并举行座谈会。会上,李锐夫副教务长介绍了学校发展等情况。格雷尔教授参观了数学馆和数学系的图书室等。

陈昌平、赖英华有一段时间被派往安徽大学支援教学工作。

1954年年底,数学系教师分属4个教研组(本文的教师名单都是从档案馆收藏的全校教师名册中摘录,教研组名称和教师排列顺序都参考原文件,有些老师因列入行政编制就不出现在教师名册中):

几何教研组:孙泽瀛(系主任兼组主任)、施孔成、孙志绥、刘景德、吕海屿、黄淑芳、王慧怡、王绍、赖助进、潘曾挺、朱念先;

数学分析教研组:程其襄(主任)、魏宗舒、周正、吴逸民、周彭年、陈昌平、陈美廉、孙烈武、王占瀛、曹伟杰、林忠民、李锐夫;

代数学教研组:雷垣(主任)、曹锡华、朱福祖、李汉佩、赖英华、李伯藩、朱金乐、王鸿仁、郑英元;

数学教学法教学小组:钱端壮(系副主任兼小组长)、徐春霆、郑锡兆、郑启明、滕伟石。

1955年

1955年1月20日,第二届校务委员会成立,副教务长李锐夫任委员。

1955年2月,校学生会举行学生文娱汇演授奖大会,数学系的《全家光荣》获表演一等奖。

在1955年4月举行的第三届全校体育运动大会上,数学系取得团体总分和女子田径双冠军、男子田径第二名的好成绩。男子田径取得单项冠军的学生运动员有:1953级的方福泰(跳高、110米高栏),黄政琦(标枪);1954级的黄用廉(200米)。女子田径取得单项冠军的学生运动员有:1954级的应淑芳(铅球、铁饼)。女子体操取得单项冠军的学生运动员有:1953级的李绍芬(高低杠、自由体操),陈丽卿(跳箱、全能)。

1955年夏,1951级本科生27人和1953级专科班学生60人毕业,其中专科班学生叶丽蓉留校,担任数学系党总支副书记兼团总支书记。党总支书记是潘洁明。1952级本科生吕法川和宋孝悌提前一年毕业,吕法川留在系里担任学生工作,宋孝悌到校部机关工作。

下表展示了1951级(1951—1955年)本科生的专业课程情况,一年级第一学期因参加土改上课时间很短。

年级	第一学期课程	学时	考试/考查	第二学期课程	学时	考试/考查
一	解析几何	5	考试	解析几何	5	考试
	微积分	13	考试	微积分	13	考试
	普通物理学	11	考试	普通物理学	11	考试
二	高等微积分	6	考试	数学分析	6	考查
	高等代数	4	考查	高等代数	3	考查
	普通物理学	7	考试	普通物理学	7	考查
	初等数学复习及研究	2	考查	初等数学复习及研究	2	考查
	制图学	1	考查			
三	数学分析	3	考试	数学分析	4	考查
	近世代数	5	考查	近世代数	5	考试
	初等数学复习及研究	5	考试	初等数学复习及研究	5	考查
	数学教学法	4	考试	数学教学法	4	考查
				教育实习	2	考试

年级	第一学期课程	学时	考试/考查	第二学期课程	学时	考试/考查
四	理论力学	4	考试	理论力学	4	考查
	立体几何	4	考试	立体几何	3	考试
	高等几何	5	考试	数的概念	6	考试
	数学教学法	4	考查	几何基础	5	考试
	教育实习	2	考试			

1953级（1953—1955年）专科班的专业课程与上届相比有很大变化：

年级	第一学期课程	学时	考试/考查	第二学期课程	学时	考试/考查
一	算术及代数复习与研究	5	考试	算术及代数复习与研究	5	考查
	平面几何复习与研究	4	考查	平面几何复习与研究	4	考试
	解析几何及数学分析	6	考查	解析几何及数学分析	6	考试
				教育见习	2	考查
二	数学分析	3	考查	数学分析	3	考试
	数学教学法	3	考试	数学教学法	3	考查
	高等代数	3	考试	高等几何	3	考查
	初等代数	5	考试	初等函数	5	考试
	平面几何	3	考查	立体几何	3	考查
				教育实习	2	考试

1955年秋季入学的本科生有188人，分成6个班。

1955—1957年举办第三届数学分析研究班，学生21人。

孙泽瀛建议创立《数学教学》杂志并担任总编辑，李锐夫题写刊名。1955年7月出第一期，开始是季刊，1957年起改为月刊。

1955年年底前，数学系有5个教研组，分别是数学分析教研组（主任程其襄）、代数教研组（主任雷垣）、几何教研组（主任钱端壮）、初等数学教研组（主任曹锡华）、数学教学法教研组（主任徐春霆）。教研组各自开展了相应的教学与科研工作。

数学分析教研组由教授程其襄、李锐夫、魏宗舒、周正,副教授吴逸民,讲师周彭年,助教刘景德、黄淑芳、陈美廉、孙烈武、曹伟杰、林忠民、郑英元、王占瀛等14位教师组成,负责数学分析、复变函数论等课程的教学工作。在此期间,在程其襄、李锐夫、魏宗舒、周彭年的带领下,开展了编写复变函数论的教学大纲、讨论数学分析教材和材料收集以及研讨如何上好习题课等一系列科研工作。1955年9月,国家制定《1956—1967年科学技术发展远景规划》,李锐夫(整函数)和程其襄(半纯函数)名列其中。

代数教研组由教授雷垣、副教授朱福祖、讲师李汉佩、助教朱金乐和王鸿仁等5位教师组成,主要负责高等代数的教学工作。雷垣、曹锡华、朱福祖、李汉佩组织代数讨论班先学习《线性代数》,后来又组织了一个数论讨论班学习哈塞的德文原版《数论讲义》,哈塞的另一本《数论》也读了一部分。1957—1959年,施孔成、朱福祖、李汉佩编写的《解析几何与代数》由高等教育出版社出版。

几何教研组由教授孙泽瀛(系主任)、钱端壮(系副主任)、施孔成,助教吕海屿、王慧怡、王绍、赖助进等7位教师组成,承担了近世几何(高等几何)、解析几何、几何基础的教学工作,并开展了一定的科研工作。主要成果包括:1. 研究专题"一个外尔子空间镶于另一个外尔子空间的弗氏公式";2. 参与教育部编写教材《师范学院一年级解析几何》;3. 参与中央教育部编写教材《物理系一年级解析几何与代数》《数学系一年级立体几何》。钱端壮为几何基础课程编写讲义,之后由高等教育出版社出版教材《几何基础》。

初等数学教研组由副教授曹锡华,讲师陈昌平、陆慧英,助教赖英华、潘曾挺、朱念先、李伯藩等7位教师组成,担任初等函数、平面几何、立体几何的教学工作,并受教育部委托编写初等代数的教材。

数学教学法教研组由副教授徐春霆,教师孙志绥、郑锡兆,助教郑启明、滕伟石等5位教师组成,主要负责数学教学法教学、教育实习及部分附中的课程。徐春霆参与科学研究题目"中学一元方程解法的研究及中学野外测量方案",孙志绥参与科学研究题目"怎样出中学题目和评分问题"。

1956年

随着社会主义建设新高潮的到来,党中央提出了"向科学进军"的号召,对数学系的发展起了很大推动作用。

在1956年元旦文娱会演中,数学系的话剧《保卫干事》获演出奖。

1956年1月,全校举行第一次科学讨论会,为期三天。数学系学术报告会报告人有:孙泽瀛、李锐夫、曹锡华(他的论文后来发表在《华东师范大学学报》上)、魏宗舒(介绍数理统计)、陈昌平(介绍微分方程)等。还邀请其他院校代表参加。

在1956年4月举行的第四届全校体育运动大会上,数学系的方福泰男子110米高栏的成绩是17秒4(上海市纪录17秒1),打破了本校纪录。数学系取得团体总分和男女田径3项冠军(女子田径是并列冠军)的好成绩。男子田径取得单项冠军的学生运动员有:方福泰(110米高栏、200米低栏),黄政琦(跳高)。女子田径取得单项冠军的学生运动员有:应淑芳(铅球、铁饼)。数学系队取得男子400米接力冠军。

1956年华东师范大学开始设置函授教育,在江苏、浙江两省及上海市招收函授生,招生对象主要是中等学校在职教师和少数行政干部。数学系的函授教育负责人是余元希。寒暑假集中在学校面授,由中老年教师主讲(如朱福祖、陈昌平等)。平时由青年教师下各地(上海、南京、无锡、南通、杭州、嘉兴、金华)辅导站上习题课和答疑。同时还编写各种辅导教材。第一年参加此项工作的青年教师有:林忠民、郑英元(数学分析),黄云鹏、王鸿仁(高等代数),陈信漪、潘曾挺(解析几何)。物理系和化学系函授生的高等数学也是由数学系教师授课,陈美廉负责化学系高等数学函授工作。

1956—1958年举办第四届数学分析研究班,同时举办代数研究班和几何研究班。1956届本科毕业生中有8人进入了分析研究班、代数研究班和几何研究班。代数研究班的课程有近世代数、线性代数、环论、群论、体论、代数数论等。几何研究班的课程有微分几何、射影几何与射影测度、射影几何与线性代数、非欧几何与几何基础等。

1956年1月，刘景德、赖英华升为讲师。

1956年8月，黄淑芳、陈美廉、李伯藩、王慧怡升为讲师。

1956年评定教师职称。当时的阵容如下：二级（教授）有程其襄、李锐夫、钱端壮、孙泽瀛，三级（教授）有雷垣、施孔成、魏宗舒，四级（副教授）有曹锡华、吴逸民，五级（副教授）有朱福祖、徐春霆。

1956年7月，大批毕业生留校工作。研究班有张奠宙；1952级45位本科毕业生中，陈淑、陈信漪、陈兆钦、戴耀宗、何福昇、黄云鹏、柯寿仁、钱奇生、荣丽珍、唐瑞芬、王德玉、吴珠卿、许明、俞俊善、张佩蓓、周礼聪、庄菊林等17人留校。同年调入的教师有林克伦、倪若水、余元希、朱树卓。余元希还担任《数学教学》的副总编辑。周正调到上海师范学院担任数学系主任。

1952级（1952—1956年）的专业课程如下表所示：

年级	第一学期课程	学时	考试/考查	第二学期课程	学时	考试/考查
一	解析几何	3	考查	解析几何	3	考试
	数学分析	6	考试	数学分析	6	考试
	普通物理学	7	考试	普通物理学	8	考试
	制图学	1	考查			
二	数学分析	4	考试	数学分析	3	考查
	高等代数	3	考试	高等代数	3	考查
	普通物理	5	考试	普通物理	5	考试
	初等数学复习及研究	3	考查	初等数学复习及研究	3	考试
	教育见习	2		教育见习	2	考查
三	数学分析及复函数论	6	考试	数学分析及复函数论	3	考查
	高等几何	4	考查	高等几何	4	考试
	高等代数	3	考试	初等代数	6	考试
	立体几何	4	考试	数的概念	6	考试
	数学教学法	4	考试	数学教学法	4	考查
				教育实习		考试

年级	第一学期课程	学时	考试/考查	第二学期课程	学时	考试/考查
四	理论力学	5	考试	理论力学		考试
	初等函数	5	考试	整数论		考试
	几何基础	3	考查	几何基础		考试
	数学教学法	4	考试			
	教育实习		考试			

1956年秋季入学的本科生有219人,分成6个班。

1956年7月,党总支书记潘洁明调任人事处工作,叶丽蓉副书记主持党总支工作。

8月13日,校务委员会讨论决定,抽调教育、数学、物理、化学等系四年级学生,协助普陀区和嘉定县办学,作为教育实习。数学系、物理系、化学系自15日起在普陀区教育局领导下与普陀区107个工厂挂钩联系,协助筹办28个大专、42个中专和10个专业学校。

1956年12月20日,著名数学家陈建功教授来数学系演讲,题目是"函数迫近论问题"。

1956年秋季,数学系的教师分成4个教研组,初等数学教研组撤销。

分析教研组:程其襄(主任)、李锐夫、魏宗舒、吴逸民、陈昌平、周彭年、刘景德、赖英华、陈美廉、黄淑芳、曹伟杰、郑英元、林忠民、张奠宙、林克伦、许明、吕法川、庄菊林、俞俊善、钱奇生、陈淑。

几何教研组:孙泽瀛、钱端壮(主任)、施孔成、陆慧英、王慧怡、倪若水、余元希、赖助进、潘曾挺、朱念先、陈信漪、唐瑞芬、王德玉、何福昇、周礼聪、王绍、吕海屿。

代数教研组:雷垣(主任)、曹锡华、李汉佩、李伯藩、朱金乐、王鸿仁、柯寿仁、黄云鹏、陈兆钦、张佩蓓、朱福祖(学俄语准备留苏)。

教学法教研组:徐春霆(主任)、郑锡兆、朱树卓、郑启明、吴珠卿、戴耀宗、荣丽珍。

1957年

1957年3月,学校举行第二次科学讨论会,在数学系报告会上,孙泽瀛等发表演讲,当时邀请外校同志参加。学生中也组织学术报告会,四年级学生董纯飞、张肇炽等做报告。

在1957年3月举行的第五届全校体育运动大会上,数学系取得团体总分冠军。男子田径取得单项冠军的学生运动员有:黄政琦(跳高、撑竿跳高、铅球,均刷新学校纪录),方福泰(110米高栏、跳远,前项刷新学校纪录)。女子田径取得单项冠军的学生运动员有:应淑芳(铅球,刷新学校纪录)。数学系还取得教工50米穿梭接力第一名。

1956—1957学年,曹锡华到复旦大学数学系兼课,第一学期讲拓扑群,第二学期主持群表示论讨论班。1957年秋季,王鸿仁(代数)和郑启明(教学法)到北京师范大学进修。

1957年起,数学系部分教师参加日本岩波书店出版的"现代应用数学讲座"丛书的翻译工作。其中孙泽瀛翻译四本,即《几何学》《李群论》《结晶统计与代数》《力学系与映射理论》;钱端壮翻译三本,即《偏微分方程》《特殊函数》《富里哀变换与拉普拉斯变换》;程其襄翻译《泛函分析》;赖英华翻译《集合·拓扑·测度》。以上各书都在1962年以前出版。已经调离学校的王占瀛翻译出版《微分方程的近似解法》。

每届学生到三年级时,都要被安排到中学去进行教育实习。1957年(1954年入校)学生被安排到常州几所中学实习。学生到外地实习这是头一次,过去都在上海市内几所中学实习(如华东师范大学一附中、曹杨中学等)。

1957年5月开始"大鸣大放",后来发展到"反右"斗争,一直持续到1958年的"反右补课"结束。

1957届本科毕业130人,其中鲍修德、董纯飞、闻保坚、吴光焘留校工作。姚璧芸从数学分析研究班毕业留系工作。调入陈仲谦来系工作。

1953级（1953—1957年）开设的数学课程见下表：

年级	第一学期课程	学时	考试/考查	第二学期课程	学时	考试/考查
一	解析几何	4	考查	解析几何	4	考试
	数学分析	7	考试	数学分析	7	考查
	高等代数	3	考查	高等代数	3	考试
	初等数学复习及研究	3	考试	初等数学复习及研究	3	考查
二	数学分析	6	考试	数学分析	5	考查
	高等代数	3	考查	高等代数	3	考试
	普通物理	4	考试	普通物理	5	考查
	立体几何	2	考试	立体几何	2	考查
	教育见习	2		教育见习	2	考查
三	普通物理	5	考试	普通物理	5	考试
	复变函数	3	考试	复变函数	3	考查
	高等几何	4	考查	高等几何	4	考查
	初等代数	5	考试	数的概念	6	考查
	数学教学法	4	考查	数学教学法	4	考查
				教育实习		考试
四	理论力学	5	考试	理论力学	4	考查
	几何基础	3	考查	几何基础	4	考试
	初等函数	3	考试	整数论		考试
	近世代数		考查			
	数学教学法	4	考查			
	教育实习		考试			

1957年秋季入学的本科生有178人，分成6个班。

1957年年底开始设立学生政治辅导员，首批担任辅导员工作的有鲍修德、陈淑、陈信漪、吴珠卿等。

1957年11月，刘维南任党总支书记，赵先甲、叶丽蓉任副书记。

在1957年12月举行的第六届学校运动会上，数学系获得团体总分和男子团体总分冠军。

1957年年底的教师名册记载数学系的教师如下：

分析教研组：程其襄（主任）、李锐夫、魏宗舒、吴逸民、陈昌平、周彭年（去北大进修微分方程）、刘景德、赖英华（去数学所进修泛函分析）、陈美廉、黄淑芳、曹伟杰、郑英元（下乡劳动）、林忠民、张奠宙（病休）、林克伦、许明、吕法川、庄菊林（病休）、俞俊善（下乡劳动）、钱奇生、陈淑、闻保坚（脱产搞"整风"）、姚璧芸（下乡劳动）。

几何教研组：孙泽瀛、钱端壮（主任）、施孔成、陈仲谦（下乡劳动）、陆慧英、王慧怡、赖助进（下乡劳动）、潘曾挺（下乡劳动）、朱念先（下乡劳动）、陈信漪、唐瑞芬、何福昇、周礼聪。

代数教研组：雷垣（主任）、曹锡华、李汉佩、李伯藩、吕海屿、朱金乐（下乡劳动）、王鸿仁（去北京师范大学进修高等代数）、鲍修德（下乡劳动）、柯寿仁（下乡劳动）、黄云鹏、张佩蓓、朱福祖（去东北师范大学进修代数数论）、董纯飞（下乡劳动）。

教学法教研组：徐春霆（主任）、朱树卓、郑启明（去北京师范大学进修）、吴珠卿、戴耀宗、荣丽珍、余元希、吴光焘、倪若水。

1958年

1958年，在全校元旦文娱汇演中，数学系话剧《雷雨》获演出一等奖，《剑舞》获演出二等奖，越剧《相骂本》获演出三等奖；《雷雨》演出组获舞台工作奖。

1958年年初，鲍修德担任团总支工作。1957年年底开始教师下放劳动。数学系教师到上海县劳动。参加的有鲍修德、郑英元（在高更浪生产队），陈仲谦、董纯飞、柯寿仁、赖助进、吕海屿、潘曾挺、俞俊善、朱念先（在井亭头生产队），为时半年左右，至1958年暑期全部回校。

1958年夏，有169位本科生毕业，其中留校的有李惠玲、茆诗松、陶增乐、吴洪来、熊庆露、徐振寰、薛天祥。吴珠卿曾担任这届学生的辅导员（1957年后）。代数研究班林锉云毕业留系工作。

1954级（1954—1958年）开设的专业课程见下表：

年级	第一学期课程	学时	考试/考查	第二学期课程	学时	考试/考查
一	解析几何	6	考试	解析几何	4	考查
	数学分析	6	考试	数学分析	6	考查
	高等代数	3	考查	高等代数	3	考试
	平面几何	3	考查	平面几何	3	考试
二	数学分析	6	考试	数学分析	6	考查
	高等代数	3	考查	高等代数	3	考试
	立体几何	2	考试	立体几何	2	考查
	普通物理	5	考试	普通物理	5	考查
三	近世几何	4	考查	近世几何	4	考试
	复变函数论	3	考查	复变函数论	3	考试
	初等代数	5	考试	初等函数	5	考试
	数学教学法	4	考试	数学教学法	4	考查
	普通物理	5	考试	普通物理	5	考查
四	几何基础	3	考查	几何基础	4	考试
	数的概念	4	考查	整数论	4	考试
	数学教学法	4	考查	教育实习		考查
	实变函数（选修）	4		近世代数基础（选修）	3	

1958年8月，孙泽瀛调去江西大学数学系担任系主任；雷垣、陆慧英、李伯藩等调去安徽师范学院数学系，雷垣担任系主任。

数学系的领导班子进行改组，曹锡华出任系主任，徐春霆为副主任。《数学教学》改由李锐夫任主编。代数和几何教研组合并成代数几何教研组。

1958年，在"鼓足干劲，力争上游，多快好省地建设社会主义"总路线的号召下，全国上下掀起了"大跃进"高潮，学校因此大量扩招新生。这年新生分成8个班，实际入学294人，其中包括福建省送来学习的一批小学数学教师和上海市工农速成中学的毕业生。这是数学系新生数的最高纪录。

1958年秋天掀起以贯彻党的教育方针"教育为无产阶级政治服务，教育与生产劳动相结合"为目标的教育革命,伴随着又提出"向科学进军"的口号。华东师大的文科到宁波四明山老根据地办学,理科则下厂下乡进行教学改革。课程与教学强调理论联系实际,按年级下农村和工厂。学生按年级设立政治辅导员。教学上,取消教研组,成立"年级委员会"。一年级新生在农村(诸翟乡),二年级下厂搞线性规划,三年级到工厂搞数理统计,编写教材《工厂数学》(未完成),四年级在学校大炼钢铁。经过几个月的实际教学,产生了一些科研成果,其中包括粮食调度中的图上作业法、邮递员调度法、印染行业中"染色与时间"的相关分析等。1958年6月底,向"七一"党的生日献礼的项目包括数学系玻璃纤维厂生产的玻璃纤维等。

数学系开始发展一些原来不熟悉的应用数学学科,如微分方程、计算数学、概率统计等。例如,曹锡华在复旦大学学习概率论;周彭年、王鸿仁、茆诗松去复旦大学学习程序设计;1958年9月,王鸿仁和吴洪来去中国科学院计算技术研究所学习计算数学和程序设计;魏宗舒为三、四年级开设"随机抽样检验法"。

1958年下半年,上海市科委指定复旦大学数学系建立计算机学科培训基地,由复旦大学、华东师范大学、上海师范学院数学系抽调一批高年级学生成立了计算数学培训班。华东师大抽调40名学生参加,其中四年级和三年级各20人。计算数学班学生于1960年毕业,一部分留在复旦大学数学系,其余大部分分配到北京的军工部门和上海两个计算技术研究所工作,成为我国较早经过专业培训的计算机科技人才。

1958年"十一"国庆节前,数学系师生15人经过38昼夜苦战,制造出来模拟式常微分方程电子计算机,可解8阶的常微分方程。

1958年12月25日,正式成立数学系计算技术专业,包括计算数学专业班和电子计算机制造班。数学系党总支书记刘维南与上海市科委领导和复旦大学党委联系,从华东师大去复旦学习计算机的学生中抽调王西靖、俞钟铭等8人回华东师大,又从数学系三、四年级各抽调9位学生组成计算数学专业班。曹锡华和陈昌平分别讲授线性代数计算法、插值法、最小二乘法和微分方程数值解法等。1959年夏,计算数学班下马。

1958年年底的数学系教师名册上记载的在职教师如下:

分析教研组:程其襄(主任)、李锐夫、魏宗舒、吴逸民、陈昌平、周彭年、赖英华、陈美廉、黄淑芳、曹伟杰、陶增乐、郑英元、林忠民、张奠宙、林克伦、许明、吕法川、陈淑、闻保坚、董纯飞、茆诗松、李惠玲。

代数几何教研组:朱福祖(主任)、曹锡华、李汉佩、王鸿仁(北京进修)、林锉云、鲍修德、柯寿仁、黄云鹏、张佩蓓、钱端壮、吴洪来(北京进修)、薛天祥、施孔成、王慧怡、陈信漪、唐瑞芬、何福昇、徐振寰。

教学法教研组:徐春霆(主任)、朱树卓、郑启明、吴珠卿、余元希、倪若水。

1959年

1959年春,对教育革命的部署进行调整,纠正1958年以来教育革命中"左"的错误。数学系恢复在校内上课,教学秩序有所恢复。

从1959年春季学期开始,数学系各个教研组都成立了科研小组,数学分析组成立了概率论、微分方程、计算数学等三个组,代数几何组全组集体研究代数几何。

1959年3月,在学校运动会上,数学系获得团体总分冠军。1956级的王玲玲破女子80米低栏学校纪录。

1959年上半年,陈昌平、董纯飞,并抽调1955级王辅俊、徐元钟等成立计算数学班。不久董纯飞离开,由吴洪来参与计算数学班工作。

1959年5月,滕伟石任党总支副书记。

1959年夏,毕业本科生151人,这届学生从1957年秋到1958年夏由陈信漪任辅导员,1958年秋到1959年毕业由吴珠卿任辅导员。其中陈贵瑶、陈杏菊、何平生、黄丽萍、王辅俊、王西靖、许鑫铜、徐元钟、詹令甲、邹一心等留校工作。李绍芬从上海师院调入。

1955级(1955—1959年)开设的专业课程如下表所示:

年级	第一学期课程	学时	考试/考查	第二学期课程	学时	考试/考查
一	解析几何	6	考试	解析几何	4	考试
	数学分析	6	考试	数学分析	6	考试
	高等代数	2	考试	高等代数	2	考查
	平面几何	3	考试	平面几何	3	考查
二	数学分析	4	考试	数学分析	4	考查
	高等代数	3	考试	高等代数	3	考查
	立体几何	2	考查	立体几何	2	考查
	普通物理	4	考试	普通物理	5	考查
三	近世几何	4	考查	近世几何	4	考查
	复变函数论	3	考查	复变函数论	3	考查
	初等代数	3	考查	初等函数	3	考查
	数学教学法	4	考查	数学教学法	4	考查
	普通物理	5	考试	普通物理	6	考查
四	数理统计	4	考查	数理统计	4	考试
	微分方程	6	考查	微分方程	6	考试
				线性代数	6	考试
				实变函数	4-6	考查
				几何基础	4-5	考试
				数的概念	6	考试
				教育实习		考查
				数学实习	4	考查

值得注意的是,微分方程和数理统计课都是首先在这一届开设的。

1959年8月,党的八届八中全会的公报和决议发表,校党委动员"反右倾,鼓干劲",之后掀起"全面跃进"高潮。

1959年,实际入学本科新生170人,分成6个班。数学系开始招生三年制研究生。当年招收函数论方向研究生3人,为黄馥林、孟尔镛、魏岳祥,以程其襄为导师;微分方程方向研究生3人,为李兆玖、王成名、仵永先,以钱端壮为导师。

1959年秋季，数学系成立"数学模型教具厂"，生产出第一批产品，如数学多面体方面的四面体、六面体、八面体、十二面体和二十四面体，以及祖暅定律模型、斜积锥等。

1959年11月，数学等系二年级学生在学校附近的曹安线公路工地参加为期两周的筑路劳动。

1958—1959年，数学系教师编写了一系列函授教材，由华东师范大学出版社出版。其中有：陈美廉编的《数学讲义》，陈美廉等编的《数学讲义（第二册）》，数学分析教研组编的《数学分析讲义（第一册）》，代数教研组编的《代数讲义（第一册）》、《代数讲义（第二册）》、《代数学习指导书》，几何教研组编的《解析几何讲义（第一册）》《解析几何讲义（第二册）》等。

1959年年底的数学系教师名册上，在职教师分组如下：

分析教研组：程其襄（主任）、李锐夫、魏宗舒、吴逸民、陈昌平（进修）、黄淑芳、赖英华、周彭年、林克伦、陈美廉、张奠宙（代理教研组副主任）、林忠民（进修）、曹伟杰、郑英元、陈淑、许明、吕法川、柯寿仁、钱奇生、陶增乐、茆诗松、李惠玲、何平生、邹一心、陈杏菊、陈贵瑶、徐元钟、吴洪来（党总支秘书、科研秘书）。

代数几何教研组：钱端壮、施孔成（病休）、曹锡华、朱福祖（主任）、李汉佩、王慧怡、王鸿仁、唐瑞芬、何福昇、黄云鹏、徐振寰、陈信漪、林锉云、董纯飞、王辅俊、黄丽萍、薛天祥。

教学法教研组：徐春霆（主任）、倪若水、余元希、郑启明、王西靖、詹令甲。

1960年

1960年1月，郑启明任党总支副书记。

1960年春，在"全面跃进"的号召下，又出现大搞科研的高潮。

1960年年初，根据市委意见组织力量编写一套上海市中小学数学革新教材，由华东师大具体负责，成立"上海市中小学数学课程革新委员会"，请苏步青教授当主任委员，郑启明、姚晶任副主任委员。制定了《上海市中小学课程革新方案》。自1960年3月1日开始进入编写阶段，谷超豪、余元希等参与编写这套教材，赶在1960年4月30日前编印出版一套计18本（含练习册1本）中小学数学革新教材，秋季开始在上海的8所中小学试用。

《自然科学理论研究规划纲要（草案）（数学方面）》对《上海市1961—1962年科学技术重点任务草稿（数学部分）》做了明确任务分配，确定课题内容、年度指标等，各大院校和科研单位共同承担。由华东师大和当时的上海师范学院负责的课题"结合农业丰产经验总结开展农业统计的研究"，要求1961年配合植生所解决小麦丰产总结的统计问题，1962年继续进行。当然，各大院校和科研单位是相互配合的，一般课题由1～2个院校主要负责，几个院校共同参加。1960年，在为农服务方面，数学系师生在七一公社和华漕农场搞线性规划。

1960年3月，学校任命朱福祖为数学系副主任。

1960年4月，学校任命陈昌平为微分方程教研组主任，曹锡华兼任概率论教研组主任，张奠宙任复函数教研组主任，王鸿仁任计算数学教研组主任，陈信漪和李汉佩任代数几何教研组副主任。

原在分析教研组的林忠民于1959年派到吉林大学进修泛函分析，后又通知他改为进修概率论和数理统计。考虑到要让曹锡华归队搞代数，1960年4月，系里通知林忠民返校。1961年4月，林忠民被任命为概率论教研组副主任，实际负责教研组工作。

1960年春，成立计算数学教研组，王鸿仁担任支部书记和教研组主任。还成立了计算数学研究室，由王鸿仁、吴洪来、董纯飞、唐瑞芬、王西靖5名教师以及1956级、1957级和1958级十几位学生组成。王鸿仁任研究室主任。研究室下设3个小组：计算方法组由吴洪来和王西靖带几位学生组成，数理逻辑组由唐瑞芬和董纯飞带几位学生组成，程序设计组由王鸿仁带几位学生组成。学习形式以读书报告、互帮互学为主，并参加了上海市数学革新教材的编写工作。其间，部分教师参加了数学系的一些联系实际的课题，如由陈昌平带领王西靖及微分方程研究生王成名（王学锋）等组成的小分队到华东水利设计院协助潘家铮总工参加大头坝应力分析计算；前往浙江乌溪江工地劳动两周；为高年级学生开设计算方法讲座。

微分方程组成立于1960年上半年，组长为陈昌平，组员除周彭年、陈美廉、钱端壮、林克伦、邹一心外，还有黄丽萍和王辅俊从几何组调入，陶增乐、徐元钟从分析组调入。陈美廉和邹一心去山东大学进修，陶增乐和王辅俊到复旦进修，毛羽辉、徐钧涛、杨庆中同年留校即分到方程组工作，其中徐钧涛在毕业前已经参加该组的科研活动。

运筹学研究室1960年5、6月份成立，主任为曹锡华（兼），副主任为林锉云、郑英元，党支部书记为鲍修德。从当时的一、二、三年级学生中抽调40余人加入该室。先后去粮食局、交通局等单位推广线性规划。1960年上半年，郑英元去中国科学院数学所进修，主要听苏联专家沃罗别夫讲"博奕论"，并参加集体编写《博弈论讲义》一书（吴文俊主编，高等教育出版社出版）。

1960年春，抽调二、三年级学生十余人组成力学科研组，参加的教师有陈信漪、薛天祥等。曾随地理系去海上测量，在数学馆筹建波浪发生池。该组于1961年夏下马。

1960年春，抽调1957级若干学生至微分方程、概率论、函数论等教研组为"预备师资"一年，参加教研组教学活动。其中多人被派到外校进修，以加强应用数学后备力量的建设。如到吉林大学学习的有：刘宗海学计算数学，林武忠学微分方程。1961年毕业时又重新分配。

1960年年初，学校派茆诗松去北京外语学院留苏预备部学习俄语，准备去苏联学习信息论。

在1960年6月举行的第八届学校运动会上，数学系获得男子总分第一名、女子总分第二名和总分第一名的好成绩。

1960年6月，经上级批准，计算数学成为新增专业。

1960年8月，华东师范大学金华函授辅导站的全体函授生如期圆满地完成了函授学习任务，达到系本科的毕业水平。1961年2月10日，金华函授辅导站第一届数学系函授本科生毕业。

1960年9—10月，数学系领导派黄丽萍和伍立华前往江西和福建进行函授。先去江西的上饶、南昌和赣州上课，当地领导非常重视，要求专区的教师都赶来听课，人数高达百人上下，反映良好，领导对华东师范大学老师的工作给予肯定。接着去福建的福州、泉州和漳州开展函授。12月，系里又派黄丽萍前往山东烟台、青岛函授上课。

1960年4月，上海市开办电视大学，设数学、物理、化学三个系。陈美廉讲授初等数学，约半年。之后曹伟杰、唐瑞芬、徐钧涛等继续在电大上课，广受好评。同时抽调1957级学生葛金虎、黄全法、张维敏去电大担任助教工作。

因纸张供应困难，《数学教学》于1960年6月期后停刊，直至1979年复刊。

1960年有194位本科生毕业。这一届学生自1958年秋起由徐振寰任辅导员。其中陈月珍、陈自安、胡之玚、刘淦澄、毛羽辉、田万海、王玲玲、王守根、伍立华、吴卓荣、徐钧涛、杨庆中、杨曜锟、俞钟铭、袁震东、章小英等毕业生留校工作。

1956级（1956—1960年）学生的专业课程见下表：

年级	第一学期课程	学时	考试/考查	第二学期课程	学时	考试/考查
一	解析几何	6	考试	解析几何	4	考试
	数学分析	6	考试	数学分析	6	考试
	高等代数	2	考试	高等代数	2	考查
	平面几何	3	考试	平面几何	3	考查
二	数学分析	6	考查	数学分析	6	考试
	高等代数	3	考查	高等代数	3	考查
	立体几何	2	考查	立体几何	2	考查
	普通物理	5	考查	普通物理	4	考查
三	复变函数	6-4	考查	复变函数	6	考试
	普通物理	6	考试	普通物理	6	考查
	数理统计			近世几何	5	考试
				微分方程	6	考试

年级	第一学期课程	学时	考试/考查	第二学期课程	学时	考试/考查
四	几何基础	6	考查	概率论与数理统计	6	考查
	数学教学法	8	考查	数学教学法	3	考查
	教育实习			数理方程	3	考查
				线性规划	3	考查
				计算数学	6	考查
				实变函数	3	考查
				数的概念	4	考查

1960年9月，上海市科学技术委员会成立了24个专业委员会。1960年11月9日，上海市科学技术委员会成立数学专业委员会，主任为苏步青，副主任为陈传璋、李锐夫，委员中华东师大有3人（曹锡华、吴洪来、郑英元），复旦有4人，其他院校各有1人。随后，数学专业委员会成立若干专业小组，郑英元担任运筹学小组组长。

1960年7月，上海市高教局呈报国家教育部建议将华东师大学制由四年制改为五年制。1959级成为首届五年制学生。

1960年秋季入学的五年制本科生有210人，分成7个班，其中有2个班是上海工业学院数理力学系的学生。1960年还招收三年制概率研究班阮荣耀、费鹤良等5名研究生。

1961年

1961年1月，王鸿仁、张奠宙、郑启明、林忠民、陈信漪、林克伦、吕法川升为讲师。

1961年，吕法川任数学系党总支副书记。

1961年6月，任命林克伦为微分方程教研组副主任，林忠民为概率论教研组副主任。

1960年冬提出了"调整、巩固、充实、提高"八字方针。1961年9月,中共中央批准试行《教育部直属高等学校暂行工作条例(草案)》(简称《高校六十条》),明确规定了社会主义学校的办学方向。本科恢复正常教学秩序,全面修订教学计划。当时李锐夫在文化俱乐部召开会议,确定在加强基础的同时,把概率论、数理方程列入必修课。1957级个别同学试行五年制,五年制要设立"专门化"课程,需要开设大量选修课。概率统计、数理方程、泛函分析、近世代数、运筹学等课程准备开设。1960年秋季起原来抽调出来参加各研究室的学生都回班学习,研究室也随之解散。

校部要求攻克科研制高点,恢复基础理论研究,在调整中谋求更大的发展。在党总支刘维南、郑启明的领导下,主要由曹锡华、陈昌平、张奠宙负责,听取程其襄、林忠民等的意见,确定以广义函数为特色方向。相应的,泛函分析方向为广义函数(超函数),微分方程为广义函数空间上的微分算子,概率论研究广义随机过程。代数学和几何学研究独立发展、相互配合,共同研读当时新出版的苏联盖尔芳德著的5卷本《广义函数论》。

数学系开始制定师资队伍建设规划,由曹锡华、郑启明、陈昌平和张奠宙四人共同研讨制订全系科研规划和师资培养计划,通过统一认识,调动各方面积极性;处理好教学与科研的关系;选好苗子精心培育;通过走出去、请进来等方式,鼓励全系教师埋头苦干,勇攀科学高峰。

1961年夏天,本科毕业生共156人,有11位学生试行五年制。这届学生的辅导员有:鲍修德(一年级上学期)、闻保坚、陈淑(一年级下学期)、陶增乐(二年级上学期)、茆诗松(二年级下学期)、许鑫铜(三年级上学期后)。应届本科毕业生留校的有陈坤荣、陈效鼎、陈永林、傅伯华、顾鹤荣、洪渊、胡启迪、华煜铣、李永焆、林武忠、刘宗海、陆大绚、史树中、王家勇、王永利、俞华英、周延昆、周予等。吕乃刚从苏联留学回国后,到华东师大数学系工作。唐仲华从北京师范大学数学系计算数学研究生毕业,分配到华东师大数学系任教。刘鸿坤从上海师范学院数学系毕业,分配到华东师大,参加电视大学的教学工作。

1957级（1957—1961年）开设的专业课见下表：

年级	第一学期课程	学时	考试/考查	第二学期课程	学时	考试/考查
一	解析几何	4	考试	解析几何	4	考查
	数学分析	6	考试	数学分析	6	考查
	普通物理	5	考查	普通物理	5	考查
二	数学分析	8	考查	数学分析	7	考试
	高等代数	8	考试	高等代数	7	考试
	普通物理	5	考查	普通物理	4	考查
	近世几何	8	考试			
三	复变函数	4	考查	复变函数	6	考试
	初等几何	4	考查	初等几何	3	考查
	理论力学	4	考试	概率论与数理统计	4	考试
	近世代数(选读)	3	考查	微分方程	4	考试
				线性代数	4	考试
				数学教学法	3	考查
四	实变函数与泛函分析	8	考试	计算数学	6	考试
	数理方程	9	考试	流体力学	6	考试
	电子学	9	考查	数理逻辑(选读)	2	考查
	弹性力学	9	考试	平稳过程(选读)	3	考查
				教学实习		考查

1961年秋季入学的五年制本科生有122人，分成4个班。胡之玠任辅导员，1964年，王世云和庄秀娟加入，担任辅导员。这届学生于1965年7月至1966年6月到崇明参加社教，回校后参加"文革"，直至1967年11月毕业分配。

1961年9月数学系在职教师分组如下：

函数论教研组：程其襄、李锐夫、黄淑芳、张奠宙(主任)、曹伟杰(电大)、李惠玲、李绍芬、何平生、章小英、王家勇、陈效鼎、华煜铣(校外进修)。

微分方程教研组：钱端壮、陈昌平(主任)、周彭年、陈美廉、林克伦、陶增乐(进修)、王辅俊、徐元钟、毛羽辉、徐钧涛、杨庆中、胡启迪、黄丽萍、邹一心

（山东大学进修）、林武忠（吉林大学进修）。

概率教研组：魏宗舒、郑英元、林忠民（副主任）、陈淑、陈杏菊、袁震东、王玲玲、林锉云、鲍修德、周延昆、陈坤荣、茆诗松（校外进修）、吕乃刚。

代数几何教研组：曹锡华、朱福祖（主任）、李汉佩（副主任）、王慧怡（病休）、黄云鹏、唐瑞芬、何福昇、杨曜锟、俞华英、洪渊、陈永林、陆大绚、顾鹤荣（校外进修）。

计算数学教研组（全组校外进修）：王鸿仁（主任）、董纯飞、吴洪来、王西靖、刘淦澄、王守根、王永利、俞钟铭、刘宗海。

力学教研组（除陈自安外均为进修）：陈信漪（主任）、薛天祥、陈自安、周予、傅伯华、史树中。

教育科学教研组：徐春霆、余元希（主任）、吴卓荣（副主任）、伍立华、李永焆、田万海。

1961年10月24日，校务委员会常务委员会决定，郑启明任数学系副主任，应天翔任系副主任兼办公室主任。

1962年

1962年，为集中优势力量，攀登科学高峰，代数学科被确定为学校5个重点发展学科之一。制定科研十年规划，确定重点学科和科研项目。

1962年2月，党总支副书记滕伟石调到松江二中任副校长。

1962年6月，余元希升为副教授。

1962年，毕业四年制本科生257人，五年制本科生11人。其中四年制本科生学习期间的辅导员有：1958年秋至1959年秋是李惠玲和薛天祥，1960年春是四年级学生潘用紫，1960年秋至1962年毕业是徐振寰。应届毕业生留系工作的有：三年制研究生黄馥林、王成名（王学锋），五年制本科生宋国栋、张起云和四年制本科生陈志杰、梁小筠。复旦大学数学系毕业生李振芳、汪振鹏，北京师范大学数学系毕业生李小玲、研究生褚梅芳分配来华东师大数学系工作。同年秋,赖英华和林锉云调到江西大学(现南昌大学)。

1958级(1958—1962年)的专业课程见下表:

年级	第一学期课程	学时	考试/考查	第二学期课程	学时	考试/考查
一	高等代数	6-8	考查	高等代数	8-10	考试
	数学分析	6-8	考查	数学分析	8-10	考试
	解析几何		考试			
二	数学分析	6	考试	数学分析	5-4	考试
	初等几何	4	考查	初等几何	3	
	普通物理	5	考试	普通物理	5	考试
				微分方程	5	考试
				近世几何	4	考查
三	复变函数论	9	考试	统计数学	6	考试
	线性代数	9	考查	一般力学	6	考试
	电子学	9/4	考试	数理逻辑(选修)	2	
	实变函数与泛函分析	8	考查			
四	数理方程	7	考试	中学数学教材教法研究	4	考试
	数学教学法	3	考查	线性代数及计算方法	3	考试
	物理	4	考试	选修课	2/3	考查
	教育实习	3周	考查			

说明:一年级上学期,学生在年底前都下乡劳动,只开解析几何和俄语,年初回校后才开始上数学分析和高等代数。四年级第二学期开设选修课,有复变函数续论、群的表现论、概率论续论、偏微分方程续论等。

1962年暑假,上海市领导杨西光会同常溪萍和教育局领导同志在华东师大召开会议,决定编写一套中学数学教材,由华东师大和市教育局联名邀请苏步青任主编,至1965年上半年初中三年6本教材编完出版。这是第二套教材(1960年4月出版的叫第一套教材)。

1962年9月,数学系讲师陈昌平在《数学学报》(中科院数学研究所编)上发论文《关于亚椭圆型方程一些准则》,这是当时数学界论述这方面问题的第一篇文章,见解独到,受到国内外同行的关注和好评。

1962年,董纯飞成为代数在职研究生,导师是曹锡华。

1962年秋入学的五年制本科生有152人,分成4个班。他们的辅导员有:徐振寰、许鑫铜(4班,到1966年6月)、李才(4班,接许鑫铜)。这届学生于1965年7月至1966年6月到崇明参加社教,回校后参加"文革",直至1968年8月毕业分配。

1962年年底时数学系在职教师分组如下:

函数论教研组:张奠宙(主任)、程其襄、黄淑芳、曹伟杰(电大)、李惠玲、何平生、章小英、陈效鼎、华煜铣、史树中、宋国栋、黄馥林。

微分方程教研组:陈昌平(主任)、林克伦(副主任,脱产进修)、周彭年、陈美廉、陶增乐(病休)、王辅俊、徐元钟、毛羽辉、徐钧涛、杨庆中、胡启迪、黄丽萍、邹一心、林武忠、李小玲、王成名(王学锋)。

概率论教研组:林忠民(副主任)、魏宗舒、郑英元、陈淑、陈杏菊、袁震东、王玲玲、周延昆、陈坤荣、茆诗松、吕乃刚、李振芳、汪振鹏。

代数几何教研组:朱福祖(主任)、曹锡华、李汉佩(副主任)、王慧怡(香港养病)、黄云鹏、唐瑞芬、何福昇、杨曜锟、俞华英、洪渊、王鸿仁、董纯飞、吴洪来、王西靖、刘淦澄、王守根、王永利、俞钟铭、刘宗海、陈永林、陆大绚、顾鹤荣、钱端壮、鲍修德、唐仲华、陈志杰、张起云。

力学教研组:陈信漪(主任)、薛天祥、陈自安、周予。

教育科学教研组:徐春霆、余元希(主任)、吴卓荣(副主任)、伍立华、李永焴、梁小筠(附中)。

1963年

1963年1月,田禾文任数学系党总支副书记。

1963年2月,刘维南调任学校人事处处长,免去数学系党总支书记职务。

1963年7月,郑英元、曹伟杰升为讲师。

茆诗松从苏联学成归国。其俄文论文《对称无记忆信道传输信息中错误概率的渐近估计》发表在苏联杂志《概率论及其应用》1965年第1期。茆诗松刚回国时，常溪萍校长很关心，带着茆诗松乘车亲访上海一些单位，寻求合作研究，但因专业性质保密性强，终未如愿，茆诗松只能从事教学工作。当时概率论教材奇缺，只有一本翻译教材《概率论教程》，由于起点较高，不适宜作为本科教材。为了使教材结合中国实际，茆诗松选用适合国情的外国例子，加上自己的体会，边教学边自编教材，编一段就送给魏宗舒审阅修改，然后再给学生使用，学生反映较好。

1963年6月，数学系一、二年级学生42人与中文系和地理系学生一起去空军某团当兵锻炼一个月。

1963年夏，只有3位因病等补课的本科生毕业。三年制研究生阮荣耀毕业后留系工作。复旦大学王光淑讲师调入华东师大数学系。复旦大学本科毕业生戴崇基、吴良森分配来数学系工作。

1963年秋入学的五年制本科生有125人，分成4班。他们的辅导员是刘淦澄。这届学生于1968年12月毕业分配。

1963年年底数学系在职教师分组如下：

函数论教研组：张奠宙（主任，脱产进修）、郑英元、程其襄、黄淑芳、曹伟杰、李惠玲、何平生、章小英、陈坤荣、华煜铣、史树中、王家勇（电大）、黄馥林、宋国栋、李锐夫、陈效鼎、吴良森、戴崇基。

微分方程教研组：陈昌平（主任）、林克伦（副主任）、周彭年、陈美廉（山东大学进修）、陶增乐、王辅俊（进修）、徐元钟、毛羽辉、徐钧涛、杨庆中、胡启迪、黄丽萍、林武忠、李小玲、王成名（王学锋）、薛天祥、周予、陈自安。

概率论教研组：林忠民（副主任）、魏宗舒、陈淑、陈杏菊、袁震东、王玲玲、周延昆（中山大学进修）、茆诗松、吕乃刚、汪振鹏。

代数几何教研组：朱福祖（主任）、曹锡华、李汉佩（副主任）、王慧怡（病休）、黄云鹏、唐瑞芬、何福昇、杨曜锠、俞华英、洪渊、王光淑、王鸿仁、董纯飞、陈永林、陆大绚、钱端壮、鲍修德、唐仲华、陈信漪、陈志杰、张起云、顾鹤荣、吴洪来、王西靖、王守根、刘宗海。

教育科学教研组：徐春霆、吴卓荣(副主任)、李永焴、梁小筠(华东师大一附中)、余元希(主任)、伍立华(电大)、刘鸿坤(电大)、张维敏(电大)、葛金虎(电大)。

1964年

1964年1月18日，上海市发文《关于调整市科委各专业委员会正、副主任名单的通知》。复旦大学苏步青任数学专业委员会主任，华东师大数学系李锐夫(时任华东师大副校长)任数学专业委员会副主任。在15名委员中，华东师大有4位委员，他们是曹锡华、吴洪来、郑英元和周彭年。

1964年年初，张奠宙到复旦大学随夏道行研究算子谱论。将近一年时间，完成论文《广义标量算子和可分解算子》。

1964年，洛阳轴承研究所两位工程师来数学系介绍世界各国轴承寿命分布状况，并提出我国产轴承寿命分布是什么等问题。袁震东等开始研究轴承寿命问题，经研究后决定采用二参数韦勃(Weibull)分布，概率统计专门化组的36位师生参加计算，同时研究韦勃分布的参数估计，并用手摇计算机验证估计的误差。项目完成后，由袁震东执笔写出论文，并在《高校联合学报》以华东师范大学统计组的名义发表论文《二参数韦勃分布的参数估计》。1965年春，茆诗松带队，袁震东负责业务指导，组织1965届学生到洛阳轴承研究所对算法简化进一步研究。当工作接近尾声时，接学校通知，立即返校，参加学校组织的"四清"工作队，该课题只能暂停。

1964年夏收期间，五年级概率班、代数班近七十位同学参与了小麦估产工作，通过等距抽样，抽取了3个公社，每个公社若干地块，每一地块按规定方式收割、脱粒、称重等获得数据，最后综合得出全市的平均亩产。后统计局同志告知这次估产的误差是1斤(当时亩产为200多斤)。

1964年7月，薛天祥、唐瑞芬、茆诗松、黄云鹏、胡启迪升为讲师。

1964年，首届五年制本科毕业生有164人。这届学生的辅导员是吴珠卿。其中黄玉玲、刘昌堃、邱森、汤羡祥、王吉庆、王人生、张雪野、周纪芗等留校工作。李才、王世云、庄秀娟从外系毕业分配来数学系工作。复旦大学数学系毕业生周克希分配来华东师大数学系工作。除王人生和外系分来的3位立即投入辅导员工作外，其余都被安排去搞"四清"，第一年在金山廊下，第二年在崇明大同和五滧公社，直到1966年夏才回到数学系参加"文化大革命"。学校不再放暑假，也不再上课。

1959级（1959—1964年）的专业课程如下表所示：

年级	第一学期课程	学时	考试/考查	第二学期课程	学时	考试/考查
一	解析几何	5	考查	解析几何	6	考试
	高等代数	4	考试	高等代数	4	考查
	数学分析	6	考试	数学分析/高等数学	7/12	考试
				普通物理	6	考查
二	线性代数	10	考查	常微分方程	6	考查
	物理	7	考试	物理	7	考查
	高等数学	10	考试	一般力学	6	考试
三	复变函数论	6	考试	数理方程	6	考查
	实变函数与泛函分析	4	考查	实变函数与泛函分析	2	考试
	近世代数	3	考查	射影几何	3	考查
	微分几何	3	考查	微分几何	3	考试
四	普通物理	3.5	考查	计算数学	4	考试
	数理方程	3.5	考查	几何基础	3	考试
	概率论与数理统计	4	考试	专门组课程	3	考试
	中学数学教材教法研究	4	考试	中学数学教材教法研究	4	考查
				教育实习		考查
五	数论	2	考试			
	专门化课程			专门化课程		

说明：四年级第二学期的专门化课程根据每位同学选择的专门化方向修读相应课程。当时开设复变函数续论、近世代数、偏微分方程、测度论等课程。

以下分组列举五年级专门化课程：

代数专门化班（包括代数和几何两个方向）：

五	第一学期课程	学时	考试/考查	第二学期课程	学时	考试/考查
	近世代数(2)	3	考试	李代数(代数方向)	4	考试
	近世代数(3)	3	考试	李代数专题讨论（代数方向）	3	考查
	射影几何（几何方向）	3	考试	射影平面（几何方向）	3	考试
				射影平面专题讨论（几何方向）	3	考查
				毕业论文		

函数论专门化班：

五	第一学期课程	学时	考试/考查	第二学期课程	学时	考试/考查
	复变函数续论	3	考试	泛函分析续论		考试
	泛函分析续论	3	考试	泛函分析专题讨论		考查
	泛函分析专题讨论			复变函数论专题讨论		考查
	复变函数论专题讨论			毕业论文		

微分方程专门化班：

五	第一学期课程	学时	考试/考查	第二学期课程	学时	考试/考查
	抛物型方程选讲	3	考试	常微分方程选讲	3	考试
	抛物型方程专题讨论	3	考查	数理方程专题讨论	3	
	椭圆型方程选讲	3	考查	毕业论文		
	椭圆型方程专题讨论	3	考查			

概率论专门化班：

五	第一学期课程	学时	考试/考查	第二学期课程	学时	考试/考查
	数理统计续论	3	考试	数理统计续论	3	考试
	概率论续论	3	考试	概率论续论	3	考查
	极限理论	3	考试	数理统计专题讨论	3	考查
	概率论专题讨论	3	考查	毕业论文		

基础班(没有选择专门化班的同学,参加基础班学习):

五	第一学期课程	学时	考试/考查	第二学期课程	学时	考试/考查
	分析选论	3-2	考试	分析选论		考试
	高等几何选论	3-2	考试	高等几何选论		考试
	数学实习	3	考查	代数复习	3-1	考试
				数学实习	3	考查

1964年秋入学的五年制本科生有136人,分成4班。他们的辅导员是王人生和黄玉玲(一段时间)。这届学生于1970年8月毕业分配。

1964年9月至1965年8月,在安徽全椒县参加第一期"四清"运动,校部由刘维寅带队,数学系参加的有陈昌平、陈信漪、洪渊、胡启迪、林武忠、林忠民、阮荣耀、史树中、汪振鹏、朱福祖。

1964年9月,为落实中央和市委的指示,经党委讨论,学校决定试办半工半读师范学院。1964年11月1日,上海市半工半读师范学院正式成立。院长为常溪萍,副院长为卓萍。第一届学生是从物理系一年级新生抽了三个班,从数学系新生抽了一个班组成的,共139人。数学系教师何福昇、杨曜锟,徐元钟跟着学生到半工半读师范学院工作。上海半工半读师范学院1964年11月至1965年7月在华东师大,1965年7月搬往上海师范学院。

1964年12月,数学等系五年级学生和部分教师去松江参加为期3个月的农村社教运动。

1964年年底数学系在职教师分组如下:

函数论教研组:程其襄、黄淑芳、张奠宙(主任,复旦大学进修)、郑英元、曹伟杰(电大)、李惠玲、章小英、陈坤荣、王家勇、陈效鼎(在职研究生)、史树中(安徽社教)、华煜铣、黄馥林、宋国栋、吴良森、戴崇基。

微分方程教研组:陈昌平(主任,安徽社教)、林克伦(副主任)、周彭年、陈美廉、薛天祥(副主任)、胡启迪(安徽社教)、陶增乐、徐元钟、王辅俊、黄丽萍、徐钧涛、毛羽辉、陈自安(电大)、杨庆中、林武忠(安徽社教)、王成名(王学锋)、周予。

概率论教研组：魏宗舒、林忠民(副主任,安徽社教)、茆诗松(副主任)、陈淑、陈杏菊、袁震东、王玲玲、周延昆、吕乃刚、汪振鹏(安徽社教)、阮荣耀(安徽社教)。

代数几何教研组：曹锡华、朱福祖(主任,安徽社教)、王光淑(病休)、李汉佩(副主任)、黄云鹏、鲍修德、董纯飞(在职研究生)、杨曜锠、陈永林、陆大绚、陈志杰、陈信漪(安徽社教)、钱端壮、唐瑞芬、何福昇、洪渊(安徽社教)、顾鹤荣、张起云。

计算数学教研组：吴洪来、王西靖、王守根(电大)、刘宗海。

教育科学教研组：徐春霆、余元希(主任)、吴卓荣(副主任)、李永焴、梁小筠(华东师大一附中)。

业余教育教研室(均在电大)：张维敏、葛金虎、刘鸿坤。

未定(均参加金山社教)：黄玉玲、周纪芗、邱森、王吉庆、周克希、刘昌堃、张雪野、汤羡祥。

1965年

自1965年起,党总支副书记田禾文主持总支工作。

1965年3月,上海市数学会理论联系实际报告讨论会举行,在第一次会议部分摘要中提到,华东师范大学数学系"条件观测的一个方法及其应用"。

1965年5月,在党政干部学习会上,理科组听数学系茆诗松讲授概率论。

1965年春,贯彻毛泽东主席"春节讲话",开展"郭兴福教学法"运动,改革教学方法。以1964级学生为试点,林克伦、张奠宙负责分析课改革,联系实际,把"凸轮"搬进课堂。茆诗松以概率论中的"数学期望"引入课作为典型,在全校举行公开课,由于学生积极配合,取得较好效果。

1965年6月,薛天祥任党总支副书记。

1965年7月,学校数学、物理、化学、生物、地理、外语等系三、四、五年级学生和部分教师、干部共1 600多人,去崇明县19个公社和2个农场参加农村社教运动,于1966年6月返校。数学系部分教师和1966届、1967届的全体学生到崇明县大同公社、新民公社、新河公社、竖河公社、大新公社等地,带队的有徐振寰、张奠宙、薛天祥、茆诗松、吕法川等。

1965年夏毕业的五年制本科生有189人,这届学生的辅导员是陈月珍和庄秀娟。其中,蒋鲁敏、李春和、凌永明、姚鸿滨、吴允升留校工作。复旦大学数学系毕业生陈德辉分配来华东师大工作。

1960级(1960—1965年)的专业课程见下表:

年级	第一学期课程	学时	考试/考查	第二学期课程	学时	考试/考查
一	数学分析	10	考试	数学分析	9	考试
	高等代数	6.5	考查	常微分方程	7	考查
				物理	6	考查
二	数学分析	6	考试	复变数函数论	6	考查
	常微分方程	5	考试	高等几何	4	考试
	物理	6	考查	物理	6	考试
	物理实验	2	考查	物理实验	2	考查
三	复变函数论	3	考试	几何基础	2	考试
	微分几何	4	考试	实变函数与泛函分析	4	考查
	高等代数	4	考试	数论	2	考查
四	数理方程	5	考试	理论力学	3	考查
	概率论与数理统计	3-1	考试	中学数学教材教法研究	4	考查
	数学实习	3	考试	数学实习	3	考查
				专门组课程	3	考试
五	理论力学	2-1	考查			
	专门组课程	4	考查			

年级	第一学期课程	学时	考试/考查	第二学期课程	学时	考试/考查
	中学数学教材教法研究	2-2	考查			
	教育实习	3周	考查			

说明：专门组课程根据每位同学今后选择的专门化方向修读相应课程。代数方向在四年级第二学期开设"近世代数专门组课"，五年级第一学期开设"近世代数(2)"；概率论方向四年级第二学期开设"概率论的数学基础"，五年级第一学期开设"数理统计续论"；函数论方向四年级第二学期和五年级第一学期都开设"泛函分析续论"；微分方程方向四年级第二学期开设"常微分方程专门组课"，五年级第一学期开设"最优控制过程的数学理论"；未定方向的学生四年级第二学期开设"分析选论"，五年级第一学期开设"数学分析复习"。五年级第二学期全年级参加松江"四清"，回校后从事论文设计及下厂科研，直至毕业。

1965年秋入学的五年制本科生有139人，分成3班。他们的辅导员是陈月珍和陈淑。这届学生于1970年8月毕业分配。

1965年9月至1966年7月的第二期"四清"运动在安徽定远县，校部由杨希康带队，数学系胡启迪、阮荣耀、史树中继续留队，上述分配到数学系的新教师加入。直到1966年夏天才回到数学系参加"文化大革命"，学校不再放暑假，也不再上课。

1965年年底数学系在职教师分组如下：

函数论教研组：程其襄、张奠宙（主任，崇明社教）、郑英元（副主任）、曹伟杰、陈效鼎、史树中（安徽社教）、华煜铣、黄馥林（崇明社教）、宋国栋、吴良森（崇明社教）、戴崇基。

微分方程教研组：陈昌平（主任）、林克伦（副主任）、周彭年、陈美廉、胡启迪（安徽社教）、陶增乐、徐元钟、王辅俊、黄丽萍、徐钧涛（电大）、毛羽辉、杨庆中、林武忠、王成名（王学锋，崇明社教）。

概率论教研组：魏宗舒、林忠民（副主任）、茆诗松（副主任，崇明社教）、陈淑、袁震东（崇明社教）、王玲玲、周延昆、吕乃刚（崇明社教）、汪振鹏、阮荣耀（安徽社教）。

代数几何教研组：曹锡华、朱福祖（主任）、王光淑（病休）、李汉佩（副主任，崇明社教）、黄云鹏（崇明社教）、鲍修德、董纯飞、陈永林、陆大绚（崇明社教)、陈志杰(崇明社教)、陈信漪、钱端壮、唐瑞芬(崇明社教)、洪渊、顾鹤荣。

计算数学教研组：吴洪来(病休)、王西靖(崇明社教)、王守根、刘宗海(北京学习)。

教育科学教研组：徐春霆、余元希(主任)、吴卓荣(副主任,崇明社教)、李永焰、梁小筠(崇明社教)。

业余教育教研室(均在电大)：张维敏、葛金虎、刘鸿坤、王家勇、徐钧涛。

未定：黄玉玲、周纪芗、邱森、王吉庆、周克希、刘昌堃、张雪野、汤羡祥(均参加崇明社教),姚鸿滨、凌永明、吴允升、陈德辉、蒋鲁敏、李春和(均参加安徽社教)。

1966—1978年

1966年至1976年"文化大革命"期间,数学系经历劫难,教育事业遭受严重破坏。全系师生员工在极其艰难的环境中做出各种努力,才在"文革"后期使教学、科研工作有所维系,有些科研项目还能得到一定发展。

"文革"前进校的学生陆续分配离校

"文革"前进校的5届学生从1966年夏天起停课搞运动,1967年年底起陆续分配离校。1961年入学的1966届学生于1967年11月分配；1962年入学的1967届学生于1968年8月分配；1963年入学的1968届学生于1968年12月分配；1964年入学的1969届学生于1970年8月分配,其中沈雪明、丛培军留校；1965年入学的1970届学生于1970年8月分配,只有陈金干一人留校工作。

5届工农兵学员

1968年8月26日,工宣队、军宣队进驻学校。1969年秋,数学系大部分师生去马陆公社支援"三秋",后因"一号通令"就地战备疏散,在马陆搞运动,长达一年。

1970年9月，数学系、物理系和附属工厂组成"三结合的校办工厂"。

1970年6月27日，中共中央批准《北京大学、清华大学关于招生（试点）的请示报告》，由此进入工农兵学员上大学阶段。1970年7月，数学系部分教师为准备迎接新学员开学从马陆抽回上海，下工厂，编教材。

1970年冬，首批工农兵学员到校报到，数学系有70名。当时正值毛主席发出"12·11"指示，于是第一课就是师生一起参加拉练，由上海南行至安徽广德，再折回上海。拉练密切了师生关系，为以后开展教学活动做了思想准备。根据师生结合、社会调查的结果，系里确定了数学联系实际的四个方向：工业生产自动化，微波，机械制造中的数学，统计及其应用。然后把教师和学生按这几个方向分组，组成新的教学实体，重新制订教学计划，开设新的课程，开展教学活动。以工业生产自动化方向为例，当时组成了"自动化实践小分队"，由10位教师全面承包13位学员的整个教学活动。选定了数控线切割机及船体钢板型线的切割作为组织教学的典型产品。

1971年冬，华东师范大学、上海师范学院、上海教育学院、上海体育学院、上海半工半读师范学院等5校合并，成立上海师范大学。这时数学系教师由以上各个学校的数学教师组成，队伍扩大，力量更加充实。直至1978年5月，上海师范学院、上海教育学院等正式分出。

首届学员在补完基础后重分为自动控制和计算两大部分，计算部分又分成两个班。于1974年4月毕业分配，王仁义等7人留校工作。

1973级是第二届工农兵学员，数学系有181人，分成4个班。一班、四班由计算组负责；二班是数控班；三班是应用班，由概率统计、代数、几何的老师负责。这届学员于1977年2月毕业分配。陈汶远等10人留系工作。另有8人继续研究生学习，他们于1979年2月毕业。其中，王新伟和瞿森荣留在数学系工作，吴文娟、周建中到计算机系工作，张琴珠、沈霄凤到教育技术研究所工作，喻志德分配到上海师院数学系工作，卢立铭去了宝钢。

1974年第三届工农兵学员有180人，分成4个班：一班、四班是计算班，二班是控制班，三班是概率统计班。1977年8月毕业分配。陈果良等8人留校工作。另有11人继续研究生学习,后来计划改变,重新分配,其中潘仁良等5人留校工作。

1975年第四届工农兵学员有212人,分成4个班。1978年8月毕业分配,赵小平等7人留系工作。

1976年第五届工农兵学员有191人,分成4个班。1980年1月毕业分配,林华新、杨宗源、张华华、李士锜等4人留校工作。

4届培训班

从1972年起数学系举办了4届培训班,培养了大批教师。其中1972级有511位学生,毕业后虞佩珍和郭大华留系工作。1974级有293位学生,1976级有180位学生,1977级有249位学生。总共培养了1 233位学生。

数学系领导变动情况

1972年9月,刘宗海任党总支书记,张健飞、周信尧(工宣队)任副书记。

1974年10月,工宣队陈秀英任党总支书记,张健飞、周信尧(工宣队)、林火土、陈金干任副书记。

1977年,张波任党总支书记。

1978年9月起,林火土任分校后党总支书记。

1966—1978年教师队伍变化情况

1969届学生于1970年8月毕业分配,其中沈雪明分到系里工作。同时半工半读师范学院机械专业毕业的马继锋、无线电专业的应吉康和俞德勇分配到华东师大校办工厂(当时与数学系和物理系合并)。1970届学生于1970年8月毕业分配,陈金干留系工作。

1970年2月,学校决定在大丰建立五七干校,同年6月,第一批教师到达大丰五七干校。1972年1月,五七干校迁至奉贤,直到1977年12月撤销华东师大五七干校。其间大部分教师轮流去过五七干校劳动锻炼。

1972年五校合并成上海师范大学时，当时的数学系教师来自4个学校，根据1972年春的数学系教职工名册，我们整理出以下名单：

原华东师大92人：鲍修德、曹伟杰、曹锡华、陈昌平、陈德辉、陈金干、陈美廉、陈淑、陈效鼎、陈信漪、陈永林、陈月珍、陈志杰、程其襄、戴崇基、董纯飞、葛金虎、顾鹤荣、洪渊、胡启迪、胡之琤、华煜铣、黄馥林、黄丽萍、黄云鹏、蒋鲁敏、李汉佩、李锐夫、李永焴、梁小筠、林克伦、林武忠、林忠民、凌永明、刘昌堃、刘淦澄、刘鸿坤、刘明轩、刘宗海、陆大绚、吕乃刚、马国选、马继锋、毛羽辉、茆诗松、钱端壮、乔理、邱森、阮荣耀、沈雪明、史树中、宋国栋、汤羡祥、唐瑞芬、陶增乐、汪振鹏、王辅俊、王光淑、王家勇、王玲玲、王人生、王世云、王守根、王西靖、王学锋（王成名）、王学海（王吉庆）、魏宗舒、吴洪来、吴良森、吴允升、吴珠卿、徐春霆、徐国定、徐钧涛、徐振寰、杨庆中、姚红兵（姚鸿滨）、应吉康、余元希、俞德勇、袁震东、张维敏、张雪野、郑启明、郑英元、周纪芗、周克希、周彭年、周延昆、朱福祖、庄秀娟、邹一心。

原上海师范学院110人：艾国英（心理学讲师）、边善裕、蔡钦达、曹臻、陈光富、陈云涛（原师范学院党委书记）、戴月仙、单振宇、邓乃扬、丁静韫、丁元、董丽娟、范际平、费鹤良、高寿龄、葛惠忠、龚伦超、顾若莲、顾耀学、郭荣源、杭永珍、胡桂友、黄金丽、黄荣基、黄润贞、黄淑娟、金均、金志华、孔宗文、匡蛟勋、李德馨、李绍煌、李忠谏、林炎生、林裕焜、柳慧琼、卢亭鹤、陆明、陆森泉、陆水根、陆宗元、栾德怀、毛澍芬、缪菊英、乔华庭、秦子超、邵存蓓、沈家骐、沈世明、沈伟华、沈照发、施毓湘、史玉昌、宋竹茂、苏泳絮、孙根娣、孙祥珍、陶臣铨、王国荣、王家声、王秋辉、王森达、王小斐、王芷娟、卫金林、温敬里、吴炳荣、吴承勋、吴庭竺、吴文雅、吴文昭、吴蕴辉、夏鉴清、谢天维、徐红兵（徐怀方）、徐剑清、徐锦龙、徐松范、严仲德、杨荣祥、杨有锠、姚美胜、姚人杰、应制夷、鱼怿堂、俞关如、袁小明、张超、张芳盛、张建亚、张建中、张健飞、张骏芳、张仁生、张胜坤、张通谟、张一鸣、张永祺、张元书、赵善继、赵显华、郑道鹏、周宝熙、周德英、周行武、周敬良、周默、周素琴、周正、朱水林。

原半工半读师范学院23人：陈泽琦、顾祥林、何福昇、何积丰、何声武、蒋国芳、蒋伟成、蒋芝生、林举干、刘俊杰、沈文钊、汪礼礽、王万中、魏国强、谢寿鑫、徐乃则、徐小伯、徐元钟、杨曜锟、张九超、征道生、郑毓蕃、周玉丽。

原上海教育学院36人：艾武、陈朝龙、程翼之、单宽、龚鸿浩、韩秀芳、杭必政、李承福、林文添、凌康源、毛爱珍、穆建华、潘应河、阮体旺、佘逸时、沈云霞、陶逸君、屠文敏、万一心、汪恩煦、吴美娟、吴启贵、夏守岱、许家骅、杨尘、杨德龙、姚福丽、姚剑初、姚钟琪、张珞令、张文琴、赵金凤、赵秀兰、周树仪、朱根宝、朱光琼。

1972年，系领导小组组长刘宗海，副组长张健飞；政工组组长张健飞；教育革命组召集人张胜坤。

教研组组长名单如下：

计算数学教研组组长徐锦龙，副组长王西靖。

概率教研组组长茆诗松，副组长费鹤良。

数控教研组组长胡启迪，副组长张仁生。

生产实验室组长徐振寰，副组长陆水根。

代数几何教研组组长张永祺，副组长姚福丽、李承福、曹锡华。

微积分教研组组长林裕焜，副组长龚伦超、汪礼礽、陶增乐。

物理教研组组长张雪野，副组长吴庭竺。

资料室组长孙祥珍。

1973年年初，原上海师范学院的沈明刚从校部回到数学系。

1973年，束继鑫从西北工业大学调来数学系工作。1978年3月，调到上海交通大学任教。

1974年，虞佩珍和郭大华培训班毕业留校工作。

1974年首届工农兵学员毕业的7人留校工作，其中王仁义、胡应平、祝杜林、祝智庭、黄国兴、张新国等6人留在数学系。

学校外语系于1972年5月举办了首届法语班，其中有20名工农兵学员，准备援外当中学老师。后因计划改变,8名学数学的插到数学系1973级学习,于1975年暑期毕业。其中汤义仁和顾云南留在数学系工作。

1976年年底,田万海从校教科所回系参加教学工作。

1977年2月,第二届工农兵学员毕业的10人留校工作,其中陈汶远、徐庆璋、鲍洪良、宁鲁生、罗威、李安澜、陈俊英、潘立明、颜梅珍等9人留系工作,还有复旦大学毕业的徐生桃分配来系工作。干校外语培训班的糜奇明、徐明唯分配来数学系工作。

1977年8月,第三届工农兵学员毕业的陈果良、胡承列、季康财、孙伟英、周锡祥、杨宗元、顾志敏、车崇龙等8人留系工作。另有因先读研后计划改变留校工作的潘仁良、黄英娥、李宜春、高占飞、於森虎。

1975年有中学毕业生陈传碧、沈敏云、陈清华、胡国庆,1976年有中学毕业生许娅萍、李相兰、孟玲、何月芳、柳秀萍、邓红玲、徐信女,后来还有蒋惠芬、张善莲等分配到系计算机房工作。其中将近半数先后调离数学系。

之前方安华在计算机房工作。

李英霞、罗思玲调来资料室工作,熊治东来办公室工作。

1978年去宝钢的有7人:除了教师张超、顾祥林、徐生桃,还有4位研究生。

1978年8月,许鑫铜从市体委回到数学系工作。

1978年8月,第四届工农兵学员毕业的赵小平、盛莱华、俞建新、程依明、李妮妮、汪志鸣、孙丹薇等7人留在数学系工作。

1978年2月,传达了市委关于上海师范大学分校问题的指示,直到1978年5月分校工作基本结束。原上海市半工半读师范学院的人员由原华东师范大学代管。各系撤销政工组、教育革命组建制,分别设党总支和系主任办公室。根据上述分校原则,上海师范学院和上海教育学院恢复了原来建制,其余留在上海师范大学。并校期间加入的新教师按个人意愿分到三个学校。

1978年秋季时上海师范大学(1980年8月恢复原校名华东师范大学)数学系的教职工参考名单如下(因没有查到文字资料,只能根据回忆推断,会有小的误差）：鲍洪良、鲍修德、曹伟杰、曹锡华、陈昌平、陈传碧、陈德辉、陈果良、陈美廉、陈清华、陈淑、陈汶远、陈效鼎、陈信漪、陈月珍、陈泽琦、陈志杰、程其襄、程依明、戴崇基、董纯飞、方安华、高占飞、顾鹤荣、顾志敏、何福昇、何积丰、何声武、何月芳、洪渊、胡承列、胡启迪、胡应平、胡之玽、华煜铣、黄馥林、黄国兴、黄丽萍、黄英娥、黄云鹏、季康财、蒋国芳、蒋鲁敏、蒋伟成、李安澜、李汉佩、李妮妮、李锐夫、李相兰、李宜春、李英霞、梁小筠、林火土、林举干、林克伦、林武忠、刘昌堃、刘淦澄、刘鸿坤、刘宗海、陆大绚、吕乃刚、马国选、马继锋、毛羽辉、茆诗松、孟玲、糜奇明、宁鲁生、潘仁良、钱端壮、乔理、邱森、阮荣耀、沈敏云、沈文钊、沈雪明、盛莱华、宋国栋、孙丹薇、孙伟英、汤羡祥、唐瑞芬、陶增乐、田万海、汪礼礽、汪振鹏、汪志鸣、王辅俊、王光淑、王玲玲、王人生、王仁义、王守根、王万中、王西靖、王学锋（王成名）、王学海（王吉庆）、魏国强、魏宗舒、吴洪来、吴良森、吴允升、吴珠卿、谢寿鑫、熊治东、徐春霆、徐国定、徐钧涛、徐明唯、徐乃则、徐小伯、徐元钟、徐振寰、许鑫铜、许娅萍、杨尘、杨庆中、杨曜锠、应吉康、於森虎、余元希、俞德勇、俞建新、虞佩珍、袁震东、张奠宙、张九超、张维敏、张雪野、赵小平、征道生、郑英元、郑毓蕃、周纪芗、周克希、周彭年、周延昆、周玉丽、朱福祖、祝杜林、祝智庭、邹一心。

援藏

1974年5月，国务院发布37号文件，为支援西藏地区发展教育事业，要求上海、北京、天津等地选派389名教师入藏工作。学校于当年派遣首批21名教师援藏，其中数学系有3名，他们是沈明刚、陈信漪、林武忠。首批援藏教师于1974年7月13日出发，7月28日到达拉萨。1976年，学校派出第二批援藏教师，数学系又有3位教师光荣援藏，他们是王仁义、徐剑清、周延昆。1978年第三批援藏时已经分校，数学系潘仁良参加。

结合教学，搞联系实际的科研课题

在科研方面，当时要求开门办学，学生必须到生产实际中去学习数学。在带领学生下厂下乡的过程中，也解决了一些生产实际问题。以下是能回忆起来的部分课题。括号内是回忆提供人和项目参与人，尽量依照时间顺序排列，但是大多数项目没有确切的时间。资料不全，有待补充。

1968—1973年，搞过优选法的推广（刘昌堃、李汉佩）。

在上海机床厂七二一工人大学教学实践（鲍修德、吴良森、姚红兵）。

1969年，上海锅炉厂锅炉研究所、西安交通大学、华东师范大学（王守根、洪渊，1971年王学锋加入）联合进行锅炉热力测试与研究制定新的锅炉炉膛热力计算方法。该项目于1985年获一机部科技进步三等奖。

在这期间还与锅炉所工程师讨论过膜式水冷管管壁温度计算问题，采用物理和数学结合分区域计算给出近似方法。经比较，认定我们的计算结果比国外用的一些方法更接近试验结果。该项目获1978年全国机械工业科学大会奖（王学锋）。

1970年完成不完全试验的寿命估计，即不把样本寿命试验做完就进行寿命估计的方法。研究结果发表于《数学实践与认识》1974年第3期（袁震东）。

1971年组建的"自动化实践小分队"以数控线切割机作为典型产品，以上海交通电器厂作为开门办学的基地；又以船体钢板型线的切割作为典型产品，受上海船厂委托研制数字积分机，经过两年多的努力完成任务。由俞德荣领导，袁震东负责运控设计，陈效鼎负责输入输出的设计，并开设数字积分机的课程，组织学生学习并画印刷电路板。

20世纪70年代初，袁震东与郑毓蕃等不定期参加关肇直院士在科学院数学所控制理论研究室主持的现代控制理论讨论班，因而华东师范大学数学系是国内进入现代控制理论领域的第一梯队，为以后华东师范大学始终保持领先地位打好基础。

1971年，在5703厂参加飞机油箱重心计算（陈德辉、洪渊、吴良森）。

1971年，在量具刃具厂用"齿廓法线法"求铣刀截面曲线计算和某高炮零件上曲线计算（徐钧涛、蒋鲁敏）。

在上海机械学校市旋转式活塞发动机会战组研究此种发动机的一些计算

问题,包括缸体曲线、压缩比等(徐钧涛、吴良森)。

在上海压缩机厂搞螺杆压缩机的螺杆截面曲线计算(邱森)。

1970年后,对上海煤气公司、市政设计院自来水管道进行管网平差优化设计的计算机编程及上机计算。利用图论、解线性方程组及逐次逼近的方法,成功地解决了这一非线性优化计算(曹锡华、刘昌堃)。

在市政设计院搞桥梁多因子正交设计,并编制程序上机计算(邱森、刘昌堃)。

1972年后概率教研组学习正交试验设计有关材料,后来到橡胶制品研究所、上海钢铁研究所、第三制药厂、农药厂等单位推广正交试验方法,并且在部分工厂企业举办学习班进行介绍,收到较好的效果。1975年11月,以上海市科学技术交流站的名义组编《正交试验设计法》,由上海人民出版社出版(周纪芗)。

还组织了一些关于可靠性知识的推广,使上海市的电视机等产品的可靠性指标得到提高(周纪芗)。

参与马鞍山钢铁厂的转炉重心计算(郑英元)。

从1973年开始,造机组(仿造中型通用电子数字计算机X-2机)约有20人,刘淦澄是组长,下设三个小组:一是运算控制组,组长是刘淦澄;二是内存组,组长是边善裕;三是外部设备组,组长是周行武。参加的人员还有何积丰、吴洪来、董纯飞、沈伟华、魏国强、蒋芝生、许家骅、沈云霞、孙根娣等。1974年年底电子数字计算计试制成功,运算速度为每秒7万次,字长42位,内存容量为16 384个字。外部设备配有G-3型磁鼓2台,UL-1型磁带机2台,JY-80宽行打印机2台,小型光电机2台。这台电子数字计算机位于数学馆三楼西侧,为数学系服务了3到4年,后来送给了江西九江师范学院。

与第九设计院、浙江大学力学系以及上海柴油机厂合作,着重把数值计算方面的理论结果(包括有限元素法等)和弹性力学、流体力学等知识应用于船舶、机械、建筑各领域以及河口海岸研究领域,合作的论文《以四面体为基础的组合单元的实用分析技巧》登载于科学出版社编辑的《数学的实践与认识》

（黄丽萍）。

软件组与天津无线电厂、上海中兴无线电厂联合研究我国首发产品DJS-130机上的软件（王西靖、王吉庆、沈雪明、祝智庭）。

1972—1974年，计算方法开始有了专题的研究方向；王国荣、王守根等翻译了斯图尔特所著《矩阵计算引论》（上海科技出版社，1980年）作为研究生教材，引起国内外同行的注意，纷纷采用作为教材；计算数学组在实践课题基础上对差分方程求解的收敛性、稳定性以及有限单元法的一些理论问题进行了深入的研究，专业理论总体有了提高。

1972—1974年，计算组的软件方向配备的RDOS软件成为全国几百个DJS-130机用户的主要系统软件，并由电子工业部主持在上海、厦门、哈尔滨等地办了多次全国推广应用培训班，王西靖、沈雪明等多人受委派前往讲课。

在上海气象局，周宝熙较长时间参与了天气的数值预报研究。1974—1975年，汪振鹏与周纪芗先后参与了台风路径预报研究。

参加上钢十厂自动化轧钢试验项目，这是当年冶金部、机械部联合主持的国家重大冶金工业自动化项目，全国在冶金自动化领域的顶尖专家参与其中，包括北钢、华东师范大学等高校均参与。我们完成了一个用当时世界最先进的卡尔曼滤波方法建立数学模型预测钢板厚度并几次试验成功（郑毓蕃）。

参加上海调节器厂硅单晶拉制的控制模型。这是中国半导体工业起步项目。后来在中科院冶金研究所参与下，完成用现代控制理论设计的单晶成长自控数学模型，这也是中国第一个在（民用）工业领域应用现代控制理论的成功案例，后获得上海科学大会奖。这个数学模型被清华大学自动化系的教材（高等教育出版社出版，国内通用教材）作为案例（郑毓蕃）。

数控组的课题还有上海石油加油站的计算机实时监测课题，上钢五厂力学持久机温度群控的数学模型设计项目以及由此进一步推广、发展的系列项目，玻璃瓶十厂、闵行电机厂、胜利油田的计算机应用项目等。

1977年，以厦门大学、南开大学和华东师范大学为发起单位，在刘佛年校长的支持下，由数学系承办，在华东师大举行了一次具全国规模的控制理论及其应用学术交流会,为"科学的春天"增添了春色,并载入我国控制理论发展史册。全国各路自动控制名家与数学家莅会,并做学术交流和激情发言。数学家王柔怀教授(吉林大学)、王寿仁教授(中科院数学所)等积极评价数学系控制理论教研室对于LQG(线性、二次、高斯)控制系统的研究成果和现代控制理论的研究方向。会议建议,恢复中国自动化协会的活动,今后以自动化协会的名义定期召开中国控制理论及其应用学术年会,首届会议定于1979年在厦门召开。还决定组织全国现代控制理论讨论班,由中科院控制理论研究室负责牵头。1978年暑假,全国现代控制理论讨论班在北京航空学院举办。

编写教材,翻译资料

1972年年底,上海市编写三套教材:由复旦大学为主,华东师范大学、上海科学技术大学参加的《数学分析》(上、中、下三册),同济大学编《高等数学》(上下两册);华东化工学院编《微积分》一册。华东师大到复旦大学去的老师是徐钧涛和原上海师范学院的张芳盛,复旦大学有金福临、欧阳光中、吴卓人等,有时陈传璋老主任也来参加。加上科大两老师。后来三套教材都由上海人民出版社出版发行。这套教材1975年修订,充实了一些实际课题计算,数学系搞的三角活塞发动机这一课题也编入其中。

1975年,学习《马克思数学手稿》,了解"非标准分析"的出现,改革微积分教材。同时,吕乃刚、茆诗松、周宝熙、程其襄参加复旦大学理科资料组《马克思数学手稿》的翻译工作。李锐夫、周克希、魏宗舒、凌康源、周彭年等翻译,程其襄、应制夷、朱水林等校阅的《微积分概念史》,以及李锐夫、周克希、周彭年等翻译的《英国SMP中学数学教材》,由上海人民出版社出版。

1977年,数学系教师参加《辞海》编纂工作,李锐夫为编委会编委,程其襄、曹锡华、魏宗舒、徐春霆、余元希、郑启明为主要编写人。

1977年夏,在北戴河召开高校理科教材会议,为恢复高考做准备,要求华东师范大学数学系负责编写化学系的高等数学教材,后来由陈昌平、林克伦承担主要编写任务。

1972年，陈省身回到上海访问演讲。曹锡华是他的学生，和他进行了会见。

1976年5月，美国纯粹数学与应用数学代表团访问中国。代表团到数学系访问。

1977年暑假，华东师范大学数学系与复旦大学数学系展开学术交流，苏步青、谷超豪等来出席交流，准备迎接科研的春天。

随着改革开放步伐的临近，1978年2月，恢复高考后的第一届新生报到；1978年5月，上海师范学院和上海教育学院恢复原来建制；1980年8月，上海师范大学恢复原校名华东师范大学。数学系的历史也翻开新的一页。

人物篇

怀念孙泽瀛先生[*]

——写在孙泽瀛先生百年诞辰之际

唐瑞芬　陈信漪

孙泽瀛先生（1911—1981）1932年毕业于浙江大学数学系，曾去日本跟随著名几何学家洼田忠彦攻读博士学位，后因抗日战争爆发回国，任重庆大学教授，之后转去美国求学。1949年，他获美国印第安纳大学哲学博士学位后迅即回国，受聘为交通大学数学系教授。1951年华东师范大学筹建之际，专请孙泽瀛先生兼任华东师范大学数学系主任。1952年全国高校院系调整，孙泽瀛先生正式调入华东师范大学。

他担任数学系主任一职，直至1958年调任江西大学数学系主任为止，前后历时六年多。在此期间，我们有幸和孙先生近距离地接触，聆听他的见解，获益良多。

记得在一次新生开学典礼上，孙先生谆谆教导学生，数学系的学习应该是：往上要理解数学的高深学问，往下则要掌握扎实的数学基础。对一名数学教师来说，也就是要"上通数学，下达课堂"，这正是今天的数学教育所提倡的一项基本原则。

---

[*] 原载《数学教学》2012年第9期，略做修改。

我们有幸亲聆孙泽瀛先生的教诲。三年级时，他教我们近世几何学，他讲课表述清晰、语言简洁、条理清楚，尤其是他的板书，一节课结束，黑板上留下的恰是一份体系严谨的内容概述，整节课的头绪一目了然。在他的课堂上，我们知道了克莱因的埃尔朗根纲领，初次接触了变换群与几何学、不变性质与不变量，为我们进一步学习、钻研几何学打下了坚实的基础。

在孙泽瀛先生的领导下，20世纪50年代成为华东师大数学系几何兴盛的时代。从开设的课程来看，一年级解析几何，二年级初等几何，三年级近世几何，四年级几何基础，这连续四年一贯的几何学习，为未来的数学教师打下了扎实的逻辑基础，培养了宽广的空间想象能力。华东师大数学系的几何学教学成果，也辐射到全国。按照50年代全国高师院校数学系不成文的课程建设分工，华东师大负责分析（程其襄先生、李锐夫先生领衔）和几何（孙泽瀛先生领衔）。因此，孙先生编写了《解析几何学》与《近世几何学》两本教材，由高等教育出版社出版，在当时的师范院校中具有广泛的影响。1956年，在华东师范大学较早开设培养高校师资的几何研究班，孙先生讲授"射影几何与射影测度"课程，并采用英文原版书作为教材，为全国各地的高校输送了许多人才。

孙泽瀛先生为人热情、豪爽，心直口快，当年有人形象地描述数学系的正、副主任说：孙泽瀛先生是"方"的，钱端壮先生是"圆"的，彼此互补。孙先生尽心培养年轻的后辈，让刚毕业不久的青年教师参与近世几何学讲义的编写，无论是教材内容还是有关习题，都毫无保留地倾囊提供。

孙先生待人真诚、友好，在他任系主任期间，数学系教职工总会抽空聚餐或是共同出游，同事之间坦诚相待、和睦共处。回顾这些年，我们数学系的小环境一直保持着健康、和谐的氛围，师生之间、同事之间一直维系着团结友爱的传统，饮水思源，乃是早年孙泽瀛先生所播下的种子。

孙先生在华东师大的6年中，经历了1956年"向科学进军"的洗礼，也受到了"反右斗争"的冲击。在1958年的"大跃进"中，他始终坚信自己对建设一流师范大学的信念：既要抓好数学前沿的科学研究，又要注意发展数学教育方向的建设。因此，他大声地宣称："师范大学的科学研究要向综合性大学看齐。"现在看来，这是理所当然的事情，学术天平上没有师范与非师范之分。但是在20世纪50年代，许多人强调"师范性"，主张一切为中小学服务，师范大学要办到农村去，到车间去，尤其反对进行"脱离实际"的纯粹数学研究。一时间，甚至将"向综合性大学科研水平看齐"的观点提到学校"方向路线"的高度。孙先生自然承受了很大的压力。可是他一直坚持着，直到他奉调去江西大学（一所综合性大学）任教。

实际上，孙先生在提倡高水平科研的同时，也非常重视普及性的、为中小学教师服务的工作。可以说，孙先生切切实实地抓了师范大学的"师范性"。他不仅是口头提倡，而且身体力行。以下两件事情给我们留下了深刻的印象。

一件是1953年出版的科普读物《数学方法趣引》，由孙先生编。书中介绍的柯克曼女生问题引起了东北师范大学物理系学生陆家羲（后来任包头市九中物理教师）的注意。1961年陆家羲完成论文《柯克曼四元组系列》，后专攻"斯坦纳系列"，创造出独特的引入素数因子的递推构造方法，完成总题目为"不相交的斯坦纳三元系大集"7篇论文，解决了国际上组合设计理论研究中多年未解决的难题。不幸的是，陆家羲于1983年10月31日在包头病故。1987年，国家追授他国家自然科学一等奖。孙先生和陆家羲虽然未曾谋面，这件事却成为当代中国数学史上的一段佳话。

另一项影响深远的面向中学的大事，就是《数学教学》杂志的创办。1955年，正当国家号召"向科学进军"的时刻，孙先生一面倡导科研论文的发表，一面倡议并主持《数学教学》的创办，他认为这是师范大学应当为中小学老师做的一件实事。半个多世纪过去了，这份杂志的编辑出版方针依然维持当年的宗旨——"立足上海，面向全国，服务读者"，没有被功利性的应试教育浪潮所吞没。

先辈已远去，但他亲切的教诲依然历历在目、声声入耳，在我们脑海深处留下了永远的铭记。在孙先生100周年诞辰之际，以此文作为纪念。

将我国代数群研究引向世界前沿的带路人*

——记曹锡华教授

邱森

曹锡华（1920—2005），浙江上虞人。著名数学家。中国共产党党员。1940年秋天，考进重庆大学数理系。1942年9月，转学到浙江大学数学系。1945年9月，毕业于浙江大学。1946年春，进入陈省身在上海主持的中央研究院数学研究所。1947年春，到清华大学任助教。1948年9月，赴美国密歇根大学数学系攻读博士学位，师从布饶尔（R. Brauer），专攻群论。1950年9月学成归国，到浙江大学数学系任副教授。1952年10月，调到华东师范大学数学系。1958年秋天起任数学系系主任，除"文革"期间中断外，直至1984年卸任，改任数学系名誉主任。1979年升为教授，后评为博士生导师。曾任中国数学会理事，上海市数学会第四、五届理事会副理事长，第六届理事会理事长。1985年被评为上海市优秀教育工作者。

---

* 原载《师魂——华东师范大学老一辈名师》（华东师范大学出版社2011年出版），作者做了修改补充。

立志要为祖国的数学教育做出贡献

曹锡华先生从小爱好数学。

在初中阶段,他刻苦读书,做了大量的数学题。有一个暑假,他把一些数学小册子(如《因子分解》《二次方程》等)中的成千道题目全部做完,最后熟练到许多题目看一眼就能说出解法,甚至有的题能立即说出答案。在学生中成了大家崇拜的"阿基米德"。

在重庆大学数理系时,虽然学校的条件极差,但是他仍然努力读书。大学一年级时,他遇上了微积分启蒙老师李锐夫,李先生讲解清晰,分析透彻,为曹锡华走上数学之路奠定了基础。大学二年级时,教高等微积分的李达教授采用熊庆来编著的《高等分析》,内容较深,讲 $\varepsilon-\delta$、上极限、下极限等,有点初级实变函数论的内容,虽然每周一次课,一学期只讲了一章,但是曹锡华产生了浓厚兴趣,把这本书全部自学完,做了大部分题目,交给李达看。李先生看了很关心地说:"你真要读数学应该到浙江大学或者到西南联大去。"曹锡华听从劝导,辞别重庆大学的老师和同学,动身赶往贵州,成为浙江大学数学系的一名插班生。

当时浙江大学大部分迁到贵州遵义,所属的理学院却设在贵州湄潭县城的一座破旧的文庙里。湄潭原是小镇,没有电灯,师生们都在豆油灯下工作和学习。学生没有教科书或讲义,全靠教师讲,学生记笔记。即使在这样艰苦的环境中,数学系里以苏步青和陈建功两位教授为代表的数学家们坚持科研工作,写出了许多高质量的论文。曹锡华刚到湄潭不久,系里召开庆祝数学研究所成立的纪念会,海报上论文百余篇,给他留下深刻的印象。苏步青和陈建功坚持数学研究,治学态度严谨,悉心为祖国培养数学人才,深深地感染了年轻的学生曹锡华,使他更坚定了自己的志向,要为祖国的数学教育做出贡献。他以优异的成绩学完了三年专业课程。在这三年中,最感兴趣的课程是蒋硕民讲的近世代数。这是一个新的数学分支,高度的抽象、严密的论证、优美的代数结构使他入了迷。蒋硕民是他学习代数的启蒙导师,为他以后从事代数的教学、科研奠定了基础。

曹锡华大学毕业时,抗日战争胜利了。他取道重庆,在重庆逗留了半年,等候机会返沪。在这半年中,他自学了三本书:德文版范德瓦尔登的《近世代数》、英文版的邦德列雅金的《拓扑群》和范勃伦的《拓扑学》。

1946年3月,陈省身在美国著名的普林斯顿高级研究所完成研究工作回国,在上海主持中央研究院数学研究所的筹备工作,挑选刚毕业的大学生建立中国的数学中心,曹锡华被选中了。陈省身自编讲义,讲拓扑学并组织讨论班,拓扑学中的纤维丛理论就是陈首创的。

在跟随陈省身的两年中,曹锡华学到了不少新东西,特别是治学方法。他认识到,一个人要在数学上有所成就,一方面要靠本人刻苦努力,把基础打扎实,把基础面拓广,要学最先进的东西,要读大数学家的著作;另一方面,杰出的数学家的指导也是很重要的,他们往往可以在很短的时间内把你引向最新最有广阔前途的数学前沿,你不必在一个狭小天地里钻研一些小问题。1947年春,陈省身应聘赴清华大学兼职任教,曹锡华随同前往做助教工作。当时担任清华大学数学系主任的段学复从美国回国不久,段学复曾随世界近代群表示理论的权威布饶尔学习模表示论,后随著名的代数学家谢瓦莱(C. Chevalley)学习李群和李代数,他在有限群方面造诣甚深,其博士论文就是一篇用模表示论来研究有限单群结构的开创

1948年曹锡华赴美国留学时在码头上留影

性工作。陈省身把年轻的酷爱代数的曹锡华介绍给段学复。短短一年时间，在段先生的指导下，曹锡华学习了李群、典型群、代数数论、环论、代数几何基础和有限群等许多学科的崭新知识，并读完了布饶尔的一系列论文，打下了坚实的代数基础。

1948年9月，在陈省身和段学复两位先生的推荐下，曹锡华赴美国密歇根大学进一步深造，他的博士导师就是布饶尔。由于他在国内已经念完了布饶尔的文章，因此只用了一年就完成了题为"关于阶 $g = p^2g'$ 的群"的博士论文，两年时间就获得了密歇根大学哲学博士学位，他扎实的功底和敏捷的思维令布饶尔大为赞赏。

学习数学之余，他酷爱健身。早在上小学时就听说著名拳师黄子平从山东来上海，一拳击倒了俄国大力士，使被诬为"东亚病夫"的中国人扬眉吐气。曹锡华崇敬这样的英雄，像着迷一样学起了打拳、舞棒、玩刀枪，从小学习武术，为他一生健壮的体魄及酷爱运动打下了基础。在所有运动中，他最喜欢打乒乓球，这项运动成了他的第一业余爱好。

在学习的同时，曹锡华时刻关心着祖国的命运。日寇侵略的战火烧到上海时，刚满17岁的曹锡华热血沸腾，毅然投笔从戎。在重庆逗留期间，他亲眼看到国民党特务制造的"较场口血案"，李公朴等民主人士被殴打致伤的事件。他最恨横行霸道，逐渐对国民党政府由失望到不满，对国民党"三青团"特别反感。在清华大学期间，全面内战已经开始。虽然他已是教师，但仍多次参加学生的反饥饿、反内战、反迫害的游行队伍，从清华大学一直走到中南海门前，静坐至深夜。1946年1月，经地下党潘、许两位同志介绍，曹锡华参加了由共产党领导的进步组织"科学时代社"（该组织的成员退休后可为离休干部，曹先生被评为副局级离休干部）。1948年年底，在美国，曹锡华、朱光亚和吴沈钇到芝加哥参加由顾以健等地下党员组织领导的留美科协成立大会，回校后于1949年年初组织成立了留美科学工作者协会密歇根大学分会，会上选举他为分会负责人。当时参加分会的学生有三四十人，分会的工作就是介绍国内形势，宣传共产党的政策。中华人民共和国成立那天，他们聚餐欢庆，举

1950年在"威尔逊"号上归国留学生合影,曹锡华在前排左四

办介绍新中国情况的报告会。1950年年初,曹锡华、朱光亚和余守宪通宵起草了由留美科协密歇根大学分会发起的给留美同学的一封公开信,号召全体留美学者早日回国参加祖国建设,大家积极签名响应。1950年3月18日,该信刊登在《留美学生通讯》上,极大地鼓舞了海外赤子的爱国心。但是,当时的美国政府以中国留学生持的是国民党政府的护照为理由,拒绝留学生返回中国大陆。美国政府还例外地给留学生发放奖学金,想吸引他们留在美国继续学习。中国留学生愤起抗议,强烈要求回国。美国政府无可奈何,只得同意放行一批。1950年9月,曹锡华和一百三十几位中国留学生首批离美,回到了祖国的怀抱,受到政府的热烈欢迎。他心潮澎湃,满眶热泪,立誓为亲爱的祖国奉献一切。

"文革"前,集中精力培养人才

1952年全国高等学校院系大调整,曹锡华调至华东师范大学。由于工作勤奋,任劳任怨,"党叫干啥就干啥",1957年5月,他加入了中国共产党。1958年,他担任数学系主任。

刚到华东师大时,曹锡华每学期要教两三门课,还要阅读和翻译俄文教材,并担任初等数学教研室主任,把时间与精力全部用在繁重的教学工作上。

一直到1955年，中央提出了"向科学进军"的号召，他才开始准备继续他的研究工作。他刚翻译完邦德列雅金的《连续群》(该书是李群的经典著作，由此他对李群的结构有所了解)，政治运动开始了，科研工作被迫停顿。

当时一股"左"的否定基础理论的思潮使他没有机会搞代数。曹锡华从回国那天起就立下誓愿，要将中国的数学搞上去，赶上和超过世界先进水平。可是现实是，科研工作搞不成了，于是他把精力集中在培养人的工作上。

他多次探索培养高等数学人才的模式，并做了尝试。20世纪50年代，他因材施教，在学生中发现管梅谷等对代数感兴趣，就组织他们读书讨论，给予专门的指导。管梅谷还帮助曹先生校对俄文版《连续群》的翻译稿。管梅谷毕业后分配到山东师范学院，1959年去邮局搞运筹学，从跟班邮递员投递中得到启发，提出了"中国邮递员问题"。此问题是由中国数学家管梅谷首先研究的，故国际上冠以此名。它是图论组合最优化中的两个著名问题之一，就这样由一位刚毕业两年的年轻人提出来。

曹锡华还为当时高年级学生首先开设近世代数课程。1962年，在北京颐和园龙王庙召开了五学科座谈会(五个基础数学学科)，会议肯定基础理论的重要性，提出基础理论必须坚持搞下去。受到鼓舞的曹锡华满怀希望地组织人员研究被荒废了多年的代数，翻译了贾柯勃逊刚写好的重要著作《李代数》，并在师生中开设讨论班。数学系的学术气氛开始形成。学生中也涌现出一些优秀人才，在李代数方向开始做一些研究工作，特别在复与实可解李代数的分类方面做出了成绩，写了一些论文。但是，"文革"又一次使基础理论的研究遭到厄运，被迫中断。

改革开放给基础数学理论研究带来生机

1978年，改革开放给基础数学理论研究带来生机。年近六十的曹锡华再一次带领代数教研室的教师和研究生，计划用十年的时间赶上世界先进水平。

他着手抓三件事：一是选择研究方向；二是形成一支老中青结合的科研

梯队；三是培养高质量的研究生。

为了尽快赶超世界数学先进水平，他选择了当时国际上代数的一个主流方向——代数群。代数群的难度大，需要的基础知识面广，他花了整整一年时间组织讨论班，坚持搞下去。1979年，香港中文大学黎景辉博士首次来华东师大讲学，介绍了国际代数群研究的概况。1980年，美国数学家汉弗莱斯（J. Humphreys）来华，介绍了世界上对代数群的最新研究成果和动态，把我们带到了世界代数群研究的前沿。汉弗莱斯在讲学中用层上同调方法来讨论代数群的表示问题，对大家启发极大。硕士生王建磐解决了汉弗莱斯带来的一个难题，文章发表在美国《代数杂志》上，得到国内外同行多次引用。1982年，王建磐通过了博士论文答辩，成为我国国内培养的首批博士之一。

1985年曹锡华在卡特教授访华讲学时的留影（前排左起为温克辛、邱森、叶家琛、王建磐、杜杰、曹佑安，后排左起是朱天葆、时俭益、卡特、曹锡华、席南华、林磊、陈志杰）

为了把代数搞上去，曹锡华将一批中年教师送出国进修，自己顶下了研究生的课程，并同时讲两门课。多年心血没有白费，在他的带领下，华东师大的代数研究终于跨入世界先进行列。1984年，曹锡华的另一位硕士生时俭益在英国获得博士学位，时俭益的论文《关于仿射 Weyl 群的 Kazhdan-Lusztig 胞腔》，由西德斯普林格出版社作为"数学讲座"丛书之一出版。1984年，他培养的第二个博士生叶家琛的博士论文在国际群论会议上被称为近几年来代数群模表示论方面的三大成果之一。经他指导，不少研究生的博士论文发表在国际一流杂志上。

曹锡华不仅致力于培养研究生，还积极引进人才。段学复先生的研究生沈光宇，曾肯成先生的研究生、法国国家博士肖刚先后来到华东师大，分别担任李代数和代数几何方向的博士导师。在曹锡华的带领下，华东师大代数研究室成为国内代数学的研究中心之一。肖刚和陈志杰在代数几何方面的成果，曹锡华、王建磐和时俭益在代数群方面的成果，沈光宇和邱森在李代数方面的成果，朱福祖在二次型方面的成果，都受到国内外学者的注目。世界著名代数学家、代数K理论的奠基者H.巴斯访问华东师大数学系后写道："华东师大数学系给我留下了很好的印象，特别是代数小组。在某个富饶而活跃的数学领域里建立一个受过良好训练而且互相交错的核心，看来是当前情形下很有效的发展模式。"几个方向相互渗透，紧密合作，共同培养研究生，组织讨论班，在各自的方向上都有突破。肖刚获得国家自然科学奖三等奖和国家教委科技进步一等奖，肖刚、王建磐获得陈省身数学奖，时俭益获得教育部科技进步一等奖和"上海市科技精英"称号，王建磐获"全国劳动模范"称号，王建磐和叶家琛也分别获得国家教委科技进步二等奖，王建磐、时俭益和肖刚还分别获得霍英东优秀青年教师奖，时俭益、王建磐获得求是科学基金会杰出青年学者奖，王建磐获得上海市牡丹科技奖，沈光宇和邱森分别获得国

1994年曹锡华在华东师范大学接待著名数学家陈省身教授(左起张奠宙、方爱农、曹锡华、陈志杰、陈省身)

家教委科技进步三等奖。曹锡华培养的博士席南华现在是中国科学院院士,另一个博士杜杰是澳大利亚新南威尔士大学的教授。

曹锡华对中国数学的一个重要贡献是,他抓住了改革开放好时机,培养了一批优秀的代数学研究生,带出了一支老中青结合、学术水平一流的代数群和量子群研究和教学队伍,进而把华东师范大学数学系的代数教研室建设成为具有国际影响的代数学研究中心。

曹锡华呕心沥血开拓代数群,硕果累累,长期亲自带硕士生和博士生,还和王建磐合著《线性代数群表示导论》(其中上册已由科学出版社出版);和时俭益合著《有限群表示论》(由高等教育出版社出版,获国家教委优秀研究生教材一等奖和上海市科技进步三等奖)。他经常提到华东师大名誉教授陈省身1985年来数学系时的一句题词"廿一世纪数学大国",他坚信,有全国数学界的共同努力,中国在21世纪必将成为数学大国。

2005年12月22日,曹锡华教授离开了我们。

学贯中西，高雅平和 *

——记李锐夫先生

张奠宙

李锐夫（1903—1987），原名李蕃。浙江平阳人。著名数学家。1903年10月7日出生于平阳项桥乡李家车村（现钱库镇）。1925年考入东南大学（中央大学的前身）。毕业后先后在常州中学、广西大学、山东大学任教。1939年任重庆大学教授。1946年赴英国剑桥大学进修两年。归国后任暨南大学、复旦大学、交通大学教授，复旦大学副教务长。1952年任华东师范大学数学系教授，兼任副教务长。1960年起任华东师大副校长，1962年兼任上海市高教局副局长。同时，任《华东师范大学学报》（自然科学版）主编、《辞海》编委和数学分科主编、上海市数学会副理事长、上海市天文学会副理事长。所从事的整函数理论研究列入《1956—1967年国家科学技术发展远景规划》。历任第五、第六届全国人民代表大会代表，第三、第四届全国政治协商委员会委员。民盟成员。1986年以83岁高龄加入中国共产党。

---

* 原载《师魂——华东师范大学老一辈名师》，编者略做修改，并补充了照片。

年轻时崭露头角：大学一年级开始写天文学著作

李锐夫自幼熟读经史，精通古文。练得一手好字，尤其擅长于隶书和魏碑。华东师大早先的数学馆、《数学教学》杂志的刊头都是李先生的手迹。

他小时候就读当地的浙江省平阳钱库小学。在家乡普遍重视学习数学的浓重氛围中，从小就喜爱

李锐夫先生手迹

钻研数学。少年时夏夜乘凉，随长辈们观望天空识别星座，听说有关天上人间的民间传说和故事，为他以后探讨天体问题种下种子。后去温州城里住读浙江省立第十中学（今温州中学）时，对天文学极感兴趣，多方设法寻找天文学资料和参考书进行自学，不仅数学成绩优秀，在天文学方面也打下良好基础。

1923年，李锐夫从温州中学毕业，下定"立志攻读数学和一辈子做一个名教师"的宏愿。

1925年，李锐夫考入当时的东南大学（后改名南京国立中央大学，现南京大学）数学系。在大学求学期间，由于对天文学极感兴趣，遂进行自学研究。当时，中国天文学界精于测算，但对天体的演化、太阳系的形成和行星的运行等均没有理论的概括和叙述。李锐夫则以数学为工具，对国内极少涉及的彗星、流星、宇宙尘和地球的演化等问题进行探讨。在大学一年级，就编写了小册子《日球与月球》，第二年由商务印书馆出版，并被列入王云五主编的《万有文库》。这是我国理论天文学的早期著作之一。两年后，在大学三年级时，又编写了《太阳系》一书。当时商务印书馆已付排此书，因"一·二八"淞沪抗战爆发而停印。直到1935年，才重新整理，改由正中书局出版。此书被天文学界视为是描写太阳系的最详尽之作。

此外，他还在当时的《科学》和《中央大学学报》等刊物上相继发表有关天体演变方面的学术论文。鉴于他对天文学领域的早期贡献，新中国成立后他曾长期被推选担任上海市天文学会副理事长。

"李蕃三角"风靡全国

1929年，李锐夫大学毕业，获理学士学位。之后，在江苏省立常州中学等校任数学教师，教绩甚佳。当时，常州中学破例为他配备助教，协助他批改学生作业。作为一名中学数学教师，他敏锐地看到当时"三角学"课程的重大缺陷：只能处理180度以内的角。1935年，他为高中数学教学写的《三角学》一书由商务印书馆出版。该书在国内首创从任意角出发讲授三角函数，人称"李蕃三角"，一时风靡全国。现今许多有名学者在不同场合表示曾受益于此书。

36岁成为重庆大学数学教授

1934年，李锐夫曾应聘到广西大学任教一年。次年去山东大学数学系任讲师。抗日战争爆发后，李锐夫和同事们陆续撤退，并结识刚刚从日本留学回来的孙泽瀛先生，多方给予帮助。1937年年底到达重庆，在重庆大学任教。学生中有曹锡华，后来成为著名的代数学家。孙泽瀛和曹锡华后来都成为李锐夫在华东师范大学的同事。

1939年，重庆大学聘任李锐夫为数学教授。当时的中国高等教育圈内一条不成文的潜规则是，只有经留过洋的或是有政治靠山的，才有可能被提升为教授。但李锐夫既未曾出国留学，又没有政治背景，完全是凭着自己优异的学术成果和教学业绩，成为一名年仅36岁的年轻教授。这一聘任轰动一时，对在国内成长起来的广大年轻的教师是一个无声的鼓舞和激励。1937年8月，李锐夫翻译的美国普林斯顿大学数学系主任范因（Fine）所著的《范氏微积分》由正中书局刊行。由于范因另有一本《范氏大代数》在国内流传很广，《范氏微积分》也广受关注。直到20世纪70年代港台地区还在继续重印发行此书。

支持进步的学生运动

李锐夫热爱祖国，一生清白高洁。在旧社会，他憎恨反动派，不愿做官，保护进步青年，支持学生爱国运动。1941年夏，重庆大学的学生们要求民主自由，遭到军警弹压。李锐夫站在学生一边同情和支持学生们的正义斗争，同时建议一些优秀学生到其他更好的大学数学系去学习，其中包括曹锡华。曹锡华从重庆到湄潭，转入浙江大学。李锐夫本人也离开重庆，出任贵阳师范学院的数学系主任。1942年，进步学生反对国民党的独裁统治和对日的不抵抗政策，发生学潮。因数学系学生何尊贤参加和领导学生运动，国民党政府下令要学校开除该生。李锐夫挺身而出力排众议，向校长说："何是品学兼优的学生，不应开除。如果校方坚执己见，我将带领全数学系教职员工集体辞职。"校方不得已改变决定，致使当局不敢加害于何尊贤。后来，何尊贤去了延安，新中国成立后曾担任贵州省数学学会副理事长。回忆这段往事，何尊贤深情地说："这件事是我一生中最难忘的，假如没有李先生的保护，后果不堪设想。"

拒绝在申请去美国的文件上按手印

1945年，抗战胜利在望，当时的教育部拟在各大学中选送一批优秀学者赴国外公费进修。李锐夫以出色的教学和科研业绩被选中。初时确定他去美国，但在办手续时美方要求中国人在申请签证时按十指指印（对西方人没有这一要求）。这种歧视性的要求，李锐夫断然拒绝，表示宁可不去也决不按手指印。

教育部为了打破僵局，遂改派他赴无须按指印的英国访学。1946年，李锐夫以访问学者身份赴英国剑桥大学进修两年。在著名数学家李特尔伍德教授的指导下，从事复变函数论研究，专攻整函数。两年中，他了解国际数学研究的新潮流，获得一项与德国数学家兰道一致的科研成果，可惜未能发表。两年进修结束后，李锐夫于1948年春按时回国，先后担任复旦大学、暨南大学、国立交通大学的数学教授。

在英国进修期间，他处处考虑到自己是位中国教授，应有教授的风度。比如上街乘坐电车，他一定要坐头等车，因为坐三等车会失中国教授的面子。新中国成立前夕，美国一大学下聘书，要聘他为"讲师"。他认为决不可把中国教授降为美国讲师，决然拒聘。

为新中国教育事业服务

新中国成立时，李锐夫担任复旦大学副教务长。1952年院系调整时，从复旦大学调到华东师范大学任副教务长及数学系教授。1953至1958年，他在华东师范大学参加四届数学分析研究班的教学并主持一届复变函数进修班，为我国培养了上百名中青年大学数学教师。其中许多人后来成为我国各高等师范院校数学系的主力骨干。

1956年，国家制定《1956—1967年科学技术发展远景规划》，其中一个项目是"整函数与半纯函数"，由李锐夫和程其襄两位先生负责。此后，华东师范大学数学系一直是国内复变函数论研究的一个重要据点。李锐夫长期担任教育部的理科力学教材编审委员会副主任。受教育部委托，1956年，负责制定全国高等师范院校"复变函数论"课程的大纲，1960年又主持制定全国高等师范院校数学类的统编教材大纲。他与程其襄教授一起编写的《复变函数论》是高等师范院校统编教材之一。此书重版多次，至今仍被一些大学采用。

1957年，毛泽东主席来上海接见了上海科学、教育、文学、艺术和工商界的代表人士，和他们进行了亲切的交谈，围桌闲话约两小时。李锐夫应邀参加接见。参加这次谈话的还有谈家桢、周煦良、殷宏章、汪猷、应云卫等名家。

1960年起，李锐夫担任华东师范大学副校长，1962年兼任上海市高教局副局长，同时，任《华东师范大学学报》（自然科学版）主编。其间，任《辞海》编委和其中数学科主编，逐条审阅和修改其中的词目。

长期以来，李锐夫对数学教育倾注了无限的热情。新中国成立后，他曾任上海市数学会副理事长，多次主持和组织上海市中学生数学竞赛。还担任1979年复刊的《数学教学》主编。

"文革"期间，李锐夫横遭迫害，身心受到严重摧残，但他始终坚信"这种违背事理的局面不会太久，总有一天会雨过天晴"，对祖国的前途充满信心。因此，在逆境中仍坚持工作。李锐夫精通英语，曾主持翻译了英国中学数学教材（SMP）共12册。"文革"后期，李锐夫主持翻译波耶著的《微积分概念史——对导数与积分的历史性的评论》。翻译该书时还在"文革"之中，到1977年方由上海人民出版社内部发行。当时署名的译者是"上海师范大学数学系翻译组"。那时，华东师范大学和上海师范学院等合并，成立上海师范大学（1978年又分校）。用集体的名义署名"XX翻译组"乃是当时的通行做法，其实该书的主要译者是李锐夫先生。翻译家周克希先生（时任华东师大数学系教师，擅法文、英文等。后来调入上海译文出版社，重译《基督山伯爵》等）也投入很多。程其襄先生懂德文、拉丁文，也是翻译工作的重要参与者。此书现在已经成为研究微积分学历史的经典著作，被大量引用。

李锐夫先生审阅研究生论文

十年浩劫结束后，李

锐夫已是73岁高龄。1978年，李锐夫开始招收函数论方向的硕士研究生。他和中青年教师一起，在整函数的博雷尔（Borel）方向和半纯函数值分布等方向的研究上获得一系列富有创见的成果。为了扶植年轻人，他从不在论文上署名。论文发表在国内外一流的刊物上，受到国内外同行专家的好评，华东师范大学的函数论研究因而逐步达到全国的前列，在国际上也产生了一定的影响。他和戴崇基、宋国栋一起编写了研究生教材《复变函数续论》，在高等教育出版社出版。1985年，还招收了4名数学教育方向的硕士生。

"以礼待人"与"绅士"风度

"以礼待人，真诚相见"是李锐夫的做人信条。他仪表整洁，待人接物彬彬有礼，一见面就给人亲切的印象。他的生活方式是中西结合，择善而从：既讲究中国式的礼貌，也借鉴英国式的绅士风度。他上课时会穿笔挺的西装，也会穿传统的长袍。他的板书苍劲有力，写得一丝不苟，具有中国传统的书法之美。奇怪的是，上完课之后，先生全身上下没有一点粉笔灰，依然风度翩翩。他对帮忙批改研究生班习题本的助教说："你改好习题本，要亲手交到学生手里，不能一抛了事。英国的售货员找零的时候，一定要把钱放到顾客的手里，

左起：戴崇基、黄珏、李锐夫、张庆德、曹伟杰、宋国栋

不可以摆在柜台上,更不可以丢下拉倒。这是对人的尊重。"我们看到的李师母贤惠善良,她早年缠过小脚,是典型的南方中国妇女装束。每次客人来,无论年长年幼,辈份多高多低,师母总要奉上一杯茶。所以与他合作多年的老友程其襄教授说:"和李先生谈话,如坐春风。"

由于李锐夫凡事设身处地为他人着想,同事、学生和朋友,以至为他看过病的医生、护士,给他开过车的司机或家里的保姆都尊敬他。他们在有事或有困难时,都乐意找他交谈商量,请他帮助分析处理。总之,与李锐夫有过接触的人有一个共同的感觉:他是一个可信赖的朋友,一位德高望重的长者。李锐夫以雍容大度的风采,获得同事和国内外友人的尊重和高度评价。

庆贺李锐夫八十寿辰留影
前排左起:胡善文、庞学诚、叶亚盛、林群、朱经浩、嵇善瑜、金路
中排左起:徐小伯、曹伟杰、程其襄、李锐夫、张奠宙、郑英元、张雪野
后排左起:盛莱华、华煜铣、戴崇基、魏国强、吴良森、吴伟良、王宗尧、沈恩绍

李锐夫治学严谨,既教书又育人。不仅重智,更为重德,以此来培养学生的科学精神。当个别研究生工作松弛时,他就亲自找来谈话,指出做一名人民教师应有的职责,做到真正为人师表。他始终认为不论担任什么职务,自

己都是一个数学教授。为此，他常称自己是"三书子"（即一辈子"读书，教书，著书"）。在生命的最后时刻，他总结说："我一生教书，为年轻人做点事，仅此而已。"

他在担负领导的工作中严以律己，坚持原则立场。对不正之风深恶痛绝，凡是请他"写条子"和说情的事，总是要碰壁的。

对于子女，他都给以无限的关爱，但总竭力主张由他们自己去奋斗，不能依赖他而生存。他说："把他们培养到大学毕业，是我的职责，也是送给他们的最大礼物。"为此，他特意写了《警世贤文》中的名句为对联：

宝剑锋从磨砺出，
梅花香自苦寒来。

勉励他们要勤奋学习，努力工作。

李锐夫是一位活跃的社会活动家。历任第五、第六届全国人民代表大会代表，第三、四届全国政治协商委员会委员。他是中国民主同盟的老盟员。曾任中国民主同盟中央委员，民盟上海市第二至第五届常委、副主任。上海市第三、第四届人大代表，第二至第五届上海政协常委等。在83岁高龄时，他如愿加入中国共产党。

1987年，李锐夫先生在上海去世，享年84岁。

博学、慎行、深思[*]

——记程其襄先生

张奠宙

程其襄（1910—2000），四川万县（今重庆市
万州区）人。著名数学家。1910年1月3日出生
于一个殷实家庭。父亲程宅安是一位佛学家，母
亲左鸿庆是书法家。3岁到上海，7岁那年在日
本住过一年。他在上海博文女校读小学，后入南
洋公学（当时的正式名称是"交通部上海工业
专科学校"）接受中学教育。1929年，随大姐第
一次到德国，主要学习德语。1935年，第二次
到德国留学，主攻数学。先后在柏林洪堡大学、哥廷根大学和柏林大学学习
和工作。1943年通过博士论文答辩，获柏林大学数学博士学位。后到哥廷
根大学进修，靠教中文维持到第二次世界大战结束。战后，程其襄设法辗转
经汉堡至意大利那不勒斯，然后搭英国轮船于1946年回到上海。回国后，
程其襄被同济大学聘为数学教授，任数学系主任，1951年兼任理学院代理
院长。1949年参与筹建中国数学会。1952年院系调整时调入华东师范大
学数学系。此后他一直在华东师大任教授和数学分析教研室主任，直至
退休。程先生于1956年加入中国民主同盟。历任上海数学会秘书长、副

---

* 原载《师魂——华东师范大学老一辈名师》，编者略做修改，并添加了照片。

理事长,上海逻辑学会顾问。他长期担任教育部理科数学教材编审委员会委员。

博学多思

程其襄先生的博学,令人吃惊。他从复变函数论入手,研究泛函分析,继而涉及积分论。晚年转向数理逻辑学,研究非标准分析。他熟谙德语,通晓英语、日语,熟悉法语、俄语、梵语和拉丁语。译本《马克思数学手稿》,程其襄先生也是参与者。其他如希尔伯特的名著《几何基础》《德汉数学名词》等的审校工作,曾花费了他的大量精力。由于懂得佛学和梵文,他曾经到上海的静安寺进行学术交流。"文革"时期,和李锐夫先生等翻译《微积分概念史》时,其中许多拉丁文段落常由程先生翻译。

晚年因研究自然辩证法,注意到"非标准分析",进而深入到数理逻辑的研究。1978年招收数理逻辑方向的研究生。

改进黎曼积分是程先生关注的热点。"文革"期间,纯粹数学无人问津。但是他在跑图书馆时注意到一种新出现的"非绝对积分"。1979年去甘肃师范大学(现为西北师范大学)讲学时,在国内首先介绍"汉斯多克积分"(Hanstock Integral)。随后西北师范大学的丁传松教授(曾是他的学生)即开始非绝对积分的研究,后来邀请汉斯多克的学生、新加坡国立大学的李秉彝先生来华合作,在中国形成了一个新的研究方向。

从20世纪60年代开始,参与《辞海》和《中国大百科全书(数学卷)》的编写。《辞海》里的数理逻辑学词条,多半是由他撰写或校订的。1993年,远在纽约市立大学攻读数学史博士学位的许义保来访,收集中国在"非标准分析"方面的研究情况,事关数理逻辑,程先生是最主要的当事人。

程先生的许多奇思妙想,也引人注目。早年讲授数学分析里的区间套定理,他就说天安门上有国徽,国徽里又有小天安门,小天安门里又有小国徽,如此继续下去,就形成了区间套。这是一个绝妙的比喻。

1993年程其襄（中）与前来拜访的纽约市立大学许义保博士（左）等合影

还有一个问题至今无人解答。程先生问："一个三角形，作高后分成两个三角形，这条高只能属于其中的一个三角形，另外一个三角形岂不是缺了一条边吗？"这实际上是问：我们常常说的三角形，究竟是包括三条边在内，还是不含边的？这样的问题很难回答，也只有像程其襄先生这样博学多思的学者才会注意到。

严谨深思

程其襄先生对中国数学教育事业所做的贡献，集中于"数学分析"课程的建设。具体表现在以下三点：

（1）1953年起，招收数学分析研究生班，连续4届。为全国高等师范院校数学系培养了上百名分析方向课程的师资。

（2）1954年，受教育部委托，编制高等师范院校"数学分析"课程教学大纲。这份大纲建立了以"ε−δ语言"表述的严谨分析体系，克服了以前使用不甚严谨的英美教材带来的缺陷。这份大纲的基本内容和要求一直影响到今天。

（3）20世纪80年代，华东师范大学数学系受命主编"数学分析"教材，由程其襄先生担任主编。这是一本发行量很大、使用面极广的基础课教材。由于"体系科学，编排合理，取材适当，叙述严谨，文字流畅"，1987年荣获"国家级优秀教材"奖。当时获此荣誉的数学教材一共只有十种。

可以说，一个研究班，一份大纲，一本教材，其影响遍及全国师范院校的数

1979年程其襄与学生合影（前排左起为游若云、郑英元、邱达三、程其襄、丁传松，后排为张奠宙、方初宝）

学系，这份贡献是历史性的。

程先生在数学分析研究生班上主讲的分析选论课程，大多取材于德国的数学著作。其中的实数理论、戴德金分割、有限覆盖定理、局部线性、黎曼积分的存在定理、曲面面积、外微分形式，都有全新的处理。原始的思想、理论的构建、精致的反例，使人流连忘返。程先生常说："仙人会点石成金，将两个弟子手里的石头都点成了金子。第三个弟子，不要金子，却想要仙人的'手指头'。我们要学第三个弟子。"在研究生班的学生圈子里，流行的说法是："程先生是分析方向的'程圣人'。"

程先生讲话带四川口音，声音不算洪亮。板书密密麻麻，经常用手擦黑板，浑身粉笔灰。他备课非常认真，却不写讲稿，教学要点写在香烟纸壳的背面，偶尔看一下，主要靠自己当场思考，展示思考过程。这使

得学生们受益良多。确实，教师的表达固然很重要，但更重要的是学术内涵，在研究班教学就更是如此。

　　程先生曾经深刻地指出，微积分的精髓在于局部性质和整体性质的统一。局部分析得透彻，整体性质才能揭示得深刻。微分中值定理之重要，在于它是从局部过渡到整体的桥梁。1991年，数学大师陈省身在接受笔者采访时也说："微分几何趋向整体是一个自然的趋势，令人意想不到的是，有整体意义的几何现象在局部上也特别美妙。"这使我联想起，程其襄先生对微积分也说过类似的话，进一步觉得这样的领悟真是弥足珍贵。实际上，像局部与整体这样的话本来是微积分的核心思想，但在微积分教科书上却是找不到的。

函数论教研室祝贺程其襄教授七十寿辰合影
前排左起：张雪野、曹伟杰、华煜铣、张奠宙、程其襄、应制夷、郑英元、徐小伯
后排左起：黄珏、吴良森、吴伟良、宋国栋、盛莱华、张庆德、张大镛、王宗尧、戴崇基、魏国强

慎行独思

　　程其襄先生不善交际，淡泊名利，一生慎行独思。新中国成立之前的1949年8月，中华全国自然科学工作者代表会在北京清华大学召开。到会的数学

家在颐和园开会筹备中国数学会。当时公推傅种孙、江泽涵、段学复、苏步青、姜立夫等17人为常务干事，代表上海出席的程其襄名列其中。这当然是很重要的事情，但他绝少提及。

1952年，华东师大数学系成立，系主任是孙泽瀛先生。程其襄是同济大学数学系的主任，到华东师大后只任分析教研室主任，但是他毫无怨言。华东师大数学系的老教授们有一个十分优良的传统，就是彼此精诚团结。程先生就是一个榜样。

程先生平生慎言少语，低调行事，不爱张扬。但有时不得不介入政治活动，例如在二战时期的德国。

程先生第二次到德国，正是中国的抗日爱国运动风起云涌、德国的希特勒法西斯统治气焰嚣张的时刻，程先生做出了自己的政治选择。那时，程其襄先生是旅德华侨抗日联合会的活跃成员。1937年，杨虎城将军到德国做《西安事变和国家形势》的报告，程其襄等积极参与筹备，冲破了国民党外交人员多方阻挠，欢迎杨虎城将军的到来。在这一时期，程其襄和乔冠华交往甚多。当时，乔冠华为旅德华侨抗日联合会的《会报》编辑稿件，程其襄也在《会报》工作，日相过从。1937年除夕，程其襄兄弟和抗日联合会的工作人员同在乔冠华处庆祝新年，通宵达旦。乔冠华在都宾根大学的博士论文《庄子哲学的一个叙述》，新中国成立后乔冠华自己家里已没有了，程其襄处保留着珍贵的一份。1939年，国际反侵略援华大会在英国伦敦召开，程其襄代表德国华侨参加，并在那里和吴玉章同志相识。

希特勒法西斯统治下的德国，数学事业被摧残殆尽。程先生师从两位导师。一位是当时德国数学的领导人物比伯巴赫（L. Bieberbach），提倡的口号是带有种族主义色彩的"德意志数学"：凡犹太籍数学家的工作，一律排斥；认为只有比伯巴赫等人的工作才是德意志数学的正统。程其襄曾亲见比伯巴赫在上课时身穿纳粹制服，右手上举，高喊"希特勒万岁"。当时的气焰不可一世。但是程其襄先生有自己的独立见解，不愿意附和"德意志数学"，他依然接近犹太数学家。对他影响最大的是另一位导师、数学名家施密特（E.

Schmidt），他就是犹太人。

1989年，程其襄先生以八十高龄退休。在祝寿会上，复旦大学严绍宗教授、上海师范大学应制夷教授以及许多老学生从全国各地赶来庆贺。

1989年12月，华东师范大学祝贺程其襄教授八十华诞（站立者为主持人张奠宙，向右依次为程其襄、复旦大学严绍宗教授、上海师范大学应制夷教授）

晚年的程先生，生活简朴，祝寿会上，他仍然是一套中山装。他喜喝咖啡，是在德国生活多年养成的习惯。几次设宴招待朋友，也是到"红房子"西餐馆。他很少参加体育活动，却爱好围棋。20世纪50年代，曾在上海高校圈内参与对弈，其中一位是杨振宁的父亲杨武之。1988年，我从柏林开会归来，带来一些柏林的老照片，程先生很兴奋，动过回德国看看的念头。他的两个孙子，都是读数学的，后来都去了美国，几次邀请他去美国看看，但是由于各种原因，最后都没有去成。

程先生离开我们已经十年了。他的一生，没有跌宕起伏，看不到波涛汹涌，落差千丈。他像一条小溪，浸润着周围的土地。回首往事，程先生以他的深沉思考，在华东师大数学系的历史上留下了一段美丽的风景。

2000年，程其襄先生去世，享年91岁。

概率统计界的老前辈[*]

——记魏宗舒教授

茆诗松

魏宗舒（1912—1996），上海人。著名统计学家。1912年2月12日生于上海。1929年7月，被保送到上海圣约翰大学土木工程系学习。1933年4月，圣约翰大学数学系主任留他在数学系任助教。1937年10月，进入美国宾夕法尼亚大学研究院攻读数学，并兼修保险精算学。次年，他转到美国爱荷华大学专攻统计学博士学位，于1941年2月获该校数学哲学博士学位。当年回国任上海圣约翰大学数学系副教授，同时任上海太平保险公司统计科科长。1942年被圣约翰大学委任为数学系主任，1943年被聘为教授。1947年4月，受上海太平保险公司委托到美国学习和考察美国的保险业，1948年11月回到上海，12月7日上海太平保险公司宣布解散。1949年9月，回到圣约翰大学数学系任教授和系主任职务。1952年全国高校院系调整，他调入华东师范大学数学系任教授。1984年华东师大成立数理统计系，魏先生在数理统计系（曾改名为统计系）任教授。

他合作翻译的克拉美（Cramer）的名著《统计学数学方法》于1966年出

---

[*] 原载《师魂——华东师范大学老一辈名师》，作者做了修改。

版。1983年他主编的《概率论与数理统计教程》出版,影响相当广泛。

1977年12月,被评为上海市先进科技工作者。曾任中国现场统计研究会第一届理事长,中国概率统计学会第一届副理事长,中国质量管理协会第四、五届副理事长,上海市质量管理协会第一届副理事长。他是美国统计学会终身会员。

"文革"前:为学校数理统计学科的发展奠定基础

1952年魏先生刚调到华东师范大学,当时正处于向苏联学习的高潮中,从教学计划到教材都按苏联模式进行,师范院校既无概率论课程,也无数理统计课程。直到1958年中央提出理论联系实际,数学的应用得到了重视,概率统计开始活跃起来。魏先生积极响应,开展了一系列学术活动。他编写教材,为大学生开设统计选修课——抽样与检验;指导青年教师组织的《概率论教程》读书班;带领青年教师参加气象局委托的科研任务,接待来访的印度统计学家高善必。

1960年,数学系成立概率论教研室,同年9月,以教研室的名义招收研究生,魏先生积极参与策划和制订培养计划,在以后几年的时间中他将主要精力放在培养研究生和青年教师上。他带领研究生与青年教师到实际中去,去了上海自行车厂和上海第一印染厂,告诉青年教师和研究生在劳动中要注意观察数据是怎样产生的,如何去收集数据,还在现场向青年教师、研究生和工程师们讲解如何去处理这些数据。他组织读书班,读莱曼(Lehmann)的《统计假设检验》时,他先讲了几次,然后让研究生和青年教师轮流做报告,大家提问题,如果有人被问倒了,回去准备后,下次继续做报告。他让青年教师走上讲台,帮他们修改讲稿,听完课后提出改进意见。这批研究生和青年教师后来大多成为数理统计教学和研究的骨干。

在这几年中,他还为统计界做了一件很有意义的工作:与其他几位教师合作翻译克拉美的名著《统计学数学方法》。该书被认为是数理统计成熟的标志。他对译稿讲究达意与修辞，往往一个词或一个句子要与其他教师讨论多次。前后花了一年时间才完成一稿，实际上这是一个再创作的过程。1966年年初，上海科学技术出版社出版了此书。图书出版后，立即得到各方面的好评，年轻人都把此书当作数理统计的入门书。

"文革"后期，在"开门办学"的号召下，他与青年教师一起到工厂、企业推广正交设计和可靠性等统计方法，为上海产品质量的提高起了推动作用。

"文革"后：迎来教育科研的第二春

1976年，"四人帮"垮台后，百废待兴，科学与教学也急待恢复。为了表彰魏先生过去多年来在教学与科研工作中认真负责的态度及其做出的成绩，1977年12月，他被评为上海市先进科技工作者，参加了上海市科学大会。与此同时，高考恢复，学位制度也随之出台。魏先生与大家一样沉浸在兴奋和努力之中。

当时上海一位自学成才的青年郑伟安，经过面试小组考核认定，已经具备本科毕业水平，经教育部批准，破格录取为华东师大的研究生，郑伟安本人想攻读数理统计，魏先生欣然接收。当时魏先生指定他先读克拉美的《统计学数学方法》，不到一年时间，郑伟安就拿出了第一篇论文《Rao-Cramer 不等式成立的充要条件》，表现出他的数学才华。魏先生十分高兴，同时也看到郑伟安很善于抽象思维，对概率论与随机分析更有兴趣，为了发挥郑伟安的才华，魏先生因材施教，建议他主攻概率论与随机分析，并由何声武教授指导。果不出所料，在何声武教授指导下，郑伟安如期毕业，又前往法国跟著名的概率论专家梅耶（Mayer）教授学习随机分析，两年半就获得了法国国家博士学位。郑伟安回国后不久就被评为教授与我国首批博士生导师。

在学位制度公布后首批研究生正式招生，魏先生与茆诗松联合招收了三名硕士生，他们的研究方向涉及容许性、重抽样和试验设计，魏先生一一加以指导，并亲自为他们讲授重抽样课程。当三篇论文都通过论文答辩后，魏先生激动地流下了热泪,他说:"中国从此结束无学位时代,第一批硕士生在我们自己手中培养出来了。"这三位硕士毕业生都成长为我国科研和教学的骨干,都是博士生导师。

在指导研究生的同时,魏先生还经常与实际单位进行联系。1979年上海商品检验局发现从比利时进口的800吨玻璃纸质量不合格,要向比方索赔。魏先生与青年教师一起考察了全过程,重新进行了抽样、测量与分析,认定质量确实不合格。可是比方就是不承认,并说他们生产的玻璃纸没有不合格的。为了维护我方的声誉,挽回损失,要求对方来人检验,若质量合格,费用由中方支付,否则由对方支付。不久,比利时专家到沪,第二天就举行会议。会上魏先生用流利的英语讲述了中方的抽样、测量和分析的全过程,未等魏先生讲完,对方专家立即承认质量有问题,答应赔偿,全过程不到一刻钟。索赔谈判顺利解决,维护了我方商检局的声誉,挽回了国家的经济损失。事后魏先生十分气愤地说:"在他们眼里,中国落后得连统计都不懂。我们要争气!"这一实例成为激励学生学好统计的一个动力。

在十年动乱后的最初几年,教材缺乏是一个严重的问题,高教出版社特请魏先生主编师范院校数学系本科生使用的概率论与数理统计教科书。魏先生欣然接受。魏先生邀请了系里几位教师协助编写《概率论与数理统计教程》,从章节细目到例子习题,在校内外广泛收集意见,经过多次修改,这本教科书于1983年10月出版。到2008年该书印了38次,达40多万册,可见其影响面相当广泛,使用时间也相当长。此外,魏先生与其他教师合作翻译出版《初等概率论(附随机过程)》与《统计思想》两本书,同样受到读者的好评。

晚年:为发展我国的概率统计事业积极谋划

20世纪80年代,魏先生已经迈入高龄,但是他仍然为发展我国的概率统计事业积极进行策划。早在1980年年底,学校就向教育部申报设立数理统计

1987年6月,魏宗舒先生为第一届数理统计专业本科毕业生颁发毕业证书

专业,教育部要求学校等消息,等机会。1983年年初,教育部要搞学科规划,这是一个机会,魏先生与教研室的教师积极收集各方面的资料,最后以魏先生等四位教师的名义向教育部科技司提交了报告《对发展数理统计学科的建议》。报告列举事实说明我国在数理统计学科发展上与西方国家的差距,建议在有条件的高校分批设立数理统计专业和数理统计系,在全国出版数理统计杂志。该报告被科技司编印为《对科技规划的建议(第0006号)》散发到教育部各司局参阅。1983年7月,教育部批准华东师范大学设立数理统计专业,同时获得批准的还有复旦大学和南开大学。当年华东师范大学数学系就招收了第一届数理统计专业的大学生。1984年12月,成立数理统计系。这件事在我国数学界产生了一定影响,在以后几年内,全国有十所高校先后获得批准设立数理统计专业。

魏先生多次在概率统计学术会议上呼吁,为了发展我国概率统计学科,需要创办一本全国性的杂志。他的呼吁也是概率统计界的共同呼吁,创办杂志对发展学科至关重要。1982年在全国概率统计年会上,这一呼吁达到高潮。学会选出的理事会推举江泽培为理事长、魏宗舒等为副理事长,他们商讨办杂志的可行性和具体做法,会议决定杂志为季刊,取名为《应用概率统计》,编辑

1986年春节,同事和学生去魏宗舒(前中)家中拜年

部设在华东师大数理统计系。在京理事负责写申办报告,申请刊号,魏宗舒和华东师大的教师在上海筹备编辑部和印刷事项。经过努力,1984年刊号终于批了下来,明确该杂志由中国科技协会主管,由中国概率统计学会主办,创刊号于1985年8月出版。

魏宗舒教授在概率统计的研究领域和教育事业中倾注了毕生精力。早年从事抽样检验、拟合分布曲线和保险统计方面的研究工作,后转入统计的应用研究、统计质量管理和统计史等研究工作,以及统计质量管理咨询和普及工作,推动了统计方法在我国各行各业的应用。

在一些学会、协会的学术活动中,魏先生经常宣传各种统计方法,希望实际工作者加以应用,同时希望统计工作者到实际中去,帮助企事业单位解决实际问题,从中发展统计,使统计在中国生根开花。在这些活动中他结识了很多朋友,发现统计界与实际单位的工程师之间缺乏联系,缺少沟通渠道。于是他萌发办一个"统计沙龙"的念头,创造一个机会让工程师与统计学家之间有一个定期交往的场所。他的这一想法立即得到数理统计系教师的响应与支持。为避免外界对沙龙的误解,魏先生很慎重地为这个沙龙取了一个正式名称——"统计应用研讨班",由上海地区的工程师与统计教师参加,每三周在

1992年2月，魏宗舒（左）在八十寿辰庆祝活动中

魏先生家中的客厅活动一次，每次一个主题，由魏先生约请中心发言人。统计应用研讨班从1988年冬天开始，直到1993年魏先生生病住院才中止。这个沙龙在工程师与教师之间架设了桥梁，起到了沟通和促进统计应用的作用。在沙龙上讨论的问题各种各样，讨论十分热烈，颇具启发性，有时对实际问题该如何解决提出了一些不同的解决方法，有时对一些概念经过争论统一了看法。这些对解决实际问题和推广统计方法都很有意义。

魏先生是美国数理统计学会的终身会员，他拥有一套完整的《统计年刊》（*Annals of Statistics*），去世前他把全部藏书捐献给华东师大图书馆，希望这些书能为培养统计人才继续出力。

几十年来，魏先生孜孜不倦地埋头工作，在概率统计研究和教学工作中倾注了毕生的心血。他忠于事业、执著追求的精神，勇于创新、敢为人先的胆略，联系实际、严谨治学的态度，诲人不倦、为人师表的榜样，成为我们宝贵的精神财富。

1996年，魏宗舒先生在上海去世，享年84岁。

博学多才的钱端壮教授

王学锋

钱端壮（1911—1993）祖籍上海县塘湾乡（今属上海市闵行区），1911年9月28日出生于北京市。早年留学德、法。在德国格赖夫斯瓦尔德（Greifswald）大学数学系毕业，获数学博士学位。随后在法国索邦（Sorbonne）大学任研究员，研究弹道学。1939年回国，历任北京大学、北京师范大学、北平临时大学、西北师范学院（兰州）、中国大学（北京）等院校数学系教授。新中国成立后，曾任山西大学教授、数学系主任。1952年院系调整时，服从组织分配，任华东师范大学教授，曾任数学系副主任和几何教研室主任，1986年11月退休。

在50余年的教育生涯中，他长期从事几何学和偏微分方程的教学和研究。钱端壮教授治学严谨，工作认真负责，为我国培养数学人才做出了贡献。20世纪50年代，他和孙泽瀛教授一起主办几何研究班，其中的学生后来很多都是各院校的骨干力量。

1955年，我进华东师大数学系时钱端壮教授是系副主任兼几何教研组主任，1958年他给我们上几何基础课，他讲课很有条理，语言清晰，带有京腔的普通话听起来很舒服。1959年华罗庚先生发文介绍新中国成立十年来数学方面优秀成果，特别提到华东师大数学系孙泽瀛教授和钱端壮教授在微分几何方面的优秀成果。钱先生博学多才，不仅精通几何学，而且对分析学中的偏微分方程、积分方程、富里哀变换都有很深的造诣，在当时是不多见的。

　　1959年年底，根据当时的形势，高教战线提出教学内容要更新、要现代化的要求。数学系决定原来1959年招的函数论研究生分成两部分：一部分研究方向为泛函分析，他们是魏岳祥、黄馥林、孟尔镛，导师是程其襄教授；另一部分研究方向为偏微分方程，他们是仵永先、李兆玖、王成名（王学锋）。当时正准备建立微分方程教研室，系里决定将钱端壮教授从几何教研室调到方程教研室，任研究生导师。临时上马，时间匆促，钱先生毫不犹豫地接受了任务。他一方面上偏微分方程、泛函分析等基础课程；另一方面采用北大周毓麟教授刚从苏联留学回来编的《非线性椭圆型偏微分方程》讲义，讲的是非线性椭圆型方程的先验估计方法。学了这些，我们就能阅读国际上最新的文献。我们参加讨论班，选题写毕业论文。有问题就到汾阳路钱先生家里请教，他总是很耐心地与学生讨论，有时还帮学生查文献。学生通过论文答辩，他完成培养研究生任务后，又服从组织安排回到几何教研室。他培养的研究生后来都成为国内各高校的教授。

　　1963年，钱先生带领1959级学生实习队赴上海市教改先进单位上海市育才中学教育实习。他是领队，我荣幸地成为他的副手协助他工作。他已50多岁，仍经常到育才中学指导实习和处理有关问题。实习队获得育才中学的好评。

　　钱先生为人谦和，但对业务要求很严，绝不允许捣浆糊。20世纪80年代初，数学大师陈省身倡导在北京开双微（偏微分方程与微分几何）会议，我参加了会议。会后，北大姜礼尚教授让我参加他们的讨论班。此时陈昌平先生正准备出国访问，给我一封信，要我会后马上回校，负责研究生工

作，因为他与蒋鲁敏都出国了。我遵嘱回数学系，陪研究生度过了论文写作阶段。当时，论文评审委员会是如何组成的呢？中国科学院王光寅教授、复旦大学陈传璋教授是合适人选。本系谁参加呢？根据职称，我没有资格，我想钱先生是最合适的人选，当我请他时，他欣然答应了。以上三位教授组成论文答辩委员会，顺利地完成了陈昌平教授培养的第一届偏微分方程硕士研究生论文答辩任务。

80年代初，钱先生身体不好，年老体衰多病，本应休养。但他仍继续培养研究生，为华东师大数学系增加了微分几何硕士点，一共培养了4届7位硕士生。如黄荣培、许洪伟、温玉亮等。钱先生研究方向是微分几何（含积分几何）。考虑到钱先生的身体状况，组织安排中年教师顾鹤荣协助他工作。

还有一件事值得一提。在泰安师专工作的1959级校友李云普讲授几何基础，与同事合写师专用的《几何基础》。他想托何福昇老师推荐在华东师大出版社出版。何先生笑着说："还是把书稿转给钱先生，由他推荐出版不是更好吗？"李云普没想到，1988年5月，收到钱先生来信，是钱先生向高等教育出版社推荐出版此书。这件事使他很感动。钱先生也为师专推荐了一本好教材。

由于研究生期间的训练，"文革"后我很快能跟上国内偏微方向的步伐。从第一届全国非线性偏微分方程会议起到后面各届我都有论文在会上做报告。1988年，我在《数学学报》上发表的论文（这是我在该杂志上发表的第二篇论文），由于审稿人没看懂，曾遭退稿，其理由是我文中用了一个多重积分，他认为是发散的。其实它不仅是收敛的，而且还有几何意义——立体角。

钱先生和夫人李时可（家属提供）

我向主编提出申诉。经主编张恭庆教授(院士)重审,确认我说的正确,同意发表。这个知识就是我当研究生时从钱先生那里学到的。我感谢钱先生!

国务院为了表彰钱端壮教授为发展我国高等教育事业做出的突出贡献,自1992年10月起,发给政府特殊津贴。

钱端壮教授在"文革"中遭受过批斗和迫害,粉碎"四人帮"后对其逐步落实政策。虽然这些工作逐步解决,前后长达10年之久,但他相信党和政府,没有任何怨言,总是怀着感激之情体谅党和政府的困难。洪渊还讲过一个感人的小故事:"文革"前他留校不久,在钱先生指导下搞过有限几何,并写了3篇文章给钱先生看。其中一篇已发表在《华东师范大学学报》上,另两篇则在"文革"期间因避嫌而被丢弃。到20世纪80年代,钱先生的历史问题搞清楚了,洪渊和张起云一起去看望钱先生,钱先生悄悄对洪渊说:"我这里还有你的两篇文章。"洪渊闻言十分感动,他知道钱先生曾被数次抄家,在这样困难的条件下,钱先生还为后辈保存文稿,这使他更加钦佩钱先生的为人。

钱端壮教授著有《几何基础》(高等学校教材,高等教育出版社1959年出版),译有《膛外弹道学》(1951年通过中科院审查,但未出版)以及"日本现代应用数学丛书"的《偏微分方程》(1961年)、《富里哀变换与拉普拉斯变换》(1961年)、《特殊函数》(1962年),以上三本译作均由上海科技出版社出版。

学术论文有"Uber die Verallgemeinerung eines Satzes von Voss"(博士论文,中译名《沃斯定理的推广》)、"Uber eine Ausdehnung des Liouvilleschen R_n"(北大数学系油印,1941年,中译名《刘维尔R_n的扩张》)、《O. Bonnet测地曲率式的推广及其应用》(《中国科学》第二卷,1951年)、《论测地映像的笛尼及列维齐维塔公式》(《数学学报》第二卷,1953年)、《混合型微分方程一种特殊解的几点初等性质》(《华东师范大学学报》1956年第四期)。

此外,1951年协助太原兵工厂计算奥托-拉蒂隆(Otto-Lardillon)弹道表(45°~50°发射角弹道表数值)。1960年前后,参加过《辞海》条目的编写和讨论。

1993年,钱端壮教授因病医治无效,于1993年8月12日在上海去世,享年82岁。

武崇林教授传略[*]

郑英元

武崇林(1900—1953)字孟群,1900年7月3日出生于安徽凤阳,1924年以优异成绩毕业于北京大学数学系,获理学学士学位。随即留在北京大学数学系工作,先后担任助教、讲师。1928年1月,受聘到沈阳东北大学数学系担任教授。1931年日本军阀制造"九一八事变",东北三省沦陷,东北大学内迁北京。武先生回到北京,同时在北京大学和东北大学担任教授。1933年1月,交通大学(上海)成立自然科学学院,武先生应聘到交通大学数学系任教授。1941年"珍珠港事件"暴发,日军进入上海租界,交通大学被迫内迁重庆。由于家庭拖累,武先生留在上海,并执教于大同大学。1945年抗战胜利,交通大学迁回上海,武先生仍回交通大学继续任教。1949年至1952年,武崇林先生担任交通大学数学系主任。1952年秋全国高校院系调整,武先生分配到华东师范大学数学系担任教授。武先生来到华东师大时中风过,行动不甚方便,但他仍然做了一次关于实数理论的报告(根据陈昌平教授回忆)。1953年2月22日,武先生因脑溢血逝世,终年53岁。

中国数学会于1935年7月25日在交通大学(上海)图书馆成立,出席者有

---

[*] 原稿完成于2010年4月。本文中的照片和有关资料由武崇林的四公子武玮璘提供。

33人。数学会创建时的组织机构设有董事会、理事会与评议会。创办有学术期刊《中国数学会学报》与普及性刊物《数学杂志》。武先生参与学会成立的准备工作，也是出席会议的33人之一，而且被选为评议会成员及《数学杂志》编委。

武先生素重民族气节。抗战期间，他在沦陷区上海教书，生活十分困难，一日两餐，以粥糜充饥。他宁可清贫，绝不做浊富，对日寇的侵略深恶痛绝。

武先生逝世后，其家属将武先生生前千余本中外图书和手稿捐赠给华东师范大学数学系，我们许多人在数学系资料室都看到过武先生的图书或者手稿。特别是，他在书的页眉或者空白处常以中文或者外文用端正且清晰的笔迹写下有关的推理或者注释，使读者从中得益。当时武先生的家庭生活困难，数学系也给予关怀。1956年，通过武先生的侄女、华东师大化学系武佛衡老师的帮助，笔者和林忠民先生在武先生的余书中找到几本需要的书，如笔者找到了朱言钧翻译的《柯氏微积分》下册。

武先生治学严谨，对教学精益求精，当今好些著名数学家曾受教于他的门下，如吴文俊、莫叶、黄正中等等（其中莫、黄曾与武先生一起在交通大学任教）。

1951年8月交通大学数学系部分师生合影
第二排左三起依次为黄正中、莫叶、朱公瑾、武崇林、雷垣、龚晨、赵孟养

武先生精通英德两种语言，他翻译了两本德文名著：一本是C.卡拉皆屋铎利的《实变数函数论》(C. Carathéodory, *Vorlesungen über reelle Funktionen*, 1927)，1957年由科学出版社出版；一本是E.卡姆克的《勒贝格积分》(E. Kamke, *Das Lebesguesche Integral*, 1925)，1936—1937年在《交通大学学报》上连载。

1935—1937年，武先生在交通大学出版的《科学通讯》上连续发表论文《论方程 $x^{2^n}-1=0$ 之原根》(总第1、2期)和《不等式》(总第3、4、6、7、8期)。

在《数学杂志》上发表《行列元素间之恒等关系》等论文。

附：吴文俊院士对武崇林先生的回忆[①]

我一直对物理有兴趣，直到现在还是这样。我对数学产生兴趣是在读大三时，当时武崇林教授给我们讲授高等代数、实变函数论、高等几何等数学课程。武老师讲得形象生动、十分有趣，他不仅追求本质，而且重于解答疑难，精彩极了。从此以后，我就喜欢上了数学。武老师见我对数学有兴趣，就经常从家里带一些数学方面的书给我看，还不时地给我"开小灶"。在武老师的指导下，我对数学的理解确实有了很大的长进，这些给我日后的成长带来了很大的帮助。

[①] 摘自交通大学校刊《吴文俊与交大的一世情缘》一文。

怀念余元希先生[*]

周继光

余元希(1915—1989)，1945年毕业于交通大学数学系。长期从事中学数学教学，1946年以后在上海中学(1949年以前名为江苏省立上海中学)任教，担任教导主任。1956年调入华东师大数学系数学教学法教研室。先后担任数学系函授主任、教研室主任、《数学教学》杂志副主编，1962年晋升副教授。1981年调往本校教学法研究所任教授。曾任中国教育学会数学教学
研究会副理事长、国家教委高等院校理科数学教材编审委员会委员。

余元希先生是我认识最早、印象最深、对我帮助最大的一位数学名师。虽然我因健康原因不能进大学深造，无缘在华东师范大学当余先生的学生，但是我却从中学时代起受到了他近三十年的导师般的关爱。

说到余元希，虽然现在的年轻老师都不认识他，但历史不会忘记这位中学数学教育改革的先驱，他的名字曾经在上海，乃至全国的中学教育界如雷贯耳。他在基础教育领域，特别是在中小学师资培养和课程、教材改革中所做出的不可磨灭的贡献已经载入史册。长期以来，他受到广大中学数学教师的敬重和爱戴。虽然在21年前他离开了我们，但是凡认识他的同志至今还在念叨他。上海复兴中

---

* 原载《数学教学》2010年第10期，略有修改。

学名誉校长姚晶老师、上海大同中学的老校长王季娴和我的恩师姚善源在回忆昔日往事时,都谈到了他们与余先生深情厚谊,并无不为之动容。他们所说的桩桩件件感人往事,无不体现出余元希先生师德的高尚,学识的博大精深。

1959年,我在上海大同中学念高一,参加了学校的数学小组。因为我喜欢数学,又是班级的数学课代表,所以经常到数学教研组的办公室去。有一天,我看到一位头发有些花白、说起话来带有宁波口音的中年老师,便在想:他是不是学校里新来的老师?姚善源老师向我介绍说这位是华东师范大学数学系的余元希老师,又对余先生说我很喜欢数学,成绩也很好。这时我才看清余先生慈祥的面容,他笑着对我说:"喜欢数学好啊!"接着问我:"你为什么喜欢数学?"我大声回答:"数学有用。"他似乎很满意,接着又说了一句:"数学不但有用,而且很美。"当时,我还体会不到数学有什么美,就问余先生:"数学美在哪里?"余先生对姚老师说:"你安排个时间,我给他们讲讲数学的内在美。"那次讲座,余先生从黄金分割和谐美讲到蜂巢的结构美,我听得入了神。余先生的报告对我启发很大,至今还记忆犹新。将近半个学期,余先生几乎天天到大同中学来,原来他是华东师大数学系实习生的领队老师。余先生的工作十分认真,经常深入课堂,与实习生一起听课,课后还仔细地给他们评课分析。

1964年余元希先生给大同中学的数学爱好者做讲座

高中毕业后，我留校当老师，负责全校各年级数学小组活动和数学竞赛的组织工作。余元希先生给了我很大的帮助。1964年暑假，余先生到大同中学来，为高中数学爱好者做讲座。讲座安排在2号楼208大教室，不仅教室里座无虚席，而且窗外走廊里也挤满了闻讯赶来的爱好数学的同学，聆听余先生讲课。记得那天气温很高，30多度，那时还没有空调，余先生一连讲了三个多小时，累得满头大汗。同学们被他精彩的报告深深地吸引住了。

那年大同中学举行初二、初三和高一年级数学竞赛，余先生兴致勃勃地参加了这次数学竞赛的颁奖活动，并与各年级获奖同学和指导教师合影留念，使同学们受到了极大的鼓舞。

1964年余先生与大同中学初中数学竞赛优胜者合影

1964年余先生与大同中学高一数学竞赛优胜者合影

"文革"中，余先生受到"四人帮"的迫害。我曾去看望他，他见了我很高兴，记得他借给我一本他编著的小册子《函数概念》，勉励我要多读书，多思考。那时他五十刚过，头发已经全白了，但是很精神，一点也看不出他正在为强加于他的莫须有罪名而天天挨斗。余先生是浙江慈溪人，早年在江苏当过小学老师，1947年考入交通大学数学系，并在上海中学兼授数学课，他的课深受学生喜爱。后来他担任教导主任，在老师中很有威信。1956年，他作为优秀中学教师调动到华东师范大学。粉碎"四人帮"后，余先生被评聘为正教授。他与成千上万的知识分子一样焕发了青春，学术上更有建树，不仅为学生编写教材，为教师编写教学参考书，还在《数学教学》等杂志上发表了不少有分量的文章。

余先生经常到全国各地讲学，致力于培养青年教师，我是得益最多的青年教师之一。那时，我上的许多公开课都得到过余先生的点拨。"余弦定理"这堂公开课的教学设计思想就是在余先生的鼓励下形成的。在"文革"之前的教材中，余弦定理的证明都是通过作斜三角形的高，利用直角三角形边角关系完成的。我在备课时想，这种方法需要分三种情况讨论，有它的可取之处。但是，按当时的教材安排，学生已经学过0°至180°角的三角函数，也学过两点之间的距离公式，如果把斜三角形适当地放置在直角坐标系中，就能利用三角函数的定义和两点之间距离公式证明余弦定理，用这种方法证明不仅简洁明了，而且可以避免各种情况的讨论。我很想试一下，于是跟余先生讲了自己的想法。余先生很支持，和我谈了两个多小时，对我原先的备课设想提了不少有益的意见和建议。例如证明之前可以用简单的自制教具让学生直观感悟三角形的两边确定后，它的第三边长随着这两边的夹角的大小变化而变化的教学环节就是余先生建议的。在余先生的指点和帮助下，"余弦定理"这堂课上得很成功。

1978年，我晋升为中学特级教师，余元希先生亲自写信向我表示祝贺。之后，他继续关心我的成长，为我的专业发展搭建平台。记得浙江台州地区邀请余先生去讲学，他热情地邀请我一同前往台州和浙江同行交流经验，给了我锻炼的机会。还有一次，参加四川乐山全国数学教育研究会年会，他要我和他住同一个房间，每天晚上他都要和我攀谈，讨论如何大面积提高数学课堂教学质量的有关问题，并亲切地勉励我在总结提高课堂教育经验的同时，在理论上有所创新。在余先生的鼓励下，我写出了论文《在数学教学过程中建立学生思维空间的尝试》，这篇论文获得了上海市哲学社会科学优秀学术成果奖，并被选入华东师范大学瞿葆奎教授主编的《教育学文集》第十一卷（下）。在那次年会召开期间，他在不同场合向各地的数学界的前辈、同行介绍我这个初出茅庐的年轻教师，使我非常感动。

1978年余先生和笔者参加全国数学教育研究会年会

多年来我牢牢记住老一辈教育家对我们的殷切希望，默默地耕耘在教育的园地上。每当取得成绩时，我总会怀念余元希先生等老一辈数学教育家。

越老越丰产的朱福祖教授 *

秦厚荣

一

朱福祖（1916—1999），1936年进入浙江大学数学系学习，1938年转入四川大学数学系，1940年毕业，获理学学士。院系调整前，是同济大学副教授。1952年院系调整时从同济大学数学系调去安徽大学，1953年来到华东师大数学系代数教研室，曾担任代数教研室主任、数学系副主任，教授。

朱福祖诞生在北京一个世代书香之家。他的曾祖父朱骏声为清代著名学者，文字训诂学家，著有《说文通训定声》等。祖父朱孔璋是清代举人，博学多才，民国初年任清史馆编修。父亲朱师辙，前清秀才，江南高等学堂毕业，1914年入清史馆参加编写清史，馆员们花费了15年时间写成《清史稿》一书536卷，其中《艺文志》全部由其编成；以后担任北平辅仁大学、河南大学、成都华西大学、广州中山大学等院校的教授，1951年退休后定居杭州，为浙江省政协委员，著有《商君书解诂》《和清真词》等。

* 本文摘自《中国现代数学家传（第三卷）》，该书1998年由江苏教育出版社出版。编者对第五部分学术成就的内容做了删节，修改了题目，并略去了论著目录。文中照片由朱福祖先生的家属提供。本文作者秦厚荣为南京大学数学系教授。1989年华东师大硕士毕业，导师是朱福祖教授。1992年在南京大学获博士学位，导师是周伯埙教授和佟文廷教授。

朱福祖6岁那年,父亲送他到北京江苏小学读书。数学课是北京师范大学数学系的汪老师讲授的。汪老师深入浅出,讲解清晰,语言风趣幽默,使年幼的朱福祖渐渐地对数学产生了兴趣。

1926年,朱福祖初小毕业后回到安徽老家黟县位于城郊的"鱼鳞谤",9月进入黟城的杏墩小学读书。杏墩小学是一所私塾,朱福祖在这里学习《论语》《诗经》等,也学习了一些他所喜爱的数学。

黟县地处黄山西南的丘陵山区,风景秀丽,但疟疾流行。朱福祖幼年长期生活在北京,对南方潮湿的气候难以适应,因此,在老家的两年中,有一半时间患有疟疾。当时农村医药贫乏,只能采用中医疗法,治疗过程极为缓慢,每次病了都需数月时间才能恢复。因此,童年的朱福祖体质极差。

1928年,朱福祖进入北京第15小学高两个年级读书,第二年毕业。1929年8月,考入著名的北平师范大学附属中学。1931年,日本帝国主义侵略我国东北三省,国土沦陷,时局混乱。1932年秋,日寇进逼冀东,北平局势动荡,朱福祖的父亲朱师辙受河南大学之聘,举家移居开封。

1933年秋,朱福祖又回到北京师范大学附属中学学习。当时的北京师大附中是一所教育质量很高的学校,教材先进,教师对学生要求严格。李思波(后任南开大学教授)、韩清波(后任天津大学教授)等教授数学。他们严密的逻辑思维和缜密的推理、判断,对朱福祖产生了很大影响,朱福祖研究数学的兴趣越来越浓厚,在1936年毕业前夕决定以数学为今后学习的方向。当时,他的选择遭到全家人的反对。父亲认为朱家三代都攻文史,撰有多种专著,朱福祖应继承祖辈遗志,把祖传发扬光大。家人多次对此进行讨论,但朱福祖决心已定,每次都竭力陈述自己的观点,坚持自己对数学的信念。父母拗不过倔强的朱福祖,最后同意他报考数学专业。

二

1936年,朱福祖考取浙江大学数学系。他辞别父母,南下来到浙江大学。当时浙江大学名人云集，誉满神州。校长是著名学者竺可桢，数学系主任是苏步青，著名教授陈建功、曾炯、钱宝琮、朱叔麟、方德植等都执教于该校。

浙大在教学上实行学分制，每周上课24～30学时（包括习题课和物理实验）。数学系学生除必修普通物理外，还要研读物理学专家束星北、何增禄、王淦昌分段讲授的"力、热、光学"，这门课是物理系为进行教改而试行的为数学和物理两系二年级学生开设的必修课。另外，浙大开设了文理学院的公共必修课：一、二年级的大学国文和大学英文，还有中国通史、中国近代史和德语、法语、音乐欣赏等选修课。

浙大教师对学生要求很严格。例如微积分课每周讲授5学时，每天一节课，布置作业，次日交卷，周六上习题课1小时，学生做黑板演算。普通物理是理、工学院全体学生的大班课，每周4学时，每星期都要举行一次测验（15至20分钟）；物理实验也严格要求。因此朱福祖平时学习颇感紧张，很少去美丽的西湖游玩。

1937年，日本帝国主义发动了全面侵华战争，7月7日，震惊中外的"卢沟桥事变"发生了，朱福祖父母离开北平绕道返回皖南屯溪，朱福祖由杭州赴屯溪与家人会合。淞沪战争发生后，杭州遭受日机轰炸，屯溪至杭州的直达公路汽车已停运，为了按时到校上课，朱福祖不顾家人的劝阻，毅然登上返校路程，于9月初按时到校。

之后的学习完全处于战争状态之中。由于日机经常骚扰，一有空袭警报，师生即避入防空洞。迫于局势紧张，学校于10月下旬迁至建德县。12月，日军占领杭州，形势十分紧张，学校又决定迁至江西。经半月水陆跋涉，1938年元月上旬，朱福祖随浙大师生抵达江西吉安县，随之复习考试，结束了一学期的学习。2月，学校又迁至邻近的泰和县上课。两年的学习时间，尽管战事频繁，迁移不断，但朱福祖千方百计克服迁移带来的重重困难，始终如一地勤奋学习。他聆听了曾炯主讲的代数方程式论，方德植的初等微积分及微分方程、立体解析几何和坐标几何，陈建功的级数概论，章用的高等微积分等主修课。

1937年4月浙江大学数学系全体师生合影

第一排左起：陆慧英、方淑妹、朱良璧、黄继武、苏步青、陈建功、朱叔麟、钱宝琮、曾炯、方德植、冯乃谦、周茂清

第二排左起：钱大业、彭慧云、冯世機、姜渭民、陈宗尧、许燕礼、毛信桂、虞升藩、恽鸿昆、钱克仁、周佐年、侯希忠、颜家驹

第三排左起：楼仁泰、徐绍唐、张素诚、李克寅、吴祖基、白正国、汪达、杨从仁、程民德、张云枢、何章陆、郑锡兆、朱福祖

由于刻苦努力，他的业务水平有了较大提高，为今后的进一步学习打下了坚实基础。

1938年暑假，朱福祖赴成都探亲，当时他的父亲任华西大学中文系教授。父亲坚持要他留在蓉城读书，朱福祖只好从命。这样，秋后朱福祖入四川大学借读。在此之前，浙江大学数学系高年级同学胡鹏、杨从仁（都是成都人）因全面抗日战争爆发，于1937年秋到川大借读。由于川大的师资条件和教学科研情况比浙大差很大，他们二人在川大数学系学习一年后深感收获不大。但自1938年秋季开始，川大数学系的情况有了改变。

四川大学数学系建于1924年，至30年代已初具规模。全面抗日战争爆发后，由于地处华西后方，著名学者相继来川大讲学。1938年，柯召、李华宗、李国平等教授先后任教川大。柯召开设高等代数、数论、群论、代数数论等课，李华宗开设高等几何、微分几何、黎曼几何、射影微分几何、偏微分方程等，李国平开设高等微积分、复变函数、实变函数、自守函数等。他们志同道合，年富力强,使数学系很有生气,科研工作逐步展开。其中,群论是三、四年级学生的合班课,高等代数是二、三年级学生的合班课。从浙大来的朱福祖等几位同学经常在课下交流,互相鼓励,努力保持浙大数学系的良好学风,因而学习成绩均属班级前列。

在川大,三年级开设了六门数学专业课,其中三门是高等代数、群论和数论。朱福祖还参加了柯召等教授主持的专题研究讨论班,由此他对数论和代数产生了兴趣。1939年秋,由于日寇飞机不断轰炸成都,教学活动无法正常进行。川大又迁校至峨嵋山,理学院分设在万行庄和保宁寺两处寺庙中,物质条件更加艰苦,但由于师生的努力和重视,教学工作仍正常进行。这时数学系的专题研究讨论班已列入四年级的必修课,每周举行一次,全系教师都参加。朱福祖在这个讨论班上收益颇丰。峨嵋山区气候潮湿,久居北方的朱福祖颇感不适。每年夏秋之际还流行疟疾。朱福祖重染此病,又患上贫血症,体质下降。在这种情况下,他仍以顽强的毅力坚持学习。1940年7月,他以优异的学习成绩结束了四年的学业,获得理学士学位。

三

1940年下半年,朱福祖留在川大任助教,开始从事教学和科研。完成教学工作后,他把所有的业余时间都投入到二次型和埃尔米特型算术理论的研究工作中。在柯召教授的关怀和指导下,1941年朱福祖写出第一篇论文《具有行列式为 ±1 的 Hermite 型的类数》,发表于中央研究院的《科学记录》上。

1942年秋,朱福祖受同济大学[①]之聘赴四川南溪县李庄镇开始教学生涯,一直到1952年。在同济大学工作的10年,朱福祖主要讲授方程式论、高等代数、高等几何、微积分、微分方程、近世代数、群论等。由于教学成绩显著,又有科研成果,晋升为副教授。现在不少年逾古稀的老同济数理系毕业生,如中国

---

① 1946年同济大学迁回上海后,把数理系扩大为数学系和物理系。

科学院院士、理论物理家吴式枢教授（吉林大学）、华东师范大学陈昌平教授、清华大学李克群教授等都听过朱福祖的课。

1952年院系调整，华东教育部派朱福祖支援位于芜湖的安徽大学。安徽大学数学系师资紧缺，甚至有一些必修课都开不出，朱福祖到任以后，为毕业班学生开设高等几何、近世代数，为一年级新生开设解析几何。讲课、辅导及批改作业都是朱福祖一人承担，教学任务极为繁重。朱福祖对学生要求甚严。他要求学生不但能掌握学习内容，而且能熟练地应用于习题作业之中。这一届毕业生工作后大多成了各院校的教学科研骨干，不少人成为教授和系主任。

1953年，朱福祖又调回上海到华东师范大学任教。当时，华东师大建立不久，数学系学生近三百人，师资力量相对不足，朱福祖每学期要教三门课：数学系一年级的初等几何、数学专修科的初等数论和物理系二年级的高等代数。那时全国掀起了学习苏联的高潮，高校大多采用苏联教材，如奥库涅夫的《高等代数》、维诺格拉陀夫的《数论基础》等。有的课程没有合适的讲义，还需要教师自编讲义，朱福祖把所有时间和全部精力都投入到繁重的教学工作中。1955年，他受教育部的委托编写师范院校物理系的教材《解析几何与代数》（下册代数）。在此期间，华东师大开办函授教育，朱福祖被任命为数学系函授主任，负责制定函授教学大纲及教学计划，组织教师编写教材和学习指导，并安排面授教师。由于他认真负责，函授工作取得了较大的成效。

1956年，党中央提出"向科学进军"的号召，要求各高等学校积极提高教师科研水平。同年，华东师大选派一批青年教师赴苏联进修两年，数学系推荐了朱福祖。随后，朱福祖与其他理科教师三人学习俄语（主要是会话），并在各自专业方面做了积极准备。他们于1957年7月赴北京准备出国。但高教部以代数学专业不宜去苏联进修为由，不同意李修睦（华中师范学院数学系教授兼系主任）和朱福祖出国。同年12月，高教部介绍李和朱分别到北京中国科学院数学研究所和长春东北人民大学进修。1958年8月，朱福祖回上海华东师大数学系任教。1956年6月，朱福祖加入中国共产党，成为华东师大的高级知识分子中第三个被吸收入党的人,在理科各系中则是第一人。

1958年,朱福祖担任代数教研室主任。此时在全国"大跃进"形势下,展开了教育革命,强调理论联系实际,否定数学基础理论,但朱福祖始终认为工程技术和社会实践虽然是理论方法广泛应用的田园和数学命题的重要源泉,但决不能忽视数学本身的某些重要基础理论的研究。1959年,朱福祖担任数学系副主任兼代数几何教研室主任,分管系的教学工作和教研室的全面工作。从这一年起,数学系学制改为五年,前三年为一般必修主课,半年的教育实习,后一年半分设各学科专门组,由各教研组制订实施计划。朱福祖负责讲授代数专门组的抽象代数、域论和代数数论,并带一个赋值论讨论班,同时培养了一批外地师范院校选派的进修教师。好景不长,因全国性社会主义教育运动,专门组只办了两届。

1960年,第二届中国数学会在上海召开年会,会议强调了数学对国民经济与国防建设的实际应用以及有关学科之间的相互关联的巨大作用。朱福祖转向数学在物理中的应用研究。1961年,朱福祖代表华东师大赴天津出席全国现代物理中数学问题会议。这次会议的举行是为响应1960年在上海召开的中国数学会会议提出的"理论联系实际"的号召。出席会议的有中国科学院数学研究所和物理研究所以及高等院校从事泛函分析、代数学和理论物理的科研工作者30多人。关肇直主持这次会议,讲明开会的主要目的,并做了题为"中子迁移理论中出现的一类本征值问题"的学术报告。会议还分组(泛函、代数、物理)进行学术交流。这次会议对我国的数学联系物理学科的研究起了推动作用。1962年,在上海市数学会的学术会议上,朱福祖宣读了论文《量子角动量的数学结构》,但这方面的研究工作没有继续下去。

1964—1965年,朱福祖作为社教工作队的成员被华东师大派到安徽省全椒县参加"四清"运动,在蔡集小张村工作一年。

1966年,"文化大革命"开始了。朱福祖受到冲击和批判,罪名是"执行修正主义教育路线"。他多次被下放到工厂、农村、"五七干校"劳动锻炼,接受贫下中农再教育。有一段期间,他经常到工厂和农村调查并寻找数学课题,写了《线性代数在煤气柜设计中的应用》等论文,发表在上海师范大学[①]《数学应用课题选编》第二集(1975年)。另外,他还参加数学系的翻译组,参与翻译《英国中学数学SMP教科书》(共8册),1974年由上海教育出版社出版。他执笔其中的B册。这套教材是用现代数学观点去处理初等数学的内容,使集合、变换、矩阵、网络、拓扑等内容大量渗透进去。它与传统的中学教材有很大的差异,为我国中等学校的数学教材改革提供了有益的参考。

四

粉碎"四人帮"后,特别是改革开放,给理论数学的研究带来了生机,年逾花甲的朱福祖又积极投身于教学和科研工作之中。

从1981年开始,朱福祖招收型论方向的硕士研究生,至今已培养了三届。二次型算术理论是一个有悠久历史的数学分支,与其他很多学科,如数论、数的几何、李群与李代数、代数几何、微分拓扑等,有密切的关联,并且在不少分支,如编码理论等,有着广泛的应用。他认为,研究型论不应局限于传统的初等方法和解析方法,而应引进现代的新成就——用几何术语"格"(英文Lattice,德文Gitter)及其理论来探讨型的性质。他的硕士研究生邵幼瑜、江迪华、徐飞、秦厚荣等都获得了博士学位,并在各自的科研方向上取得了优秀的成果,有的同志已取得高级职称并成为高校的教学和科研骨干。

五十余年的教学和科研的实践,朱福祖有以下几点体会:

(1)高等学校教师除了搞好教学工作,还应从事科研工作,以提高自己的业务水平,这样才能提高教学质量。这一点对教高年级的数学专业课尤为重要。

(2)对于数学课,课堂讲授是一个重要环节。要上好课,必须认真备课,

---

① "文革"期间,华东师范大学、上海师范学院和上海市半工半读师范学院等校合并为上海师范大学。

要全面分析教材,明确重点、难点,在课堂上对这些内容必须讲深、讲透。对教学的各个环节要全面地加以妥善安排:对低年级的基础课,要充分利用课堂讲授,做到条理分明、板书清楚、用词简炼、重点突出,真正发挥课堂教学效果;对高年级的提高课,还应给学生以独立思考的余地。

(3)研究数学必须循序渐进,这是数学学科的一个特点;要学好数学,必须勤学苦练,做习题很重要,它可以培养我们解决问题的能力。

(4)学数学必须正确处理扩大知识面与能力培养之间的关系。在掌握一定的知识后,能力的培养尤为重要。

(5)对研究生的培养,除阅读能力外,更重要的是科研工作能力的培养,还要鼓励研究生的创造精神,这样才能培养出高质量的人才。

五

从20世纪40年代起,朱福祖开始二次型和埃尔米特型算术理论的研究;1949年前后则以教学为主,学习苏联的先进经验;60年代初,从事现代物理中的数学研究,特别学习了群表示论在物理中的应用,以后又转到型论的研究,迄今已在十多种国内外学术刊物上发表了30篇学术论文,为我国的数学研究事业的发展做出了贡献。

朱福祖的学术成就大致可分为以下几个方面:

1. 二次型的算术理论

(1)不可分解二次型的构作。1986年,朱福祖应用格的理论给出了 $n=17,19,23$ 的答案。这样就完全解决了正定幺模二次型的构作问题。

关于正定二次型的另一个重要概念是不可分(indecomposable)型。容易知道,不可分解型一定是不可分型,但反之未必成立。然而,朱福祖1986年却得到下列重要结果:在幺模二次型的情形下,不可分解性与不可分性是一致的。

朱福祖于1988年将自己的一篇论文分别寄给爱尔特希和柯召,他们均对自己约50年前提出的问题能简洁地得以解决而给予高度评价。康威-

斯朗（Conway-Sloane）把这篇论文和朱福祖的另一篇论文收入著名的黄皮书（*Sphere-packings Lattices and groups*，《球堆积格与群》）1993年新版的文献中。

（2）不可分二次型的构作。几何上对应于型的概念是格。由于任何正定二次Z-格，除了次序外，可唯一地表为不可分格的正交和，因此，在这个意义下，可以说，不可分格是格的基石。朱福祖与邵幼瑜1988年证明了进一步的结果：

定理3：设 n, d 为任何自然数，且，$n \geqslant 2$，则除去62个例外，在例外情形下，不存在具有上述性质的格。

这样，我们可以认为二次型的构作问题已基本解决。

2. 埃尔米特型的算术理论

（1）埃尔米特型的分类。朱福祖推广了整埃尔米特型约简理论，研究了整埃尔米特型的分类，他确定了 n 秩正定幺模埃尔米特型的类数并给出每一类的代表。分类问题是埃尔米特型算术理论中的重要课题之一。

（2）埃尔米特型的构作。

（i）正定幺模埃尔米特型的构作。幺模偶型的构作见定理4。关于幺模奇型有定理6。

（ii）正定埃尔米特型的构作。

1978年史密斯（R. F. Smith）研究了当维数 $n \geqslant 14$ 时 D_m 上不可分的正定埃尔米特型的构作。朱福祖则利用独特的思想和比较简洁的方法圆满地解决了这一课题。

1977年，朱福祖还研究了不可分解的正定埃尔米特型的构作问题。

六

朱福祖在数学领域辛勤耕耘了半个多世纪，成果显著。尤其令人惊讶和敬佩的是，他在70岁以后仍孜孜不倦地工作，不断有新的成果问世，这不能不

朱福祖和夫人王光淑（朱福祖家属提供）

归功于他对数学的执着追求。当然，这里面也有他妻子的一份功劳。朱福祖妻子王光淑毕业于北京大学，先后任教于清华大学、同济大学、复旦大学、华东师范大学，主要从事计算数学的教学与科研，并培养过一届研究生。因体弱多病于1982年退休，退休后操持家务，使朱福祖有充裕的时间从事科研。

朱福祖为人光明磊落，一身正气，对工作认真负责。对不正之风，无论是谁，他都毫不留情地给予批评，有时脾气还真不小。他对同事、对朋友、对学生又是满腔热情，深得大家尊崇。20世纪40年代，时局动荡，通货膨胀。川大同学王绥旃（陈建功先生的研究生）因在浙大数学研究所学习时患病而生活困难，当时朱福祖虽经济不裕，但见这位同学有求学深造之志，遂多次设法予以接济。新中国成立后，王绥旃任郑州大学副教授。朱福祖对年轻人，包括他的研究生，既严格要求，又热情提携。

如今朱福祖虽已届耄耋之年，仍壮志不已。他生活颇讲规律，这使他原先不大好的身体有了改观。每日清晨他鸡鸣即起床，去校园等地散步。如果有一天你与他邂逅，你是否会意识到这位一派学者风度的老者头脑中还装满了数学与报效祖国科学事业的赤诚呢？

注记：1999年朱福祖教授因病逝世。

治学严谨、勇于探索的一生[*]

——纪念陈昌平先生

汪礼礽　蒋鲁敏　邹一心　王学锋　陈一莹　王继延

陈昌平（1923—2003）出生于广东省台山县。1948年毕业于同济大学理学院数学系，受业于程其襄、朱公谨、朱福祖教授，获学士学位。毕业后留在同济数学系任教。1952年院系调整时，从同济大学来到华东师大数学系任教。担任过华东师范大学数学系微分方程教研室主任、国家教委中小学教材审定委员会委员、上海市中小学数学教材主编、《偏微分方程》杂志编委。

陈昌平先生在华东师范大学数学系工作50多年，对华东师范大学数学系的建设与发展，特别是偏微分方程和数学教育这两个领域做出了卓越的贡献。

探索求知的青年时代

1923年，陈昌平出生在广东省台山县一个商人家庭。他有五个哥哥、两个姐姐，排行最小。台山是有名的华侨之乡，全村四百多户中一半以上的家庭有

* 原稿完成于2010年5月，后经修改更名为"对偏微分方程和数学教育的卓越建树"收入《文脉——华东师范大学学科建设回眸》（华东师范大学出版社2017年出版）。发表在这里的文章是作者综合上述两个文本的内容改写而成的。

成员在美国，但他的父亲执意要孩子们求学谋发展。除大哥昌安意外伤亡、五哥夭折外，其他的哥哥姐姐都受过不同程度的教育。生意顺利时，长他20多岁的二哥昌广读到高中毕业并当过教师，三哥昌其和两个姐姐读到小学毕业。生意萧条后，二哥和三哥去了美国。比他稍大的四哥昌明和他得到二哥和三哥的经济支持，在国内读到大学毕业。

二哥去美国后除经营餐馆与洗衣店外，还在纽约华侨工会和《华侨日报》任职，是很有影响的侨领。抗日战争期间，曾发动过华侨捐款，后来加入美国共产党，与中共地下组织长期保持联系。新中国成立后，在纽约接待过饶漱石、董必武，与担任过外交部长的章汉夫过从甚密，是唐闻生的父亲唐明照在纽约结婚时的证婚人。1952年在北京，二哥带他去拜会过章汉夫和唐明照。新中国刚成立，二哥就在《华侨日报》报馆屋顶把一面鲜艳的五星红旗升上纽约的天空。1950年，二哥把陈昌平诉说自己对中国共产党的认识过程的一封长信冠以"一个好学生的转变"标题后发表在《华侨日报》上，7年后（即1957年）陈昌平光荣地加入中国共产党。1951年，因受到当时美国白色恐怖的威胁，二哥回国，曾在台山县政协工作，1956年当选为台山县副县长，60年代担任广东省侨联副主席。亲族中二哥对陈昌平影响最大。

幼年时，父亲教陈昌平认字和算数。二哥回国探亲期间，经常让他心算多位数乘除法题目，还在几个哥姐间比赛。陈昌平算得又快又正确，常常博得大家的称赞，他幼小的心里渐渐喜欢上了数学。1935年小学毕业后，陈昌平到广州的省立广雅中学初中部学习。梁漱溟先生曾主持广雅中学的校政，学校建筑带有欧洲园林风格，形成提倡自由阅读、独立思考、互相讨论的学习气氛；还有一座图书馆，日夜灯火通明、座无虚席，他在那里享受到畅游书海的乐趣。这时四哥昌明正在广雅中学读高中，四哥的同学雷文高（后来在美国旧金山当律师）和他很要好，主动做他的第一位英语老师，教他认字母、练发音与书写各种字体。1937年暑假，叶剑英、郭沫若等来广雅中学宣传抗日，后来茅盾也来学校讲演。1938年暑假，陈昌平初中毕业，因成绩优秀免试直升高中。此时日军逼近广州，他只得中断学业回家。不久战火蔓延到家乡，全家被迫去越南美获投奔亲戚。1939年夏天，陈昌平辗转回国到达云南昆明，考入同济大学附中高中部。

当时昆明接纳了流落在滇的四方外省人士，成了中华民族大汇聚的场所。昆明四季如春，云南物产丰富，回国途中只会讲广东话的陈昌平得到很多路人的帮助，使他倍感祖国的温暖。同济附中高一、高二年级的所在地是宜良县狗街镇，高三年级才到昆明。与他同行去宜良的有三位同学，报到后离开学还有两周，同学蔡健每天热情地教他们德语，很快他们学会了认花体字母和发音，在以后的德语学习中先走了一步。同学亲密无间、互相帮助的风气使陈昌平一开始就对同济附中留下了良好的印象。在狗街镇，他和几个同学分配到一个贵族家住过一段时间，听了很多古典音乐唱片，从此爱上了古典音乐，并与其相伴。同济附中不同于其他中学的一个特点是，把德语学习放在第一位。首先，每周学时多，高一、高二和高三各有12学时、9学时和6学时，为一般中学的1.5倍至2倍。其次，对阅读、书写和口语三方面同等重视，这是由同济大学的教学特点所决定的。同济大学是在德国医生宝隆（Paulun）于20世纪初在上海创立的同济医学院基础上逐步发展而成的，到20世纪40年代已经发展为由医学院、工学院和理学院组成的综合性大学。教师或来自德国，或是德国留学生，或是本校毕业留校的，使用德文大学教材。德籍与部分中国籍教师上课时用德语教授，其他教师则德语与汉语并用。所有课上各种专业名词和专业术语必须用德语表达。所以每个同济大学学生必须具备一定的德语水平，而同济附中毕业生中大多数是要进入同济大学的，因此为了大学部学习的需要，在高中三年内必须加强德语学习。附中有位德语教师里本泰尔（H. Liebenthal）对陈昌平影响最大，每次上课前一天先让学生用字典查阅有关的德文词汇，课堂上则跟着老师念，学语调，学讲话。这样做，学习效果倍增，学生的学习兴趣也提高了。一学期结束，学生就学会了许多日常用语，同学相互之间已能用德语交谈。课文学完的同时，语法也掌握了。许多人借助字典能读懂通俗的德文故事书了。同济附中的校长王世模系日本留学生，学校的数理教师也很强。高二物理教学时已将瞬时速度用极限观点讲述，数学方面求平面图形的重心这样的内容在高一时就已讲授。王世模老师出过一题：求半径为r的半圆盘的重心,希望学生用极限方法解答。想不到陈昌平利用古鲁金(Guldin)原理很快做出来,得到王老师的赞扬。在同济附中的日子里,陈昌平对数学理论的兴趣越来越浓了。

1942年8月,陈昌平考入同济大学工学院机械系,来到四川省南溪县李庄镇。学院规定一年级新生到重庆郊区的50兵工厂实习,他的足迹遍及全厂多个车间。他与工人师傅相处甚好,帮他们建立了一个计算炮弹体积的近似公式后还教会他们使用,师傅们都十分高兴。

1943—1944学年,他是机械系二年级的学生。这一年是他一生中最具挑战的日子:经济上的拮据与专业上的抉择是他面临的两大难题。

一是经济上的拮据。贫穷,几乎是一贫如洗。和在美国的哥哥联系不上,断了经济来源。在重庆兵工厂实习时,每月还能领取少量的实习费。但累积起来的实习费,付掉重庆返回李庄的船费后所剩无几。用来买点纸张笔墨和晚上学习点灯用的桐油已经显得捉襟见肘,不要再想别的开支了。饭是有得吃的,那是得福于当时流亡学生的贷金制度,但几乎只有白饭充饥,还得盛饭时动作敏捷,时常食不果腹。衣着就十分困难了,从越南带回来的衣服已经破旧、过于短小,不能穿了。还好在重庆时,四哥昌明把自己在银行穿过的两套制服和另外两条长裤送给他,才有衣服裹身。但一碰到坏天气,就带来过多麻烦。有一次从图书馆走回宿舍,天气骤冷,本来的濛濛细雨变为纷飞雪花,身上只穿着夏季的白麻布裤子的他,被湿冷寒气穿透骨髓,急忙奔回宿舍钻进被窝,才避免冻出一场大病。因为没钱,买不起教科书,班上同学大多如此,只能靠上课记笔记进行学习。当时处于二战时期,新的德文课本根本就买不到。有一些旧的课本是前面几届学生在上海逃难到后方时带出来的,毕业后作为旧书卖给低年级学生用,总算是"香火不断"。虽然是旧书,价钱也很贵,一般穷学生仍买不起。十分幸运的是,数理系有一位从香港来的广东籍学生黄兆烈与他相处甚好,两人以师徒相称,买了一套旧的克诺泼(M. Knopp)著的《微积分》送给他。陈昌平如获至宝,连后来去当兵时也带在身边,一直到抗战胜利后带到上海。

二是专业上的抉择。是继续读工科还是转学理科，一直困扰着陈昌平。在工厂实习期间他逐渐意识到，工学院机械系不是自已真正的兴趣所在。他的确有过当工程师的志愿：其一个原因是想有一技之长，可以靠它吃饭；而另一个主要原因是以为当工程师有机会搞发明创造。但到工厂以后，发现那些技术员只是依样画葫芦般地做些机械性重复工作，完全谈不上什么发明创造。此外，在小工厂里做过一个多月复制工程蓝图的工作经历，让他一想起制图就产生厌恶和害怕的情绪。后来回到李庄上课，他进一步发现工学院二年级课程中微积分和理论力学的理论精美无比，而工科课目如机器制造学、制图学等，虽然他的制图备受赞誉，但是课程内容显得平淡无奇。

经济上的拮据和专业选择上的困惑，使他时时感到前途渺茫，心情惆怅，常常独自沿江边踯躅思索。终于在1944年放暑假后和开学前的那一段时间，他毅然向学校提出申请转入理学院数理系的请求。由于他在数理科目上的优秀成绩（微积分两学期都是90分以上，理论力学两学期都是100分），很受理学院院方的欢迎；同时因同样原因，工学院执教理论力学课的陈延年老师特地派助教来劝说他撤销转系申请而继续留在工学院。由于转学申请的决定是他深思熟虑后做出的，因此他婉言谢绝了陈老师的挽留。1944年秋，他如愿以偿、高兴地进入同济大学理学院数理系。

1944年冬，"湘桂烽火起，山城风雨急"，日寇由湖南长驱直入，经广西到达贵州边境。抗日前线告急，国民政府提出"一寸山河一寸血，十万青年十万军"，号召大中专知识青年投笔从戎，组建青年远征军，担负驱逐敌寇收复失地的重责。消息传到李庄，自1937年抗战全面爆发吴淞校园被毁以后，经历五次迁徙最终落户李庄的同济大学沸腾了："流浪到哪年？逃亡到何方？我们的祖国已整个在动荡，我们已无处流浪！已无处逃亡！"短短几天时间，同济大学报名从军的男女同学已近七百人，约占在校学生三分之一，创下了全国纪录。经体检，共有364名学生加入抗日军队，为全国院校从军人数之冠。陈昌平即是其中之一，成为青年军骑兵副班长。1945年8月，日军宣布无条件投降，同济从军学生全都复员回校。

1946年同济大学迁回上海，三年后的1948年他从同济大学数学系（注：1946年迁回上海后，同济大学数理系扩大，分为数学系和物理系）毕业，获理学学士学位。因学习成绩优秀，留校在数学系任助教，主要从事分析学科的教学与研究。

在同济大学学习期间，有三位老师对陈昌平影响很大，他们是程其襄、朱公谨和朱福祖。

理学院院长程其襄先生讲授实变函数论。程先生用卡拉泰奥多里（C. Caratheodory）的德文原版《实变数函数论》作教材。这位1943年毕业于柏林大学的数学博士精通梵文，思想敏锐，分析精辟入微。讲起一个定理来，这些条件起什么作用，那些条件产生什么影响，有之如何、失之怎样，剖析得清澈透明。真是独具慧眼，能"见人之所未见，知人之所未知"，人人敬佩。程先生不善言辞，但讲课内容博大精深，令人玩味无穷。陈昌平引以为楷模。

朱公谨先生以柯朗（R. Courant）的《微积分学》作教材讲授微积分课，堪称一绝：善抓全局，提大纲，挈要领。讲一段内容前，总是先把论题的来龙去脉交待清楚——问题因何提出，其学术意义何在，症结当在何处，解决途径有几条，主要结果是什么，遗留问题有哪些，然后对细节逐一做出分析论证。朱先生善于言辞，语调华美，像手执魔杖的大师，一路引领学生进入学术殿堂的深处去领略数学的奥妙，磁石般吸引了全班学生的注意力。陈昌平继承了这种讲课风格。

朱福祖先生讲授过高等代数、高等几何、微积分、数论、近世代数、群论等课程，教学成绩显著，又有科研成果。后来在华东师大数学系担任过主持教学工作的副主任，高龄八十还撰写科研论文并发表在数学杂志上。朱先生坚持原则、工作规范有序、治学孜孜不倦的精神，陈昌平身上也有众多体现。

1952年高等院校院系调整时，华东师范大学被列为教育部重点扶持的高校之一。理科教师从交通大学、同济大学、圣约翰大学、复旦大学等调入华东师大的为数不少。程其襄、吴逸民、陈昌平和李汉佩都是当时从同济大学调入华东师大的，朱福祖是1953年从安徽大学回到上海，进入华东师大的。陈昌平从同济大学转入新成立的华东师范大学数学系,在数学分析教研室和微分方程教研室,一直工作到退休。进入华东师大初期,正值全面学习苏联经验阶段,在教材建设方面投入了大量人力。经过突击学习俄文,陈昌平、钱端壮等合译了派派罗尔奇著的《初等几何学》(俄文),陈昌平、曹锡华翻译了苏联萨·耶·利亚平主编的《高中数学教学法(三角部分)》,陈昌平学过法文,还参与合译了阿达玛(Hadamard)著的《初等几何》(法文)。陈昌平在给学生讲课的同时,重视积累教学资料,他与雷垣合编的《微积分》内容详尽,习题丰富。

偏微分方程研究的领头人

1954年暑假,陈昌平先生参加了由中国科学院数学研究所吴新谋教授主持的数学物理方程讲习班。吴新谋先生早年留学法国,是法国著名数学家阿达玛教授的学生。陈昌平从中国科学院回来后即开始从事偏微分方程的研究。

1959年,为进一步贯彻落实党的教育方针,贯彻"教学、科研和生产劳动三结合",高校系统提倡教学内容要现代化,联系实际,为社会主义建设服务。华东师范大学数学系的各个教研组成立了科研小组,数学分析组有概率论、微分方程、计算数学三个科研小组。1960年4月,成立了微分方程教研组,陈昌平先生担任教研组主任。

陈昌平与钱端壮教授、周彭年先生一起组织了一般偏微分算子、非线性椭圆型方程和非线性抛物型方程的讨论班,全面开展偏微分方程的学科建设与学术研究。陈昌平还带领教研室教师认真研读柯朗的《数学物理方法》与索伯列夫(Sobolev)的《泛函分析在数学物理中的应用》,并组织教师赴复旦大学旁听专业课。

从此,华东师范大学数学系的偏微分方程的学科建设得以顺利进行,很快为大学生开设了专业课程,特别是数学物理方程(数学系)和数学物理方法(物理系)这两门新课。

偏微分方程的研究工作也很快走到了国内研究的前沿。在此期间，一批年轻教师得以成长，进入偏微分方程理论研究的领域，在椭圆型方程与抛物型方程等各方面都做出了优异的成绩，同时深入实际，参与课题，取得了良好的成效。陈昌平本人追踪研读瑞典青年数学家赫尔曼德尔（L. Hörmander）关于一般偏微分算子的论著与相关文献，废寝忘食，夜以继日。1962年9月，陈昌平的论文《关于亚椭圆型方程的一些准则》在《数学学报》上发表，此文拓广了赫尔曼德尔有关亚椭圆型方程的范围，显示了中国青年数学家迎头赶上国际数学主流的雄心和潜力。这篇论文包含三项成果：

（1）在戈鲁姆和格鲁辛于1961年把赫尔曼德尔关于亚椭圆方程的代数型判别准则推广到分析型，提出光滑化判别准则以后，陈昌平进一步推广到比光滑化更弱的赫尔德（Hörder）连续性判别法则，这相当于再次拓广了"亚椭圆型方程"的集合。

（2）苏联数学家希洛夫（G. Shilov）曾提出一个代数型的GB型判别准则，对此陈昌平则进一步提出便于应用的分析型极限形式的判别准则。

（3）利用（2）中的结果，陈昌平对赫尔曼德尔关于椭圆型方程的一个判别准则给出了一种新的比较简单的证明。

1990年4月微分方程会议与会人员合影（苏州大学）

1978年在四川省峨眉山市召开的第一次全国偏微分算子学术会议上，陈昌平被推选为一般偏微分算子研究方向的全国带头人之一，与陈庆益等共同主编《一般偏微分算子论文选集》（英文版，内部发行）。

"文革"后重建的微分方程教研室在陈昌平的带领下重新组织各种讨论班，并选派教师到中国科学院、北京大学进修，数学系的偏微分方程研究呈现一派新面貌。陈昌平带领下的微分方程教研室被评为上海市教育系统先进集体。

陈昌平不仅自己潜心钻研，在科研上做出突出成绩，同时带领青年教师不断学习进取，也取得了不少新的成果。这期间蒋鲁敏、徐元钟等人在具有退缩型方程解的延拓性与常系数偏亚椭圆型方程等方面做了相应的工作，并在第一次微分方程、微分几何国际讨论会上做报告。进入20世纪80年代中期以后，数学系的偏微分方程学术研究更是成绩斐然。在非线性发展型方程的研究方面，有陈昌平和冯·瓦尔（Von Wahl）合作的低维索伯列夫空间双曲型方程的研究，有陈昌平与蒋鲁敏在拟线性与非线性抛物型方程整体解的研究，有汪礼礽关于非线性薛定谔方程的研究；在椭圆型与抛物型方程及自由边界问题的研究方面，有王学锋的关于拟线性椭圆型与抛物型方程的具间断定解条件的问题等研究以及关于无限维动力系统的研究。所有这些工作都十分出色。

1984年华东师范大学数学系微分方程教研室在数学馆前合影
前排左起：蒋鲁敏、许明、陈美廉、陈昌平、王辅俊、徐钧涛、汪礼礽
后排左起：汪志鸣、林武忠、王学锋、张九超、谢寿鑫、糜奇明、徐元钟、王继延

1979年之后，陈昌平陆续招收了多届研究生，在他的精心培育下，在王学锋、蒋鲁敏等教师的悉心辅导与协助培养下，众多研究生在偏微分方程的研究上取得了较好的成果。其中，王继延与张鹭平的关于一类带有算子系数的富克斯（Fuchs）型方程的H_λ解的研究，汪元培的关于$(1+t)^\alpha$因子对双曲型方程整体解的存在性影响的研究，胡钡的关于障碍问题及抛物型贝尔曼（Bellman）方程周期解稳定性的研究等，获得同行好评。

　　陈昌平先生不仅在偏微分方程的学术研究上有很高的造诣，而且教学水平极高，"文革"前他上微积分课的精彩场景使所有听过他课的学生毕生难忘。他上课时手拿粉笔，边讲边写，一堂课结束，黑板上留下一排排整齐的板书，既不多余，也不需要补充。讲课时由提出问题开始，然后是分析问题、解决问题，层层深入，环环紧扣。阐述理论前，总是从浅显的例子、直观的图形入手，像剥笋一样，层次分明，步步深入，把要点剖析得清楚明白。学生都说听他的课是一种享受。他不仅自己上课出色，还带教了一批学生。后来被评为教育系统全国优秀教师的许明、担任过数学系主任和上海市教育考试院院长的胡启迪以及一直是数学系教学骨干的杨庆中等，都是他的学生。

　　陈昌平密切关注微分方程发展的新动向，年近六十时，他清晰地看到发展的大趋势，立即从原来的偏微分算子研究领域转到非线性发展方程的方向上来。1980年10月至1981年，在西德拜罗伊特（Bayrenth）大学当访问学者期间，他与此领域的专家冯·瓦尔教授合作完成了一篇论文《低阶索伯列夫空间中拟线性波动方程的初边值问题》，1982年该论文在西德的国际著名数学杂志《纯粹与应用数学杂志》第337期上用德文发表。这篇论文包括三项成果：

　　（1）利用低阶索伯列夫空间的先验估计方法证明了4维欧氏空间（3维空间加1维时间）上拟线性波动方程的初边值问题的局部（指在局部时间内）可解性。

　　（2）在对解函数做出$s+1$阶索伯列夫空间内的先验估计以后，只要加上相当弱的相容性条件，（1）中构造的局部解就可延拓到整个t轴（$t>1$），即可得到全局解。

（3）特别对于非线性弹性动力学方程组的混合问题,将初值延拓即可构造出全局解。

众所周知,索伯列夫空间内的先验估计方法是非线性发展方程的主要工具,局部解拓展成全局解是该方程理论具有强大威力的方法。陈昌平的这篇论文熟练地运用各种数学工具与方法,反映出他深厚的非线性泛函分析基础和迅速赶上国际先进水平的实力。

作为学术带头人,陈昌平继续指导和组织教师研读非线性发展方程新论著。20世纪80年代,他指导的研究生和教师在《数学学报》《偏微分方程》等杂志上发表论文11篇,在《华东师范大学学报》及其他刊物上发表论文也有十多篇。他培养的学生中涌现出王学锋、徐元钟、汪礽礽、蒋鲁敏、王继延等多名教授与副教授,还有在国内外知名的学者胡钡、余王辉、李用声等人。1985年以后,陈昌平主持的偏微分方程的研究方向多次得到国家自然科学基金资助。

1992年4月在陈昌平关注下,在教研室王学锋等教师的多方努力下,华东师范大学数学系举办了中日偏微分方程、泛函分析及相关问题研讨会。研讨

1992年中日偏微分方程、泛函分析及相关问题研讨会与会人员合影(华东师范大学)

会由陈昌平先生主持。来自国内各高校的众多著名学者与会，80多位中日专家研讨交流非线性发展方程与自由边值问题方面的研究成果。会议出版了论文集，共收入50多篇论文。这次会议进一步扩大了华东师范大学数学系偏微分方程在国内外学术界的影响。

陈昌平还在1982年至1989年担任全国微分方程教材编审组副组长，并一直担任《偏微分方程》杂志编委。

陈昌平十分重视教材建设，作为全国微分方程教材编审组副组长，他承担了编写师范类院校适用的《数学物理方程》教材的重要任务。他组织成立了以他为主编的《数学物理方程》七人编写组，切实进行编写工作。在分工会上，他不仅承担终审统稿责任，而且主动提出编写两个附录（《Cauchy-Ковалевская定理》和《历史简介》）。经过长达四年的时间，七易其稿，不断补充修改，该书在1989年初由高等教育出版社出版，并多次加印，被许多高校采用作为数理方程课程的教材。1982年，李普舒茨（S. Lipschutz）著、陈昌平等翻译的《一般拓扑学》由华东师范大学出版社出版。

1989年国家教委理科数学力学教材编审委员会微分方程编审小组会议与会人员合影（武汉大学）

数学教育发展的开拓者

改革开放给中国的教育事业,特别是中小学基础教育事业带来了勃勃生机。1978年,教育部从"文革"后第一批经高考录取的优秀生中选拔了200名学生派赴法国留学。1979年,法国教育部为了妥善安排这些学生进入各专业学习,请我国教育部委派高等学校业务教师四名(数学、物理、化学、生物各一名)到法国去协助他们工作,陈昌平先生就是其中之一(另外三名由北京大学等三所学校派出)。为了做好这一工作,四位教师深入到法国一些大、中学校调查研究,对法国的教育情况有了比较全面和深入的了解,为中国学生顺利完成留学任务创造了良好的条件。

20世纪80年代,陈昌平与其他高校的几位教师受教育部委派,前往加纳等8个非洲国家,商谈这些国家派遣留学生来华留学事宜。陈昌平往返途中经过法国巴黎时,又与几所师范院校进一步加强了联系。1980—1981年,他去西德拜罗伊特大学访问、合作研究,对西德的现代数学教育理论和中小学数学教育的情况做了详细了解。

1987年,国家教委成立全国中小学教材审定委员会,聘请陈昌平担任审定委员。从此陈先生与国内的数学教育专家建立了广泛的联系,开始对数学教育的国际比较研究和中小学数学课程研究。作为审定委员,陈昌平认为如果我们还继续陶醉于奥林匹克金牌的耀眼光

1991年10月,全国中小学教材审定委员会工作会议与会人员合影

辉,还继续迷恋于追求中考、高考的高分而固步自封、停滞不前,那么我们难免会受到历史的惩罚。这种危机感使他萌生了一种愿望,即把他所知道的有关发达国家数学教育的现状、特点与新见解介绍给中国的数学教育界,以期获得他山之石可以攻玉的效果。

1986年,数学系成立数学教育研究室,作为兼职研究员,陈昌平与张奠宙、唐瑞芬一起,联合数学教育教研室的原成员,立即开始一系列具有战略意义的基本建设,缓解了当时研究生教育青黄不接的局面,也结束了"教材教法"这个方向只有教学而没有科研的情形。大家团结协作,开拓教学、科研、社会服务、对外交流等多方面的工作,共同打造一支学术舰队。

为应对当时研究生专业基础课教材贫乏的困境,数学教育研究室组织了两个讨论班,直接研读原版国外教材,轮流做报告并展开讨论。其中一个讨论班由陈昌平主持,阅读荷兰数学教育家弗赖登塔尔(Hans Freudenthal)1973年著的 *Mathematics as an Educational Task*,这本书相当难读,但是很有启发性。其中谈到数学有两种:思辨性的数学和程序性的数学。程序性的数学往往是接受、记忆和熟练,而思辨性的数学需要探究、发现和理解,这样的分析使人茅塞顿开,对数学教学很有指导价值。该书后来经陈昌平、唐瑞芬等编译,以"作为教学任务的数学"为书名,1995年由上海教育出版社出版。

数学教育研究室成立以后最重要的事件是邀请著名荷兰籍数学家和数学教育家弗赖登塔尔访华,这件事情是陈昌平先生全力促成的。当时经费有限,陈昌平说要请就请最好的,这一想法富有远见,完全正确。早在二十世纪三四十年代,弗赖登塔尔就以拓扑学和李代数方面的卓越成就而为世人所知。从50年代起,他把主要精力放在数学教育方面,出版了大量专著,也开展了广泛的社会活动。1967—1970年,他担任国际数学教育委员会(International Commission on Mathematical Instruction,简称ICMI)主席,召开了第一届国际数学教育大会(ICME-1),创办了《数学教育研究》(*Educational Studies in Mathematics*)杂志,在国际范围内为数学教育事业做出了巨大的贡献。由于这些业绩,人们说:"对于数学教育,在上半世纪是克莱因(F. Klein)做出了不朽的功绩, 在下半世纪是弗赖登塔尔做出了卓越的成就。"就是这样一位伟大的数学教育家在1987年以82岁的高龄来到华东师范大学讲学, 传述他对数学和数学教育的主要观点。听众除了华东师大的教师和研究生, 还有来自各兄弟师范院校数学系的教师以及上海的部分中学老师。弗赖登塔尔在我国数学教育界引起了轰动。结束上海的访问后, 弗赖登塔尔又去北京做了几次演讲。他在上海和北京的演讲后来以 "*Revisit to Mathematics Education-China Lectures*" 为书名, 于1994年在克鲁威尔学术出版社 (Kluwer Academic Publisher) 公司出版, 1999年由人民教育出版社刘意竹先生翻译成中文, 书名是《数学教育再探——在中国的讲学》, 由上海教育出版社出版。

荷兰数学家弗赖登塔尔来华讲学获得了极大成功, 开辟了数学教育的新天地, 更好地促进了数学系数学教育的发展, 陈昌平功不可没。

多年来, 陈昌平出于指导数学教育与数学哲学专业研究生的需要, 对我国中小学教育的现状和历史做过深入的了解, 并通过各种途径对一些发达国家的数学教育的现状和历史进行过比较详细的调查研究, 由此形成了关于数学教育的鲜明的观点。他深深地感到, 我国的数学教育工作虽然有自己的特点和长处, 使我国学生在数学基本知识和基本技能方面得到了较好的学习和训练, 可以说, 在这方面走在世界的前列, 这种长处是值得我们努力保持的, 但是, 另一方面, 我们的工作由于受到片面追求升学率这个紧箍咒的严酷束缚, 或许还添上别的一些什么原因(例如近年来搞得泛滥成灾的"数学竞赛"), 越来越陷入窄而深的方向, 以解难题、偏题、怪题为荣, 还竟然以"培养突出人才"来标榜。这种状况, 拿来同一些发达国家比较, 就显出了我们的工作保守有余而开拓无力的窘态。他指出了发达国家教育改革方面值得注意的动向: 美国在数学教育研究中所表现出来的强烈的时代感, 对信息社会与工业社会的数学教育特点的异同研究, 以及在对新世纪数学教育应有风貌的探索中所显示的热情; 法国对数学教育现代化与民主化的执著追求和对教学实施中许多新见解的提出(如对图像——包括荧屏演示的重要性——及其做法的论述); 德国对皮亚杰(J. Piaget)理论的推崇与贯彻, 以及对数学教育和数学史所抱有的人文主义态度；日本的使用"数学素养"和"数学思维"的交与并去确定数学必修课与选修课范围和内容的理论。他认为，这些方向都可供我们学习与思考。

　　1990年，当时的上海市教育局组织专家为数学教师培训编写教材。于是陈昌平和黄建弘、邹一心一起，邀请了其他8位老师，参考了由上海市教育局师教处支持论证并通过的师资培训教学大纲，从1990年开始到1994年，经过四年时间，撰写了《数学教育比较与研究》一书。这本书不仅是上海地区数学教师培训教材，后来也成为全国中小学教师继续教育的数学专业教材。这本书的写法是取教育资料之精华，分成《学制与课程设置》《教学大纲》《教材特点》《教学特点——回顾与展望》四大部分，用一国一章的方式对法、德、日、俄、英、美六国的数学教育进行介绍，让读者自己与中国的状况加以比较。在编写团队看来，如果读者结合自己的教学实践通过思考能获得点滴启发，那么这种介绍工作就达到它的目的了。这种把判断留给读者的想法正是陈昌平一贯的教学风格。他主编的这本书在当时的上海师资培训中心实验基地、上海教育学院数学系以及上海各区、县多次举办的教师继续教育培训班上用作教

1989年课程发展与社会进步国际研讨会召开期间，陈昌平（左二）与友人合影

材,效果良好,广受赞誉。1999年,国家教育部师范司专家推荐这本书为全国继续教育的教材。1995年5月,该书由华东师范大学出版社出版,2000年12月修订再版。

1988年起,陈昌平先生担任了由上海市中小学课程教材改革委员会组织编写并在上海市使用的数学教材的主编,主持编写了一套发达地区版的从小学一年级直到高中三年级的数学课程的全套教材、教学参考书与习题册,共36本。上海课程改革的指导思想和目标是减轻学生负担,鼓励学生发展多方面的兴趣,参与多方面的活动,努力朝着具备优良品德、健全体魄和丰富知识的方向发展。陈昌平认为必须改变现行的以"升学-应试"为中心的中小学课程教材体系,使数学教育从应试教育的轨道转到提高国民素质的轨道。为了达到这个目标,明显要减少数学教学课时,精简(同时补充)部分教学内容,并对教学内容重新安排处理。这套教材的编写相应采取了一种新思路,就是陈昌平提出的"套筒式"结构理论。全套教材的内容分为核心部分(必学)、拓广部分(选学)、发展部分(自学)三个部分。对小学的整数、小数、分数教学做了重新处理,把小学和初中的初等几何教学设计为直观认识、操作说理、推理论证三个有机整合的阶段;对高中的内容做了较大的增删,减少了传统的代数、三角、解析几何的繁琐内容,增加了微积分、统计和概率的内容,将向量内容单独设章。此外,陈昌平先生重视信息技术在数学教学中的应用,引入计算器解决实际应用问题。2000年起,上海地区允许计算器进入数学高考考场,开了全国的先例。

对于教材书稿,陈昌平先生仔细阅看,附上贴纸,写有他的具体修改意见。他还亲自执笔编写部分章节教材,在内容处理上严格要求,认真严谨,在组织安排上十分重视时空保证,确实做到了呕心沥血,精雕细刻,深为广大教师钦佩,广为传颂。

这套教材的编写成功,使陈昌平先生领导的上海中小学课程教材改革委员会数学教材编写组在1994年荣获数学教育最高奖——苏步青数学教育奖。

数学教材编写组合影
前排左起：何福昇、李汉佩、陈昌平、周齐、胡平
后排左起：忻再义、吴炳煌、邹一心、许鸣岐、忻重义

教材编完后,陈昌平对几何课程改革情有独钟,念念不忘用坐标向量几何代替综合立体几何。为了证明坐标向量几何的优越性,已逾古稀之年的他将1991—1994年高考全国卷与上海卷所有的8道立体几何试题都用坐标向量法解了一遍。

1995年8月,他在给上海市教委高中数学教研员的信中强调两点:

(1) 坐标向量法的突出优点是节省思维,方法现成而规范,不需要挖空心思去找关系,一般建立坐标系后就可计算,由计算结果即得几何结论。

(2) 综合立体几何的方法已是强弩之末,再也没有发展前途了,相反,坐标向量法是初生牛犊,是新方法的起点,以后在大学数学或数学应用中都会用到这一套方法。

他认为不要再拿综合法去为难学生了,应该让他们学点有生命力的生动活泼的东西。

中肯的语言、殷切的期望表露了陈昌平为了千百万青少年学生生动活泼地成长而呕心沥血的一腔衷肠。陈昌平组织编写了《高中数学选修读本》(上下册），为学有余力的中学生提供学习素材。陈昌平的愿望，正在由许多继承他的事业的教师和青年学生发扬光大。陈昌平还主持组织数学系部分教师阅读多本国外数学教育专著，并编译出版。其中有1995年由上海教育出版社出版的《作为教学任务的数学》，该书编译于数学教育家弗赖登塔尔1973年著的 *Mathematics As An Educational Task*；1999年由上海教育出版社出版的《数学教与学研究手册》，该书选译于数学教育家道格拉斯·阿·格劳斯（Douglas A. Grouws）主编的 *Handbook of Research on Mathematics Teaching and Learning*。

几十年来陈昌平先生在教学和科研上都贡献了十分突出的成果，对中国的数学研究和数学教育事业做出了卓越的贡献。这与他本人一生勤奋、作风严谨、对教学精益求精、对著书一丝不苟的作风有关。

1994年5月，陈昌平与邹一心应邀参加21世纪国际基础数学教育会议，并做《中国的数学教育和上海的课程改革》专题发言。会议由苏州大学主办，与会的有来自中、美、英、澳大利亚等国的专家学者。当时陈昌平先生开始病魔缠身，仍坚持书写发言稿，后因健康因素，由邹一心一人参会发言。

1997年起，癌症不断折磨着陈昌平，在其志同道合的夫人李汉佩先生的悉心护理下，自信、坚强的性格使他经过化疗、服药和休养调理后一次又一次地战胜了病魔。即使在重病期间，他对中国数学教育状况的关注从未减少，对广大青少年学生的困境深表同情，并坚信经过长期奋斗一定会出现光明的未来。人民教育出版社的老前辈、著名编审张孝达先生是陈先生在全国数学教育研讨中结识的挚友。2002年7月24日，张孝达先生在给陈昌平的信中写了这样一段话："自与您相见相识以来，您的学识文章，为人待人，不仅令我崇敬，更是引为知己，相见恨晚……从信中还知道您在与病魔拼搏的同时，一直关怀着我国的数学教育……我们已为此奋斗了二十多年，虽收效甚微，但无论如何，现在教育部已制定了《基础教育课程改革纲要（试行）》并颁布施行。我深信，滚滚长江东流去，历史总会向前发展的。"

2003年，陈昌平先生在上海去世。

文章千古事，得失寸心知

——记张奠宙先生

唐瑞芬　　赵小平

张奠宙（1933—2018）出生于浙江奉化。1947—1951年，在浙江奉化中学求学。

1951年，抱着"工业救国"的愿望，张奠宙以第一志愿报考大连工学院造船系并被录取。在新生入学教育以后，学校要求他转到应用数学系，因为大连工学院应用数学系当年计划招生30名，结果只录取了2名，于是学院动员各系数学考到70分以上的学生转到数学系，张奠宙就此与数学结缘。

在大连工学院学习一年后，由于全国高等院校学科调整，大连工学院数学系和东北师范大学数学系合并，于是张奠宙来到东北师范大学数学系，由工科生转为师范生，注定他与教师职业有缘。当时国家人才紧缺，他们这一届大学生提前于1954年本科毕业。

从1953年起，教育部在北京师范大学和华东师范大学举办研究班，学制两年。张奠宙于1954年考取了华东师范大学数学系由李锐夫、程其襄两位先生负责的数学分析研究班，1956年夏天研究生毕业后留校工作，他与华东师大的缘分从此而定，在华东师大一直工作至2001年5月退休。

在张奠宙生前出版的最后一本专著《数学教育纵横》的"自序"中有两句话："数学，数学史，数学教育，文章千古事；教书，教书匠，教书育人，得失寸心知。"这两句话概括了张奠宙作为数学家、数学史家和数学教育家特殊的"三栖"学术人生。

一、纯数学的研究之路

在刚留校工作的几年里,张奠宙的主要任务是协助李锐夫办复变函数论进修班,批改习题本,兼任数学系教师党支部书记。

1962年,根据数学系的学科建设规划,张奠宙被派往复旦大学数学系进修两年,转向泛函分析的研究,师从夏道行先生,研究方向是广义随机标量算子谱理论。1964年,张奠宙与南京大学的沈祖和合作完成论文《非拟解析算子与广义标量算子》,在《复旦大学学报》1966年第1期上发表,跻身于我国算子谱论方向上的先行者行列。

1978年,程其襄先生开始招收硕士研究生,张奠宙协助指导。受张奠宙的影响,泛函分析方向的研究生大都从事线性算子谱论的研究。截至1996年,张奠宙关于算子谱论的研究在《复旦大学学报》《华东师范大学学报》《中国科学》《数学年刊》《科学通报》《数学研究与评论》等杂志上发表论文12篇,出版数学著(译)作和教材13部,如《数学分析中的问题和定理》《实变函数与泛函分析基础》《线性算子组的联合谱》《算子代数与算子理论会议论文集》(*Proceeding of Operator Algebra and Operator Theory*)等。

凭借在纯数学方面的研究成果,张奠宙的名字被收入权威的《世界数学家词典》(*The World Dictionary of Mathematicians*)。

二、数学史的研究之路

在20世纪80年代初,专注于纯数学研究的张奠宙耳闻"20世纪数学是从理论到理论"的议论,不免反思自己数学研究的价值,想从数学发展的轨迹中找到答案。寻寻觅觅中他发现关于20世纪数学发展史的研究竟然十分薄弱,

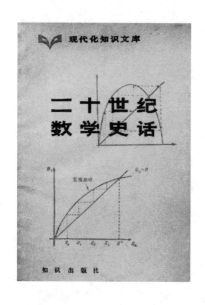

于是开始收集资料，边学习边研究，经过几年的积累，他对20世纪数学的主要分支、重大课题、主要流派的背景、进展和现状有了比较深入的研究，便把这些研究成果编辑成《二十世纪数学史话》（合作），由知识出版社于1984年出版。

《二十世纪数学史话》和张奠宙本人很快受到了数学史界的高度关注，他受邀参加了一些重要的数学史学术活动并发表演讲，其间结识了国内数学史方面的诸位专家权威，还参与了《中国大百科全书》和《中国通史》的编写，参与起草了1988年在南开大学举行的21世纪数学展望学术讨论会的主报告，一跃成为我国数学界的重要人物。1990—1998年，张奠宙担任中国数学史学会常务理事。

1985年，杨振宁先生在复旦大学的书亭里偶尔发现了《二十世纪数学史话》一书，其中有一节专门写了杨振宁和陈省身的工作，杨先生就给陈省身也买了一本。陈省身很快给张奠宙写信，对《二十世纪数学史话》给予很高的评价，并建议他：（1）将此书译成英文；（2）增加某些重要题目（如纤维丛与大型几何）；（3）介绍沃尔夫（Wolf）奖。得到陈省身先生的鼓励和指导，张奠宙计划对《二十世纪数学史话》进行全面修订和补充，但苦于国内缺少现代数学史资料，于是想去美国，利用那里

张奠宙（右）与杨振宁先生（左）

的图书馆查询现代数学研究的史料，访问在美国的华人数学家，对现代数学史进行更深入的研究。

张奠宙（左）与陈省身先生（右）

1990年，张奠宙获得了王宽诚基金会的资助，到美国进行为期两年的访问。

先到纽约市立大学，在这期间，他与国际数学史委员会主席道本周教授合作，完成论文"Mathematical Exchanges Between the United States and China—A Concise Overview（1850-1950）"，这篇长达35页的论文被收录于美国学术出版社的《现代数学史第三卷　形象、思想和社团》（1994年出版）。

再到纽约州立大学石溪分校访问。在这期间，张奠宙有机会深度访问杨振宁先生，撰写了《杨振宁与现代数学》《杨振宁谈数学和物理的关系》《创新：面对原始问题——陈省身和杨振宁科学会师的启示》等多篇文章，在美国和中国的杂志上发表。

陈省身先生是美国国家数学研究所的创立者和第一任所长，张奠宙在该所访问期间，把与陈省身先生的访谈录整理成题为"大师之路——访陈省身"的文章，刊于香港《21世纪》1992年4月号。

在美国期间，张奠宙还访问了樊畿、王浩、林家翘、周炜良等著名华人数学家，搜集了大量20世纪数学发展的素材，逐步厘清了中国现代数学发展的历史脉络，也加深了对现代数学发展轨迹的理解。陆续出版了《中国近现代数学的发展》《二十世纪数学经纬》《杨振宁文集》《陈省身文集》《陈省身传》《现代数学家传略词典》等专著。

按张奠宙自己的话讲，"二十世纪数学史是个缺门，我有幸'捡漏'""对

张奠宙关于数学史的部分著作

于数学史，我只是个'业余写手'，俗称'票友'"。而这位"票友"从1984年出版《二十世纪数学史话》开始，为数学史贡献了18本专著和文集，34篇论文，他的数学史研究不但在数学史界产生深刻影响，也对21世纪的数学教育产生影响，在我国21世纪的初中、高中数学课程标准中有了"数学文化"的概念，有了名为"数学史选讲"的选修课，张奠宙是当之无愧的主要推手。

三、数学教育的研究之路

张奠宙涉足数学教育也是缘于一个偶然的机会。

1981年，教育部开始设立学位授予点，华东师范大学第一批获得"数学史与数学教育"的硕士学位授予权，但当时这个方向缺乏研究生导师，数学系于1986年请张奠宙、陈昌平和唐瑞芬三位兼职研究数学教育，主要任务是硕士研究生的招生、培养和课程建设。这次兼职成了张奠宙与数学教育结缘的初因，可能当时他自己都没有预料到，他将会在这个领域倾注最大的热情，奉献最多的心血。他在这个领域的工作大致可分为如下几大块：

1. 数学教育学科的文献建设

张奠宙初涉数学教育就非常积极地组织研究生举办讨论班，阅读英文原版的数学教育著作,消化后进行翻译、改编和出版。例如,由张奠宙领衔的《数学教育学》《现代数学与中学数学》《数学教育研究导引》《数学素质教育设计》《国际展望:九十年代的数学教育》等专著和译著于1990年至

张奠宙先生20世纪90年代出版的部分数学教育专著

1995年密集出版,我国数学教育学科的文献建设和研究生课程建设有了最初的积累。

2. 开辟中国数学教育的国际交流平台

国际上数学教育方向的交流活动一贯是非常活跃的,然而20世纪80年代以前,在国际舞台上几乎没有中国人的声音。国际数学教育委员会是这方面最权威的组织,领导着数学教育方向最高层次的国际交流活动。1980年,我国第一次派代表团参加第四届国际数学教育大会,由华罗庚等6位数学家参加会议。1988年第六届国际数学教育大会在匈牙利布达佩斯举行,张奠宙通过努力获得会议资助得以参加;1992年第七届国际数学教育大会在加拿大魁北克举行,张奠宙与唐瑞芬两位教授又获得会议资助得以参加。我国数学教育跻身国际舞台的道路从此开通。

参加了两次国际会议后,张奠宙认识到,国际会议是各国学者之间交流的平台,是学习先进经验、提高我国数学教育研究水平的捷径,应该让更多的中国学者参加这样的会议。1994年他争取到在华东师范大学组织国际数学教育委员会-中国数学教育国际会议的资格。虽然20世纪90年代初的华东师大物质条件比较差,但是张奠宙领导着华东师大的数学教育团队把这次会议办得非常成功,给国际数学教育界留下深刻印象。1995年,张奠宙被推选为国际数

学教育委员会执行委员会委员（1995—1998年），这是中国人第一次进入这一权威组织的领导机构。此后，华东师大王建磐、北京师大张英伯等中国学者先后进入国际数学教育委员会担任执行委员或其他重要职务，使国际数学教育平台上有了越来越多的中国席位和中国发言者。在张奠宙的推动下，从第九届国际数学教育大会开始，设立华人数学教育论坛，把世界各地的华人数学教育精英集聚一堂，探讨数学教育的中国特色和中国问题，论坛内容用中、英文出版了《华人如何学数学》和《华人如何教数学》，两本书的内容既立足于华人的教育传统，又体现国际化的评价标准，成为国际数学教育研究的优秀成果。

3. 连续15年组织数学教育高级研讨班

20世纪90年代初，张奠宙从美国访问回来，了解到国外许多关于数学教育改革新的理念和行动，于是想把国外的做法介绍给中国的教师，借此推动中国的数学教育改革。在华东高师师资培训中心的帮助下，张奠宙从教育部人事司申请到一点经费，邀请了全国各省、各高校一批有海外考察经历的、热心于中国数学教育改革的学者，举办数学教育高级研讨班，共同研讨中国数学教育的基本理论、重大课题、紧迫课题、争论焦点等。从1992年至2007年，连续15年，讨论的问题从"数学教育哲学""数学学习心理学"之类的理论课题，到"双基教学""数学学习后进生问题"等实践课题，先后出版了《数学素质教育设计》《数学教育国际透视》《数学学科德育：新视角、新案例》《中国数学双基教学》《数学教育的"中国道路"》《交流与合作：数学教学高级研讨班15年》等专著，以及方便实践的图书《中学数学问题集》等。舆论认为，这个高级研讨班15年的研究工作是我国在这一时期数学教育改革之路的风向标和真实记录。

4. 数学教育改革的积极实践者和冷静反思者

早在20世纪70年代，张奠宙跟随李锐夫先生翻译了英国的中学数学教材（School Mathematics Project，简称 SMP 教材），当时他就对 SMP 教材的编写方法发生兴趣，发现数学教材可以通过"问题情景→数学思考→数学实验→数学表示"的形式呈现,而不一定要用传统的"定义→定理→证明"的形式,前者似乎更易于学生接受,当时就有了改革我国中小学数学教材的想法。

到 21 世纪初,国家启动了大规模的基础教育改革,张奠宙以极大的热情积极投入。他与北京师范大学严士健教授受教育部委托,担任"普通高中数学课程标准"研制组组长,在他们的主持下编制出版的《普通高中数学课程标准(实验)》是我国21世纪第一轮数学教育改革的纲领性文件,一直实施到2017年,为《普通高中数学课程标准(2017年版)》的颁布打下了基础,积累了经验。

大家都知道,张奠宙是中国数学教育面向世界的积极倡导者,但是在借鉴国外经验的实践中,他又特别强调要符合中国的文化传统和经济基础,努力寻求数学教育的中国道路,建设具有中国特色的数学教育学,提炼华人学数学和华人教数学的经验。

例如,我国的教育历来强调"双基"(基础知识和基本技能),实践证明具有很好的效果,是值得保留的中国经验。为了将"双基"从经验层面上升到理论层面,张奠宙专门组织了两期高级研讨班(2003年和2004年),编写了《中国数学双基教学》(上海教育出版社2006年),并将"双基教学"作为中国数学教育的特色推向世界。"双基"后来又发展为"四基"(增加了基本思想方法和基本数学活动经验),进一步完善数学教学的"育人"功能。

当人们被国外琳琅满目的教育理念吸引时,张奠宙常常提出一些警示性的观点,提醒大家要更深入的思考和鉴别,以免走弯路。例如:

当大家都在推崇"探索""发现""构建""创新"等新型学习方式时,张奠宙提醒不要轻视"接受性学习",接受人类几千年积累的知识精华是现代教育的主要方式,当然教师也要创造条件让学生亲身经历自主探索和发现的过程。张奠宙还多次提到,要"创新发现"必须先"打好基础"。对大多数中小学生来说,要做到真正意义上的数学创新是勉为其难,而"双基"是必须落实,也是能够落实的。

当大家片面强调课堂教学中"学生的主体作用"时,张奠宙提出,在课堂教学中"教师的主导作用"常常更加重要,教师的主导作用中也包含如何发挥学生的主体作用。

当教师们绞尽脑汁为学生设计各种"合作学习"方式时,张奠宙说,还是应该先强调"独立思考",应该在独立思考之后再交流和合作学习。

有人认为"教书匠"一词对教师职业有贬意,张奠宙却解释说,这不是贬义词,我们教师的工作看似重复,没有太多的创造性,符合"匠"的意思,我们是"炒冷饭"的匠,我们要把一盘冷饭炒热,成为一份可口的营养餐提供给学生,这一过程需要精湛的技艺,因此教师应该也可以成为"教育巨匠"。张奠宙这一"炒冷饭"的比喻,在教师群里流传很广,成为教师职业的定位准则和自信依据。

在批判"学科中心主义"的思潮中,张奠宙多次发文警示大家"当心去数学化",文中提到在某些教学评比活动中,评课的指标中只问及教师是否"创设了现实情景",学生是否"自主探究"了,气氛是否活跃,是否分小组讨论了,用了多媒体没有,数学内容反倒变得可有可无起来。张奠宙严厉地指出,"去数学化"会危及数学教育的生命,数学教育倘若不能对一般教育提供特定的规律性认识,她就没有独立存在的价值。数学教学设计的核心是如何体现"数学的本质",应该呈现数学特有的"教育形态",使得学生能高效率、高质量地领会和体验数学的价值和魅力。张奠宙的尖锐批评很快赢得了广大数学教师的认同,"去数学化"的做法很快没了市场。

有些课堂教学过分强调"创设现实情景",让学生"自主探究""自主发现"。例如有一节关于"用度量方法发现正弦定理"的展示课:教师把学生分成若干小组,每组任意画一个三角形,并度量三条边和三个角,然后计算 $\dfrac{\sin A}{a}$、$\dfrac{\sin B}{b}$、$\dfrac{\sin C}{c}$、$\dfrac{\cos A}{a}$、$\dfrac{\cos B}{b}$、$\dfrac{\cos C}{c}$,看看能发现什么结果。经过各小组的活动,并交流各组的结果,大家都"发现"了正弦定理。这样的课堂似乎很热闹,但是与正弦定理的本质没有什么关系,历史上正弦定理也不是这么发现的。张奠宙据此指出,一切教学设计和教学手段都是为教学内容服务的,没讲清楚数学内容的本质,就不是一堂成功的数学课。

张奠宙在《数学教学》杂志担任主编20多年,他几乎每期都要亲自写一篇"编后"或"随笔",点评一些与数学教育教学有关的问题。上述举例的内容都是他在"编后"或"随笔"中提出的,文章虽然短小,但是紧扣热点,观点鲜明,针砭时弊,尖锐准确,在数学教师中影响很大。不少读者期待新一期杂志的到来,迫不及待地阅读"随笔",试图寻找共鸣。

张奠宙在涉足数学教育的30年里,出版和合作出版专著近三十部,发表的中英文论文、随笔、编后等文字不计其数,无法统计。特别是《中国数学双基教学》《数学教育的"中国道路"》《数学教育概论》《数学文化教程》《情真意切话数学》《大学数学教学概说》《小学数学中的大道理》《张奠宙数学教学随想集》《我亲历的数学教育1938—2008》《数学教育经纬:张奠宙自选集》《数学教育纵横》等著作在广大数学教育工作者中影响甚广,这些文字详细地记录了我国20年来数学教育改革过程中的努力和成果、困难和挫折、反思和展望,为后人留下了丰富的学术遗产。

还值得一提的是,张奠宙为几十本数学教育图书作过序。凡请他作序的,他一定认真对待。由于他对不少图书的内容相当熟悉,作序常能"立等可

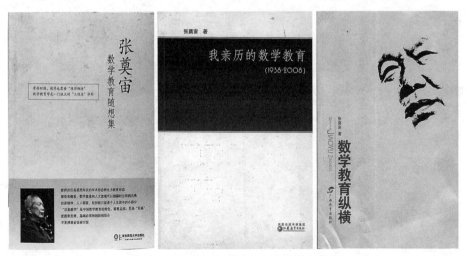

张奠宙在21世纪出版的部分数学教育著作

取"。他热情地帮助年轻同行,提携后学,激励年轻学者从事数学教育研究。

2017年,张奠宙入选"中国当代教育名家"。他一生获得过很多高等级奖项和荣誉称号,如宝钢教育奖(优秀教师奖)、国家教委和人事部的全国优秀教师称号、曾宪梓教育基金一等奖、欧亚科学院院士等,他对这些荣誉的态度似乎很平淡,而这次获得"当代教育名家"的称号却让他非常高兴,他说,一是"当代教育名家"的评选标准很高尚,符合他的人格追求和学术追求;二是这次评选的程序前端是"民间推荐",这样的评选程序鼓励学科教育专家走出书斋,解决教学第一线的问题,这种方向是正确的。

张奠宙先生是2018年12月20日离开我们的。他的一生是勤勉奋进、勇于开拓的一生,是教书育人、潜心研究的一生,是探索创新、贡献卓著的一生。他带领着中国数学教育走向世界,他对中国数学教育事业的影响将是长久的,我们永远怀念他。

君子之交淡如水[*]

——回忆与乔理老师的交往

倪明

乔理（1924—2007）出
生在河南新野，在当地读完
高中，考入上海的同济大
学，学的是法律。1952年全
国高校院系大调整，他所在
的系划到了复旦，成了复旦
的毕业生。后在苏州的华
东人民革命大学学习一段

时间，之后到华东师范大学工作至退休。先在教务处工作较短的时间，1954年
调到数学系，在办公室做教务管理工作，在那个位置上干了一辈子。

在与乔理老师的交往过程中，他不止一次提到，我们的关系是"君子之交
淡如水"。他说的时候，我也没有细想，去好好体会他的意思。因为他多次提
到这句话，所以给我留下了较深的影响。最近，我与他女儿有一次交流，谈到
了老师说的这句话，她做了一番解释，让我重新认识到他的为人和处世。在
"百度知道"上，我又查了这个词条，是这样表述的：

朋友之间的友谊是一种相互的信任和生活所带来的平淡后的宁静与

---

* 原稿完成于2011年12月。

幸福，"淡"是生活的味道，也是时间验证的朋友味道；最主要的是"淡"如平静的水，而不是汹涌的波涛，真正的朋友之间不需要有大风大浪一样的日子，能够和气、平安、健康、快乐、珍惜、信任，像水一样的清澈透明的友谊足矣！

最近，与乔老师相处的许多情景时常在我脑海中浮现，勾起了我的回忆。

1984年我毕业的那年，他光荣退休，系里把我作为接班的人选。虽然我记不清是不是我们这一届数学系开学典礼的时候就认识他，但肯定是在进校之初就认识他，因为我们在读大学的时候，他负责本科生的教学管理，排课、调课、教室安排、考场安排、教学任务书的下发、成绩的登录和信息的处理、学籍的管理……都出自他之手，这些都是跟学生休戚相关的，怎能不注意到他呢？只是他管的学生多，一下子认不全。他知道我，应该比我认识他晚一些。我当时是学生干部，做过年级的团组织委员，做过很短的生活委员，也做过副班长和几门课程的课代表，较为容易被老师认识。作为学生，与乔老师接触多的原因是，年级干部与办公室的老师一起进行教室卫生检查。真正了解老师，成为忘年之交，是我在工作之后。在日常工作与生活中，他是我学习的楷模。

在别人看来，他是只做事不说话的人。但我们交流得很好，他愿意说，我愿意听，我从他那里知道了很多，学到了很多，了解了他的为人之道，知道了数学系的历史。

其实，他年轻时的话并不少，敢于直言。在每次的政治学习活动中，他都善于表达自己的想法。后因历次政治运动的影响，变得沉默寡言，很少与人聊天。在我们这一代人的印象中，先生是一位不爱说话，只会埋头做事的人。

乔老师的一手好字在数学系可是出了名的，以工整为特色。所以，系里很多讲义的刻写出自他之手，确实与打字机的效果有得一拼。因为数学讲义有很多数学符号，公式不少是三四层的叠式，机械打字的确不易，手写倒有其优势。最有意思的是，一本有关电脑排版的《PCTeX使用手册》是他刻写的，我还保存着这份资料。

我到数学系工作后，利用业余时间学他的字，拿他刻写的讲义来临摹，取得一些成效，有一段时间写得还真的很像。

他的字在数学系无处不在，教室门上有课表，教学任务上有学生名单，楼道上有宣传标语，教师办公室门上有教师名单……到处都有他的工作，都给人美的享受。

字如其人，"认真"二字则是他为人处世的高度概括。因为认真，才能鲜有差错，兢兢业业，几十年如

由乔老师刻写的讲义片断

一日地在平凡的岗位上认真地对待每一位学生，完成每一份任务。

先生能做那么多的事情，当然放弃了很多休息的时间。他不抽烟，不喝酒，没有其他的娱乐活动。家务就是买菜，有时维修家具。除此之外，就是工作。对他而言，没有节假日，没有寒暑假。就连春节期间，他还在处理教学管理的事务。

他的努力工作赢得了数学系师生的一致好评，从外系到数学系来上课的教师和学生都能感受到先生工作的周到而细致。我在数学系工作的时候，也就是上世纪80年代后期，在数学馆东115办公室里有几个书橱，存放着数学系的人事和教学档案资料，排放得整整齐齐，索引目录齐全。这也是他工作的一个缩影。在档案中，我看到了胡启迪老师被破格聘为讲师，华煜铣老师被聘为

学校的乒乓球队教练等。据说，这些材料后来被处理掉了，实在是憾事。好在学校档案馆的资料齐全，无大碍。

在数学系的历史上，如果把与学生交往次数的总和作为教师知名度的标准，我想先生应是名列前茅的。在数学系的校友中，很多人都记得有一位踏踏实实、勤勤恳恳、任劳任怨工作着的乔老师。

我因为"本意上"要接替乔老师的教务工作而走近他，受到了他无穷的关心、帮助和教育。

1984年，乔老师到了退休年龄，但是数学系的事少不了他，因而他被返聘。我是他的徒弟，得到乔老师的教诲是莫大的荣幸。

乔老师生活简单，除夏季外，基本上穿中山装，整洁但有点发白。常常带着袖套，冬天会带一顶帽子。熟悉他的人，觉得他的服饰没有变化。每天，他总是早早地来到办公室，扫地、拖地板、擦桌子经常由他来完成。他喜欢清洁和整齐，把办公桌、书橱理得整整齐齐的。他是一个极其聪明的人，日常的各种事务会用多种办法来处理。有一种观点说"左撇子"聪明，在他的身上可以得到印证，因为先生是"左撇子"。先生知识渊博，年轻人愿意向他请教问题，他总是不厌其烦。1987年，国际著名的数学教育家弗赖登塔尔来校讲学，由乔老师书写欢迎标语，他给的中译名"弗赖登塔尔"沿用至今。

1986年年底，我和乔老师一起参加数学系辞旧迎新会

乔老师也善于修理，办公室有什么办公家具、办公用品坏了，他总是自己解决。家里也是一样，他勤俭持家，有一个不小的工具箱，里面有很多工具。有一次我的自行车出了点故障，希望他能帮助看看。谁知他排除故障后还帮我擦了车子，我很过

意不去。现在，孩子骑车大人擦车的事情不少，可我怎能让我尊敬的老师帮我做这样的事呢？这件事情让我终生内疚。

另一件令我内疚的事是，在我刚工作的时候，乔老师一次生病住院我没有去看他。当时算是有客观原因的。1985年5月，他突然鼻子严重出血，被送进医院。没过多久，办公室的另一位老师因扁桃体发炎也住院。办公室的教务员就我一个人。那时又有特殊情况，办公室既是数学系的，又是数理统计系的，而且是学期结束，真是忙极了。白天只能"门诊"接待，很多事情需要加班加点，像在大厅里写调课通知也只能安排在晚上。好在领导和教师给予极大的支持，有些事情尽量不找我。在大家的帮助下，两个月总算挺过来了，基本顺利完成了各项工作。但是没有时间去医院看先生成了我的遗憾。之后，先生住过好几次医院，只要我知道的，都会去看他。

在工作的同时，乔老师还很关心我的生活，连我的婚姻也是他促成的。他还告诉我如何对孩子进行教育，他认为身教重于言教，在孩子面前要起到表率作用。在刚工作的时候，我处理有些事情比较拖拉，他也侧面批评过。我记在心里，坚决改正，事事要落实。这一点，我终生受益。比如，现在电子邮件不断，常常来不及处理，我会对不能及时处理的邮件做标注，以便给自己提一个醒。同时先给对方一个简短的回复。你要让别人尊重你，重视你，你首先得尊重别人，为别人着想。

乔老师对我的请求，也是有求必应的。我结婚是在老家崇明办的，按我们那里的风俗，在办酒席的所有房间的门上都要贴上对联。我请乔老师帮忙写，他二话没说，很快完成了。我结婚时，他年龄稍大有些不方便，没有去，这也有一点遗憾。

乔老师对我影响最深的，是帮助我在业务和政治上不断提高。

在业务工作中，他对我严格要求，精心指点，所以我的业务提高很快。他支持我用计算机来进行学籍管理。本来教师交来的各科成绩誊到学生的个人学期成绩单和汇总表，现在要输入电脑。他也会配合我上机输成绩，这对当时60多岁的老人来说是极其不容易的。在他的支持和帮助下，我和刘庆研发的学籍管理系统软件得到学校领导的好评,并向其他系做推荐使用。经过两年的实践,我基本掌握了教务工作的要领,也做出了一点成绩。在1986年学校本科教学工作会议上,我作为唯一的教务员代表发了言。在我的心里,这些成绩的取得应当归功于我有一位好老师。

在政治上,乔老师也很关心我。我在工作4年多之后入的党,他是我的入党介绍人。是他培养和教育了我。

我在数学系工作,开始做本科的教务员,后来做研究生工作秘书,还被提为办公室副主任。我们有一个团结的、和谐的集体,留有一张照片,大约摄于1986年,在数学馆前的草坪上。

前排左起:马继锋、乔理、许娅萍、胡之琤
后排左起:王静宜、倪明、王迎娣、徐振寰、黄涌新

数学系工作5年后,我在中学校长培训中心工作3年,之后一直在出版社工作。我离开数学系的时候,先生继续被数学系办公室返聘。

在他生前,我一直与他保持着密切的来往,经常去看他,一般一年有两三次,9月份的时间相对多一些。恰好,先生的生日也在这个月。对学校工作的同志来说,比较喜欢9月份,那段时间有比较集中的节日——"三节":教师节、中秋节、国庆节。

我到乔老师家里，常常看到《辞海》打开着。他喜欢看《辞海》，用它来学习知识。《辞海》中介绍知识严谨、准确、简洁。这也是他做事的风格，也许与他学法律有关，也许与他长期在数学系工作有关。

2007年8月15日，这位受人尊敬的长者离开了我们。对我来说，少了一位交心者。我时常想念他。

我与他之间的交往，正如他所概括的——君子之交淡如水。

学科篇

世界一流代数科研团队的崛起 *

邱森

华东师范大学数学系代数教研组重建于1977年。在代数学家曹锡华教授带领下，自20世纪80年代起，世界一流的论文、专著层出不穷，逐渐成为国内公认的最强的代数研究单位之一，在国际上也颇负盛誉。我们的崛起不是偶然的，经受了种种艰难险阻，也付出了代价。创业的成功有各种有利因素，有规律性，是锲而不舍奋力拼搏出来的。

瞄准世界主流方向，做出一流科研成果

曹锡华先生说："搞科研要抓三件事：一是选择研究方向；二是形成一支老中青结合的科研队伍；三是培养高质量的研究生。"如果搞自己熟悉的老方向，虽可以快出论文，但成不了大气候。于是他说："要搞就要搞当今世界代数的主流方向，要做就要做世界上共同关注的热点问题。"那么究竟如何搞呢？1977年在科学规划大会上，他遇见了中科院的万哲先先生（现为资深院士），谈及代数该怎么搞，两人决定从李型单群着手。于是就在那年组织了一个全国性的李型单群讨论会，地点放在北京师范大学，大家轮流报告卡特（R. Carter）的著作《李型单群》。曹先生带陈志杰、邱森、刘昌堃、吴良森去参加。这次为

* 原载《文脉——华东师范大学学科建设回眸》（华东师范大学出版社2017年出版），作者做了补充修改。

期一个多月的讨论班，使我们初步了解了谢瓦莱（Chevalley）群的构造。通过交流，我们结识了国内代数界的同行（其中包括后来引进华东师大的中国科大研究生肖刚）。老一辈学者的治学态度和方法给我们留下深刻的印象。有一次一个报告人在推导过程中被问住了。他说："我心里是知道的，就是说不出来。"万哲先先生就说："真正理解的东西是一定能说清楚的。"讨论班结束时，他对我们说，回去后一定要把李型单群好好再读一遍。的确，学习数学不能什么都学过，什么都说不清楚，要力求达到实质性的理解，扎扎实实地打好基础。那时候我们还不知道代数群是什么。回校后，曹先生组织讨论班，带领大家学习由陈志杰从俄译本转译的斯坦伯格（Steinberg）所著的《谢瓦莱群讲义》（原著是英文讲义，当时国内无法得到）。谢瓦莱群是代数群的雏形。随后，自然就转向了代数群。

代数群是当时国际上代数学研究的一个主流方向，难度大，要补的基础多，不容易拿出成果。为了尽快赶超世界数学先进水平，曹先生毅然选定了代数群的方向。

1978年，曹先生招收了第一批研究生，他们都很用功，能力很强。像王建磐、时俭益都没有进过大学数学系，只是在"文革"期间自学了许多数学课程。研究生的方向是代数群，曹先生亲自开设一些基础课，为学习代数群做准备。他上课从来不用讲稿，全凭记忆娓娓道来，这对学生的理解掌握很有帮助，但也需要他对所讲内容有深刻理解、熟练掌握，需要花费大量时间和精力认真备课。1979年开始学习代数群，为了加深对代数群的理解，请来了香港中文大学的黎景辉博士做更深入的讲解。黎景辉只讲了两个星期。他很热心，除了上午讲代数群外，还提出下午可以增加讲座。在讲座上，他介绍了当时最新最出色的工作"德林–鲁斯蒂格（Deligne-Lusztig）特征标"以及他的老师朗兰兹（Langlands）的"朗兰兹纲领"。人们认为这个纲领将会推动今后数学的发展，是21世纪理论数学的主流方向之一。这大大地开阔了我们的眼界。

两年过去了，代数群的基础知识是学好了，但是压力有增无减。不但一篇论文也没有，就连怎么写论文也没有门。研究生要进入读文章、做研究、写论文的阶段了，怎么迈过这道坎呢？曹先生知道，正如他在美国的博士导师、群表示理论的权威布饶尔那样，一个杰出的数学家往往可以在很短的时间内把你引向最新最有广阔前景的数学前沿，去钻研最新最热点的问题，而不是在一个狭小的天地里去想一些小问题。于是在1980年请来了美国代数学家汉弗莱斯。在两个月的讲学中，汉弗莱斯讲了用层上同调方法来讨论代数群的表示问题，介绍了世界上代数群表示理论的最新研究成果和动态，有的还是他到华东师大后刚收到的论文预印本，一下子把我们带到了世界代数群研究的前沿。最可贵的是，他还提出了不少研究课题，其中有世界难题，也有猜想。机会总是留给做好充分准备的人们。一个难题"外尔（Weyl）模的张量积是否都有外尔模滤过？"被硕士生王建磐解决了。王建磐来自福建山区，高中毕业后到农村插队，当过中学民办教师和县剧团编剧，完全靠自学完成了大学数学系的课程并考取了研究生。他的文章发表在美国《代数杂志》上，被国内外同行多次引用，受到国际同行的好评。这是我们打响的第一炮。我们相信，一定还会有第二炮、第三炮……研究生叶家琛根据汉弗莱斯的讲学内容产生了想法，研究李型有限群的嘉当（Cartan）不变量。他从最简单的7元域上3阶特殊线

1980年汉弗莱斯教授讲学时的合影

性群出发计算嘉当不变数矩阵,通过一年多对有限域上低阶特殊线性群、特殊酉群和辛群的第一嘉当不变量的计算,发现了一些规律性的东西,又花了一年多时间,发现并证明了一个关于如何确定每个外尔模的全部不可约合成因子的重要定理。在国际群论会议上,这个结果被称为近几年来代数群模表示论方面的三大成果之一。这个结果也构成叶家琛的博士论文的基本内容。

1982年王建磐通过了博士论文答辩,成为我国国内培养的首批18位博士之一,也是曹先生的第一个博士生。1984年毕业的叶家琛是曹先生的第二个博士生。叶家琛的经历也很坎坷。大学期间遇上"文革",后被分配到三线城市当教师。考取研究生时已经拖家带口,有了很重的家庭负担,生活的艰辛可想而知。我们问他:"博士生的这几年你是如何坚持过来的?"他说:"就是不要想的太多。那时诱惑少,杂念也少。"

奇迹就是这样由平常人用平常心创造的。国内很多同行都说,你们代数群方向选得好,汉弗莱斯请得好。我们还会加一句:这是改革开放好。如果没有改革开放,仍然走老路,哪有今天这一切?

引进人才提携后人,铸造一流科研团队

起步时,代数教研室的科研力量是相当薄弱的。仅在1963年曹先生在第一届五年制的大学生中开设了李代数课程,并在1964年指导当时的大学生邱森写了关于低维复与实可解李代数分类的文章,发表在《华东师范大学学报》上。改革开放后,曹先生决定通过请进来、派出去大力发展研究工作,并通过培养研究生等来铸造世界一流的科研团队。

1978年在曹先生建议下,系领导克服种种障碍引进了沈光宇。他是北京大学段学复院士的开门弟子、国内首批研究生,从事模李代数的研究。分配宁夏工作后因肺结核复发,病退回沪,失业在家。虽身处逆境,但他对学问研究兴趣不减。在文献资料极其匮乏的条件下,发现了新的单模李代数,撰写了多篇论文,均为当时国际领先的研究成果。可是身处"文革"动乱时期,无法发

表。他一进华东师大就为首届研究生开设"李代数及其表示论"课程，同时坚持做科研。对他来说，在改革开放的环境下，获得更大的成就只是时间问题。

为了让中青年教师国外进修，曹先生说："你们的课我顶下来，你们快出快归。"1979年陈志杰，1981年邱森、刘昌堃，先后赴法国和美国进修，并按时学成归国。

王建磐于1981年获硕士学位并留校工作，1982年考取本校在职研究生并于当年获得博士学位。

1984年，肖刚来到华东师大。肖刚之前也是在苏北农村插队的，全靠自学完成了大学数学系的课程，并自荐且经面试后破格录取为中国科大的研究生。后来他的导师曾肯成教授安排他到法国留学，学习代数几何。陈志杰在李型单群讨论会上认识了肖刚，两人在法国见面过几次。因此陈志杰回国后曹先生就建议他争取肖刚到华东师大来工作。陈志杰写信去法国动员肖刚毕业后到华东师大来，并向他介绍了华东师大的学术环境。肖刚在探亲回国时与陈志杰见面，谈起到师大工作的可能性。1984年2月，肖刚获得法国国家博士学位（法国旧学制，相当于我国的博士后），不久就回国，到了北京后他表示愿到华东师大工作，部里当即分配他到华东师大报到。他的博士学位论文对亏格2的纤维化做了系统的研究，获得了一系列分类结果，特别是证明了一个重要猜想以及对不规则的亏格2纤维化进行了完整的分类，被推荐到著名的德国斯普林格出版社《数学讲座》丛书发表。是这套丛书里第一本中国人写的专著。

1985年，时俭益在英国取得博士学位后回到华东师大。他也是高中毕业后到安徽农村插队的，后来到历史系读了培训班，分配在图书馆古籍组工作。工作之余，他自学大学的数学课程，以优秀的成绩考取了数学系研究生，硕士毕业后被派到英国攻读博士。他的研究方向是与国际权威鲁斯蒂格（G. Lusztig）的猜想有关的。他大胆尝试用自己的创新方法攻克了难关，解决了 A_n 型仿射外尔群的胞腔分解问题。在博士论文的基础上增加了三章写成的专著《某些仿射外尔群的卡仕坦-鲁斯蒂格（Kazhdan-Lusztig）胞腔》被推荐到德国斯普林格出版社《数学讲座》丛书发表。

由于选留了优秀研究生、引进优秀人才和送到国外学习的教师陆续归来，代数组逐渐形成一支老中青相结合的科研团队，其科研方向主要有代数群与量子群、代数几何、李代数和型论。几个方向相互渗透，紧密合作，共同培养研究生，组织讨论班，在各自的方向上都有突破。

1985年5月代数教研组合影
前排左起：沈光宇、朱福祖、李汉佩、曹锡华、黄云鹏、陈志杰
后排左起：韩士安、肖刚、时俭益、邱森、邵幼瑜、吴允升、王建磐、张维敏、赵兰

1. 代数群和量子群方向

曹锡华、王建磐的专著《线性代数群表示导论》由科学出版社出版，是国内第一本系统论述代数群表示的专著。

王建磐与美国代数学家帕歇尔（B. Parshall）开展了长达20年的合作，在量子群的结构、表示、上同调等问题上均有重要建树。除了一系列研究论文，1990年他与帕歇尔合著的《量子线性群》由美国数学会出版，这是世界上第一本用坐标代数及其余模的观点研究量子群及其表示理论的专著。2008年，曹锡华的两个博士王建磐、杜杰与帕歇尔以及北京师范大学的邓邦明合著的长达700余页的《有限维代数与量子群》又在美国数学会出版，第一次系统地把有限维代数与量子群两大领域的关键性理论和最新发展进行融合与贯串，汇集于一书。

时俭益回校后，继续研究代表当今代数学研究的重点方向之一的代数群与赫克（Hecke）代数的卡仕坦-鲁斯蒂格表示理论，而他所研究的考克斯特（Coxeter）群的胞腔理论正是该方向的核心。他所引进的仿射外尔群符号型概念已经被国际学术界正式命名为"时排列"，成为当今的研究热点。

2. 代数几何方向

肖刚回国后在代数曲面的多典范映射以及曲面地理学的研究方面都有重要的成果。尤其是用"初等"的方法构造出一批单连通的正指数代数曲面，否定了有些人认为这样的曲面可能不存在的所谓"分水岭猜测"。陈志杰正是在他的工作的基础上构造了一大批例子，基本上解决了一般型曲面的存在性问题。因此肖刚被誉为"最活跃的曲面地理学家"。他把这些成果总结在专著《代数曲面的纤维化》（上海科学技术出版社出版）。后来他又从事曲面自同构群的研究，证明了曲面自同构群的阶有一个与陈数成线性关系的上界，这个结果发表在公认的顶级国际数学专业期刊《数学纪事》（*Annals of Mathematics*）上。

3. 李代数方向

沈光宇关于嘉当型阶化李代数的阶化模的工作被国际权威专家称为开创性工作，其中著名的沈氏混合积最近被国际同行称为沈-拉森（Larson）函子，他的成果发表在《中国科学》上。

邱森引用了沈光宇的结果，借鉴代数群表示中杨森（J. C. Jantzen）的方法（不同于国外所用的方法），独立地完成了嘉当型限制李代数的主不可分解表示的工作，并计算了嘉当阶化李代数的上同调群，成果发表在《代数杂志》（*Journal of Algebra*）等杂志上。

4. 型论方面

朱福祖培养出了好几位优秀硕士生，如秦厚荣和徐飞后来获得杰出青年基金，江迪华到美国深造，在朗兰兹纲领方面取得到很好的成果。他和研究生一起彻底解决了不可分二次型与不可分解二次型的关系问题。年逾八十时，他还在《中国科学》上发表论文。

左起：叶家琛、曹锡华、王建磐、时俭益

代数教研室是一个和谐的团队，大事小事不分你我，大家都会主动去做。由于当时获得国外的先进资料很不容易，因此王建磐、陈志杰等一起把多方收集来的有关代数群表示的珍贵外文文献收集成几册论文集（为了方便读者，王建磐等还将杨森的所有论文从德文译成中文）印出来供全国同行分享。当时复印费用太贵，只能采用扫描油印的方式。不少文章的字体很小，如果扫描机操作不当就会变得模糊不清。这时王建磐便亲自操作以保证精度。印好后，他们用三轮车一车车从印刷厂拉到办公室，包装好后再拉到邮局寄出。从这件小事也能看出他们创业的艰辛。

历经历练，我们的团队已从站起来发展到富起来。我们一代接着一代干，坚持不懈，将来终会强起来。

甘为人梯事业为上，培育新人师德为先

在首届研究生入学时，曹先生说："我们都是铺路石子，要给研究生助把力。"我们这一代有责任并且应该在教书育人方面多做些工作，使得一代更比一代强。

我们选教材、编讲义，着力研究生的课程建设，其中不少课程都接触到目前世界上科研的前沿问题。正式出版的研究生教材有陈志杰的《代数基础》和曹锡华、时俭益的《有限群表示论》，后者获得1995年国家教委第三届高校优秀教材一等奖。还有油印讲义，如陈志杰的《层、概形与层上同调》《代数曲面讲义》，王建磐的《代数几何学基础——簇论》等。

我们探索研究生的培养模式，总结了首届研究生的实践经验：一是加强基础，形成两年打基础、一年写论文的模式。当时我们的研究生看到有的专业的研究生不到两年就把硕士论文写好了，有些着急，曹先生就勉励大家，要沉得住，要打好基础，不要急于求成。事实上，正是因为我们把基础打好了，汉弗莱斯才能在短短两个月里把我们带到世界代数群表示的前沿。二是搞好讨论班，讨论班是一种很好的教学方式。汉弗莱斯讲课后，我们组织研究生整理讲稿，轮流做报告，使大家逐步达到实质性的理解。当时的研究生王建磐、时俭益和叶家琛等就是从中选定研究课题，取得成果的。三是抓好论文方向。学生中蕴含着巨大的创造力，他们会产生种种独特的、人们意想不到的想法，会创造奇迹。在学生选择论文方向时，导师要大胆放手，鼓励学生发力突破创新，并为他们创造条件。

曹锡华的1988届博士生席南华于2009年被评为中科院院士，现任中国科学院数学与系统科学研究院院长。他是以大专学历入学的，当时非常年轻，又很勤奋。他挤时间跟读上一届研究生课程，完成了硕士生课程。在博士阶段，曹先生放手让他跟刚回国的时俭益做胞腔分解，时俭益指导他做当时该方向最新的问题。他与鲁斯蒂格合作解决了该问题，完成了博士论文。2007年席南华获得国家自然科学二等奖。这是又一个成功的范例，充分反映了华东师大培养代数研究生的能力与水平。

在研究生培养工作中，德育相当重要。曹先生说："教师要多接触学生，才能搞好教学。"他身体力行。一次在讨论班上一个研究生讲了半个小时还是不知所云，曹先生不得不中断了他的报告。曹先生后来对他做了不少工作，端正他在学习上不认真的态度。

1986年在重庆参加全国代数会议期间合影
左起：邱森、朱福祖、曹锡华、陈志杰、江迪华

接触学生、了解学生、熟悉学生，用心为学生创造良好的学习环境和研究条件，使得代数方向的研究生成果累累，新人辈出。除了前面提到的王建磐、时俭益、叶家琛、席南华，还有翁林、刘先仿获得钟家庆研究生论文奖，谈胜利、孙笑涛、秦厚荣、陈猛、徐飞、芮和兵先后获得国家杰出青年基金，谈胜利还获得了联合国国际理论物理中心的希策布鲁赫（Hirzebruch）奖（是第二位获得此殊荣的中国学者），2014年入选国家"万人计划"的"百千万工程领军人才"。

鉴于在教学科研、教书育人和团队建设等方面做出的突出成绩，代数研究室于1985年获得了"上海市模范集体"称号。二十世纪的八九十年代，该室的教师获得过许多先进个人称号：曹锡华、邱森获"上海市优秀教育工作者"称号，王建磐获"全国劳动模范"称号，时俭益获"上海市科技精英"称号。肖刚、王建磐先后获得陈省身数学奖；时俭益、王建磐获得求是科学基金会杰出青年学者奖；王建磐获得上海市牡丹科技奖；王建磐、时俭益和肖刚都获得了霍英东教育基金会高校青年教师奖，他们还分别是做出杰出贡献的中国博士、硕士以及优秀归国留学人员。

曹先生人好，气量大。他的形象使我们终生难忘，他的事业心和师德对我们每个人的人生都带来深刻久远的影响。同样，我们也都以曹先生为榜样去影响学生。这种事业为上、师德为先的精神代代相传，使代数教研室和我们事业经久不衰。

深入课程教材改革，造就更多创新人才

数学大师陈省身教授1985年来数学系时题词——"廿一世纪数学大国"。那时我们大家都很清醒，从整体上看，我们和世界先进水平的差距还很大，我们必须继续奋斗，在代数领域里拿出更多开创性工作到国际上去拼搏，在教学中要更好地培养各种层次的人才，培养更多领军型的创新人才，才能实现数学大国梦。曹先生在1960年就重视从大学生抓起，成立二年级学生课外小组，组织矩阵论讨论班，取得了良好效果。1998年起，陈志杰对一年级基地班的代数基础课进行了较为大胆的教学内容改革，把原来三门基础课中的高等代数和解析几何两门课整合成一门课，并编写讲义供试点用。这一试验被列入教育部国家理科基地创建名牌课程项目，教学改革也取得了初步成效。接着，他着手课程教材改革，做了大量调查研究，多次与系内代数与几何方面的专家和有经验的基础课教师探讨改革方案。新教材写成后，他亲自上课进行试验，边试验边修改。高等代数和解析几何两门课程整合是新教材的一个特色，信息技术与数学课程整合又是一个特色。为了体现计算机进课堂的趋势，在教材中加入使用数学软件的内容，他还亲自指导学生实践。吴文俊是国家荣誉称号和国家最高科学技术奖获得者，他开辟了一条几何定理机器证明的代数化途径，形成了中国特色，在国际上被称为"吴方法"。教材中用最浅的方式介绍了"吴方法"的原理，再通过几个实例加以解释，使学生易于接受。让学生多接触这种前沿的工作，了解富有创意的思想，可以他们的拓广视野。活跃思维。陈志杰主编的教材由高教出版社出版，被全国十多所高校采用，取得了较好的声誉。因此他获得了"上海市名师"和"全国模范教师"的称号。

长江后浪推前浪，我们代数教研室正在改革的道路上继续迈出新的步伐，努力为华东师大、为我们的事业再创新的辉煌。

几何教研组的往事点滴

唐瑞芬

20世纪50年代数学系初建时,几何教研组可以说是力量雄厚,人丁兴旺,尤其在1952年院系调整之后,从全国各地高校调来多位教授、副教授,甚至有系主任和更高级别的,再加上各校毕业的青年教师,最盛时期数学系的正副主任孙泽瀛、钱端壮先生都属于几何教研组,系副主任就兼任几何教研组主任。

随后,1953年提前毕业的王慧怡(原圣约翰大学入学),1954年数学系第一届专科毕业的潘曾挺、朱念先、赖助进都留在几何组任教。到了1956年,全国号召"向科学进军",数学系的1956届毕业生共有18人留校任教,几何组就有陈信漪、何福昇、唐瑞芬、周礼聪、王德玉等,几何教研组成员多达十数人。

当时的学制是全面苏化,向苏联学习,每个年级都有几何课,一年级解析几何,二年级初等几何复习与研究,三年级近世几何,四年级几何基础。在此期间,陆续出版了《解析几何与代数》(施孔成编)、《解析几何学》(孙泽瀛编)、《近世几何学》(孙泽瀛编)、《几何基础》(钱端壮编)等,对当时全国高等师范院校的几何课程建设都有相当的影响,也做出了一定的贡献。

1956年时,数学系同时开设数学分析、代数、几何三个研究班,面向全国师范院校招生。在几何研究班里,有孙泽瀛先生开设的射影几何与射影测度、钱端壮先生开设的非欧几何与几何基础等课程。到1958年毕业时,研究生都需写交论文习作,实质上相当于课本上的习题研究,这是数学系唯一的一次几何研究班,可谓硕果仅存,但这批研究生毕业后均分配到全国各地高师院校,担任几何教学研究甚至领导工作,这也是几何教研组的功绩。

在"大跃进"浪潮冲击下,恰逢中国数学会第二次全国代表大会在上海召开,会上有人提出"打倒欧家店"的口号,给了几何教学研究致命一击,几何教研组成员大批调出支援各地兄弟院校,连系主任孙泽瀛先生也调往江西大学,部分成员分别调去其他应用学科,如方程组、力学组、计算数学组,最惨时几何教研组只留下两人应付几何教学工作。

直到60年代,在"调整、巩固、充实、提高"八字方针指导下,学校领导要求提高师资水平,加强科学研究,不受"师范性"的限制,于是以钱端壮先生为首的几何教研组教师纷纷归队,1961届毕业生顾鹤荣、洪渊和1962年五年制毕业生张起云等留校,分配在几何教研组。1962年开始,数学系增设微分几何课程,并安排多位教师去复旦大学进修微分几何;1964年,复旦大学几何专门组毕业生周克希被分配到数学系,可是要先参加两年农村社教,直到"文革"开始才到几何组。在此期间,钱端壮先生从微分方程方向回归几何方向,在他主持下,几何教研组逐渐恢复元气。钱先生带领青年教师洪渊和张起云,以有限几何和射影几何为研究方向,在讨论班里读邦德列雅金写的《连续群》打基础。洪渊还对射影几何中的一些问题进行探讨,撰写了三篇短文,其中一篇巴斯加定理的推广发表在《华东师范大学学报》1964年第2期上。

1965年为强调几何理论联系实践,派顾鹤荣去上海机械学院进修,从而在数学系开设"机械制图"课程,并一直延续至工农兵学员、培训班时期,还编写了教材,由校印刷厂铅印供学生使用,直至"文革"结束。这是几何教研组历史上的一段插曲。

"文革"后,跟随改革开放的脚步,几何教研组逐渐打开眼界,努力提高成员的业务水平,曾邀请美国密歇根州立大学的霍金(Hocking)教授来校做关于拓扑学的讲座,并组织青年教师参加微分几何与微分方程国际会议,参加陈省身教授在中科院数学所和北京大学开设的微分几何讲习班等,并派周克希作为访问学者前往法国,跟随贝尔热(M. Berger)教授做两年的学术研究。周克希回校后曾在《华东师范大学学报》上发表微分几何的论文。教研组的青年教师通过自学与讨论班等形式,相继在数学系开设了微分几何、点集拓扑学等课程。记得在此期间,几何教研组还为上海电视大学开设了解析几何课,编写了《解析几何学》教材,为当年电视大学的恢复运作和继续发展起了一定的推动作用。20世纪80年代,我们编写出版了《解析几何习题集》,为学生们提供参考资料。1981年年底,复旦大学苏步青先生的硕士研究生陈咸平被分配到几何教研组,为几何教研组增添了生力军。

1983年,几何教研组增设微分几何硕士点,钱端壮教授为导师,顾鹤荣为助手,研究方向为积分几何,并聘请武汉钢铁学院任德麟为兼职教授,先后招收4届7名研究生。当时开设的专业课程主要有黎曼几何、微分流形、几何概率和积分几何等。在辅助培养研究生过程中,顾鹤荣在《华东师范大学学报》上发表了积分几何的论文。

1988年中,复旦大学沈纯理教授调入数学系几何组任教,从而开启了整体微分几何的研究。之后又有美国归来的周青博士加入,增加了低维流形拓扑学的研究方向。在这些科研方向上,已有多篇学术论文在国内外杂志上发表,在国际学术会议上宣读,使几何教研组焕发出更多光彩,取得更辉煌的进展!

"数学分析"课程建设纪事[*]

郑英元　毛羽辉

　　数学分析是数学系一门最重要的基础课程,每周6学时(包括讲授4学时、习题课2学时),横跨一、二年级4个学期(后来缩减为3个学期),总共432学时(缩减后为324学时)。它是函数论、微分方程、高等几何、概率统计、计算数学、运筹学与控制理论等诸多数学专业20余门专业课程的不可或缺的基础,故有人把数学分析称为数学系的一门"超级大课"。由此可见,承担此门课程教学任务的教师所负的责任必定是相当巨大的,本文作者在退休前曾有幸多次担任数学分析课程的主讲教师,并参与了教材编写工作的全过程。

　　要想建设好数学分析这门数学课程,除讲授、习题课组织、课后复习指导与答疑、习题布置、考试设计等诸多环节需精心安排外,还必须有一本好的教材相配套。本文后面着重介绍我们数学系50多年来是怎样重视编写数学分析系列教材的。

　　在20世纪50年代之前,数学分析教学长期以来有两种体系:一种是以欧洲大陆,特别是德国数学家为代表的观点,他们追求以严格的数学概念为基础,强调系统的逻辑性,或者说数学分析应该从"$\varepsilon-\delta$"开始学习,其代表作是柯朗的《微积分学》(即朱公谨先生翻译的《柯氏微积分》);另一种是当时流

---

* 初稿完成于2014年5月,2017年5月做了修订。本文经删节后刊于《文脉——华东师范大学学科建设回眸》。这里刊登时有所更新。

行于欧美的从计算与应用入手的体系，其代表作是奥斯古德（Osgood）的《奥氏初等微积分学》和《高等微积分》。

自1952年我国高等院校调整以来，华东师范大学数学系的数学分析课程的大纲和教学均确立了以$\varepsilon-\delta$为起点的教学体系，在我国高等师范系统内一直处于领先地位。它的成功主要由下面几个因素构成：

一、华东师范大学数学系有一支强大的数学分析团队

1952年院系调整，当时国内一批很有实力的教师来到华东师范大学数学系。在分析学方面，主要是从同济大学来的一批教师，他们构成华东师大数学系数学分析团队的最初的主要成员。他们是：

程其襄，1935年赴德国留学，1943年获德国柏林大学数学博士。1946年回国，即被同济大学聘为数学教授，任数学系主任。1951年，兼任理学院代理院长。1952年院系调整时来到华东师大担任数学分析教研室主任。多次亲自讲授数学系一、二年级的数学分析课程。

吴逸民，1952年院系调整时来到华东师大数学系，长期从事数学分析课程教学。1962年调往上海工学院，后来担任上海大学数学教授。

陈昌平，1948年毕业于同济大学数学系。1952年院系调整时来到华东师大数学系，担任教授。在1966年以前，多次担任数学分析课程教学。

此外，讲授数学分析课程的还有来自交通大学的周彭年、林克伦、圣约翰大学的魏宗舒、陈美廉等。

1952—1966年，华东师范大学数学系的数学分析团队继续壮大。这主要是从1953年举办的四届数学分析研究班开始的，研究班不仅为国内高等师范系统培养了大批分析学方面的骨干人才，同时也带动提升了本系分析学方向的青年教师学业水平。特别是一大批由本校数学系培养的学生和从北师大、复旦大学输送来的青年教师陆续加入。他们不断地充实华东师大数学系数学分析团队，形成老中青相结合的强大队伍。其中先后进入数学分析团队的

有：林忠民、郑英元、曹伟杰、张奠宙、许明、陶增乐、茆诗松、李惠玲、毛羽辉、徐钧涛、杨庆中、华煜铣、胡启迪、宋国栋、吴良森等。他们在1977年后都取得教授或者副教授职称。20世纪90年代以后，他们陆续退休。但是从1982年开始，这支团队补充了许多拥有硕士或博士学位的新鲜血液，现在他们均晋升为教授或者副教授。

数学系的数学分析教研室在1958年以后逐步解体，先后孵化出函数论教研室、微分方程教研室、概率论教研室、计算数学教研室、控制论教研室和运筹学教研室。虽然数学分析团队成员分布在不同的教研室中，但依旧承担着数学分析课程的教学，并彼此保持着紧密的联系和优良的传统。

二、负责制定数学分析教学大纲

1954年教育部委托数学系程其襄教授起草高等师范院校数学系用的数学分析教学大纲。1955年暑期，教育部在华东师范大学召开全国高等师范院校教育大纲讨论会，数学分析教学大纲获得通过。1956年，此大纲由人民教育出版社正式出版发行，从而奠定了中国高等师范系统数学分析教学的基本体系。

1980年5月，教育部在上海召开高等学校理科数学、力学、天文学教材编审委员会扩大会议。会前教育部委托华东师范大学草拟高等师范院校数学分析教学大纲，交由大会审定。郑英元受命在1956年大纲的基础上，根据当时的要求草拟了供高等师范院校使用的数学分析教学大纲供大会讨论修改。经与会代表讨论修改以及编委会审定后，这份大纲于1980年8月由人民教育出版社出版。

1980年版《数学分析教学大纲》

三、编写《数学分析》教材

1. 华东师范大学数学系编《数学分析》(第一版)

华东师范大学数学系从1953年开始举办以程其襄教授为主要导师的数学分析研究班。程先生在研究班的经典课程是"分析选论",他在课程中特别强调基本理论的严格性和系统的逻辑性。正是这些概念确立了华东师范大学数学分析教材的基本理念。

虽然我们曾多年采用苏联教材,但一直力图编写符合中国国情的教材。如在1960年前后,编写"一条龙"教材,1965—1966年程其襄、林克伦、华煜铣等参加编写《数学分析简明教程》,等等。由于种种原因,这些教材都未能成功出版。

"文化大革命"结束后的1977年,教育部在上海宝山召开高等学校理科教材大纲讨论会,华东师范大学在分析方向参加这次会议的有程其襄、李锐夫、张奠宙等。在这次会议上,确定四个学校编写数学分析教材,华东师大负责编写高等师范院校统一使用的数学分析教材,其他三个都是综合性大学(复旦大学、武汉大学、吉林大学)。

1978年5月,数学系正式启动编写工作。第一项任务是系领导委派郑英元和徐钧涛去武汉,参加武汉大学编写的数学分析教材审稿会。华东师大和四川大学是主审单位。同时组织数学系成立了数学分析教材编写组,程其襄教授担任主编,参加初稿各章编写的有:陈昌平、陈美廉、郑英元、徐钧涛、曹伟杰、杨庆中、黄丽萍、宋国栋等。初稿写出后,经程其襄、周彭年、郑英元修改定稿,由郑英元执笔整理。黄丽萍参加了《数学分析》下册部分初稿整理工作。本书审稿会于1978年10月在上海建国饭店举行,由北京师范大学和武汉大学担任主审。

华东师范大学数学系编《数学分析》上册第一版(初稿)又根据1980年8月公布的大纲做了修订,并于1980年9月由人民教育出版社正式出版发行。《数学分析》下册第一版则于1981年6月由人民教育出版社出版发行。

华东师范大学数学系编写的教材《数学分析》第一版

由于我们编写的《数学分析》在取材、体系、可读性诸方面比较切合我国教学实际，使用范围几乎遍及全国各高等师范院校（含各地的师范专科学校和教育学院），某些高等院校的力学专业或计算机专业也采用《数学分析》作为教材。1980年到1990年，出版社几乎每年都重印2万册左右。1987年国家教委第一次对全国高等院校出版的教材进行评选，本书荣获最高等级的"全国优秀奖"（全国高等学校数学专业教材中获此殊荣的仅10本。除了《数学分析》，华东师大获得此项殊荣的还有冯契先生的哲学教材）。

配合《数学分析》教材的使用，郑英元于1982年为华东师大分析进修班教师开设"数学分析教材选讲"（一学年）。1988年，毛羽辉、宋国栋为助教进

数学系主任曹锡华（第二排右二）与《数学分析》第一版编写组成员合影（周彭年先生因事缺席）

修班教师开设《数学分析教学研究》讲座。我们也走出去赴各地讲学。如1983年郑英元受广东省教育厅邀请在肇庆为广东省师专和教育学院教师讲课，胡启迪和毛羽辉应邀在承德为河北师专教师暑期讲习班讲课，郑英元和杨庆中应全国师专数学教学研究会邀请在江苏盐城为与会师专数学分析教师讲课。这些讲课主要介绍我们编写的《数学分析》教材的使用要点，讲解难点。听课者普遍反映良好。此外，我们还多次受邀参加《数学分析》教材与教学的研讨会，介绍我们的观点和教材，并做专题报告。

2. 华东师范大学数学系编《数学分析》（第二版）

经过几年的使用，加之数学专业课程改革的需要，我们认为对第一版《数学分析》中的某些内容做出适当增删和调整是必要的。这一想法得到高等教育出版社的支持。

《数学分析（第二版）》编写组在讨论（左起：宋国栋、程其襄、郑英元、毛羽辉）

根据编写第一版教材的情况，在数学系领导支持下，组织了更为精干的编写组开始编写第二版《数学分析》，编写组由程其襄（主编）、郑英元（负责全书统一整理工作）、毛羽辉、宋国栋等四人组成。在第二版中，我们增加了一些前瞻性的内容，删去了一些相对次要的内容，以保持教材总体份量上的平衡。其中部分内容，程其襄先生亲自撰写。此外，还增加了一些用小字编排的内容（包括附录中由张奠宙编写的《微积分简史》），供有余力的师生选

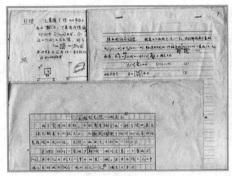

程其襄先生手稿(部分)　　　　　　　　《数学分析(第二版)》

择使用。华东师范大学数学系编《数学分析(第二版)》上册于1987年12月完成初稿,提交审稿,1990年2月完成修改稿,1990年3月正式出版发行。下册于1988年6月完成初稿,1990年6月完成修改稿,1991年10月正式出版发行。

3. 编写高等师范专科学校《数学分析》教材

我们在编写第二版《数学分析》的同时。应高等教育出版社的要求,根据国家教育委员会师范司1988年审定的二年制高等师范专科学校《数学分析教学大纲》,郑英元、毛羽辉、宋国栋又合作

《数学分析》师专版教材

编写了适应高等师范专科学校使用的《数学分析》(上下册)教材。该书是在华东师大数学系编《数学分析(第二版)》的基础上修改而成的。程其襄教授始终关心本书的编写工作。该书由高等教育出版社于1990年8月出版发行。

4. 华东师范大学数学系编《数学分析(第三版)》

在《数学分析(第二版)》出版发行十年后,应高等教育出版社提议,我们重新组织编写第三版《数学分析》,该书被列入高等教育出版社"面向21世纪

课程教材/普通高等教育'九五'国家教委重点教材"的出版计划。

第三版的编写组由吴良森(主编)、毛羽辉、宋国栋、魏国强、庞学诚、胡善文等六人组成。在继承第二版总体结构和编写风格的基础上,在现行《数学分析教学大纲》的范围内对一些内容进行适当调整和增删;同时考虑到近代数学分析教材发展潮流,适度地反映这方面的进展情况,以适应对21世纪新教材的要求。

程其襄、陈昌平、张奠宙阅读了第二十三章主要内容的初稿(流形上微积分学初阶),并提出了宝贵的意见。郑英元对第三版的修订更是提出了许多积极的建议。

华东师范大学数学系编《数学分析(第三版)》(上下册)于2001年6月正式出版发行。

《数学分析(第三版)》和主编吴良森教授

5. 华东师范大学数学系编《数学分析(第四版)》

时光又过去了十年,华东师范大学数学系编《数学分析(第四版)》(上下册)于2010年7月由高等教育出版社出版发行,此版的编写组成员是:庞学诚(主编)、柴俊、胡善文、吴畏、毛羽辉。

相对于第三版,本版修改内容主要有:针对以往极限理论的内容过于集中、滞后的问题,这次通过提前给出"致密性定理",使得闭区间上连续函数的全部性质能在第四章证明完毕；针对目前很多大学不再单独开设数学分析习题课的现状，本次改版适当增加了稍有难度的例题，以期对学生解题能力的培养有所帮助；根据对第三版的使用反响，本版对"选读"和"必读"的内容做了适当调整。

《数学分析（第四版）》

6. 华东师范大学数学科学学院编《数学分析（第五版）》

2019年5月，华东师范大学数学科学学院编《数学分析（第五版）》（上下册）由高等教育出版社出版发行。此版的编写组成员是：庞学诚（主编）、柴俊、吴畏、戴浩晖。

综上所述，从1980年《数学分析》（第一版）出版开始，每隔十年都根据当时的教学需要进行修订再版。至今已连续出了五版，第四版和第五版均由庞学诚教授主编。这本教材引领了我国高师系统数学分析教学近40年。

《数学分析》第四、第五版主编庞学诚教授在讲授数学分析课程

四、编写数学分析辅助教材

我们在编写《数学分析》第一版至第四版的同时，还编写了以下一系列的辅助教材。

为配合数学分析课程教学，郑英元、毛羽辉、宋国栋合作编写《数学分析习题课教程》（上下册）。该书由高等教育出版社于1991年8月出版发行。当时，国内习题课方面的书不多见，我们的初衷是给担任此项教学任务的青年教师提供素材，以保证习题课的教学质量。时至今日，尚有一些学校的数学分析精品课程规划把本书列入主要书目。

1991年版《数学分析习题课教程》

2004年版《数学分析学习指导书》

为配合《数学分析（第三版）》的课程教学，吴良森、毛羽辉、韩士安、吴畏合作编写了《数学分析学习指导书》（上下册）。该书由高等教育出版社于2004年8月出版发行。本书每节内容包括内容提要、释疑解惑、范例解析、习题选解四部分，对每章末的总练习题给出提示或解答，在各章后增设测试题（A、B双卷），书末附有测试题的提示或解答。本书因与《数学分析（第三版）》教材紧密配合，深受学生和授课教师的欢迎。

吴良森、毛羽辉、宋国

栋、魏木生合作编写了《数学分析习题精解》。该书由科学出版社于2002年2月和2003年9月分别出版发行了"单变量部分"和"多变量部分"两个分册。本书主要是通过典型例题来陈述数学分析中的典型解题方法和技巧。入选题目以中等难度为主；例题和习题中还选入了一部分理工科大学、师范院校的研究生入学试题，以期对准备报考数学专业硕士研究生的读者有所助益。

为配合《数学分析(第四版)》的课程教学，毛羽

2002年版《数学分析习题精解》

2011年版《数学分析(第四版)学习指导书》

辉、韩士安、吴畏合作编写了《数学分析(第四版)学习指导书》，其上册与下册由高等教育出版社于2011年6月与2012年1月分别出版发行。此书的章节结构与2004年版的《数学分析学习指导书》基本相同。其特点是，书中的例题和习题的解题过程更趋完整，以利于学生正确认知；书中习题给出解答的数量比2004年版更多一些（与其被别人盗版出"习题全解"，不如我们自己主动出手，也能保证题解的正确性）。

这段时期内另外一项任务是数学分析网络课程的建设。

毛羽辉在20世纪末为数学系写过一本函授"专升本"教材《数学分析选论》，2003年9月由科学出版社正式出版发行。

同一时期，华东师范大学网络学院成立，其中数学专业需要建设的第一

网络课程建设成果　　　　由张奠宙、宋国栋等翻译的《数学分析中的问题和定理》

门"专升本"网络课程就是数学分析。毛羽辉接受了数学系的委托,进行此课程的建设。《数学分析选论》便作为现成的文字教材,择要地制作成链接式的阅读网页,作为学生的自学教材;此外,还在多处配有声指导和完整的视屏讲授。此项课程建设完成后,通过专家评审,获得合格证书。

这里还要指出,由张奠宙、宋国栋等翻译,李锐夫、程其襄等校阅的G. 波利亚和G. 舍贵的名著《数学分析中的问题和定理》(第一卷于1981年出版,第二卷于1985年出版)均由上海科学技术出版社出版,是提高数学分析理论修养的重要著作。

五、获奖展台

第一版《数学分析》荣获全国优秀奖。

1989年,在上海市普通高等学校优秀教学成果评审中,郑英元、毛羽辉、宋国栋申报的"数学分析教学与研究"被评为上海市1989年优秀教学成果特等奖。由于历史原因,1989年未能相继举办全国高等学校优秀教学成果的评奖活动。

鉴于在编写数学分析基础教材和配套读物上的有效业绩,上海市教育委员会于2004年9月授予吴良森、毛羽辉2003年度上海市优秀教材评审一等奖。

2005年11月，我们的参评项目"《数学分析》系列教材编著和网络课程建设"荣获上海市教学成果奖二等奖。

2008年，数学分析系列课程的教学团队被评为"上海市高等学校市级教学团队"。

2013年，华东师大数学系的教学研究课题"数学分析课程建设"获上海市教学成果一等奖。

60多年来，跨越两个世纪，我们有幸参与了数学分析课程的各项建设，包括各个教学环节、《数学分析》第一版至第五版的编写全过程，值得留作纪念。数学系老少三代学人相继投身于这项浩繁的编写工程，有幸不辱使命，《数学分析》教材每年发行数万册，在全国众多高校中有着良好的声誉和较高的采用率。在收获成果的同时，我们理应衷心感谢数学系历届领导的关心、本系同事和外校同行的支持，还有出版社有关部门的悉心策划和有效组织。

砥砺前行　春华秋实

——记复变函数论研究队伍的成长和发展

嵇善瑜　庞学诚　汝敏

果断决策，谋篇布局

谈到华东师范大学复变函数组的历史，须从李锐夫和程其襄两位创始人讲起。

华东师范大学是在1951年10月16日正式成立的。数学系也随之诞生。1952年秋，全国实行院系大调整。浙江大学、交通大学、同济大学等改制为工科大学，停办理科。圣约翰大学被撤销，部分系科并入华东师范大学。于是，师资紧缺的数学系得到许多著名教授的支援，其中包括时任复旦大学副教务长李锐夫教授和同济大学理学院代理院长数学系主任程其襄教授。后来函数论组分为复变函数与泛函分析两组，程其襄研究泛函，复变函数组由李锐夫负责。

李锐夫，1903年10月7日出生于浙江平阳。1946年被派往英国剑桥大学深造，师从英国著名数学家李特尔伍德（John

程其襄（左）和李锐夫（右）在李先生八十寿辰的座谈会上

Edenson Littlewood）研究复变函数论，专攻整函数。程其襄，1910年1月3日出生于四川万县，1943年获德国柏林大学数学博士学位，师从比伯巴赫和施密特，1946年回到中国。专于函数论、泛函分析及数理逻辑。1950年，国家制定《1956—1967年科学技术发展远景规划》，其中一个项目是"整函数与亚纯函数"，由李锐夫程其襄负责。其后在20世纪60年代，曹伟杰、史树中、宋国栋和戴崇基先后加盟，从事复变函数的研究。正当李锐夫踌躇满志准备带领这批年轻教师开创复变函数研究的时候，"文革"爆发，所有的数学研究的脚步不得不停下来。

1976年粉碎"四人帮"，全民振奋。1977年，中国迎来了科技的春天。百废待兴，百业待举。忽如一夜春风来，陈景润、杨乐、张广厚的卓越的研究成果，鼓舞了国内的数学界。华东师大也不例外，大家立志要赶超世界水平。当时数学系举行了"文革"后首次学术报告会，由程其襄对杨乐、张广厚的成果做了简单介绍。

青年教师们摩拳擦掌准备把失去的时间补回来，新的本科生和研究生也即将入学，摆在李锐夫面前的思考和挑战，是如何来培养这批具有天赋的年轻人。为此，李锐夫与曹伟杰、宋国栋和戴崇基频频讨论复函组的科研方向。在那关键的时刻，依据李先生对整函数理论的深刻了解，基于杨乐、张广厚在值分布理论的开拓性突破，李锐夫同宋国栋和戴崇基一起汇综信息，分析大势，不失时机地为复函组的科研果断决策谋篇布局：决定延续李先生在20世纪50年代《1956—1967年科学技术发展远景规划》所提出的整函数与亚纯函数研究，即复函组的研究主攻方向为值分布理论。当时有种看法，就是科研方向要新，要研究国际热点。但是李锐夫认为方向的新旧都是相对的，判别标准也是相对的，旧的课题若有突破又可以成为新的热点。况且值分布理论在国际和国内包括华东师大数学系都有深厚的基础和相对优势，我们可以充分利用，不必"舍近求远"地去凑热闹。后来的事实证明，李锐夫、宋国栋和戴崇基选择值分布理论研究是很有眼光的。复变函数被称为"数学的天堂"，在复数域当中所得到的结果都是相当的漂亮，而值分布理论更是复变函数中的皇冠。值分布理论在1929年

左起：杨乐、李锐夫、宋国栋、张庆德

由奈旺林纳（Nevanlinna）创立，已经有很长的历史。但是几十年来国际上对这门学科的研究却是经久不衰。20世纪60年代陈省身把微分几何、70年代格里菲思（Griffiths）把代数几何引进到值分布的研究中，80年代后期人们发现值分布理论与数论中的丢番图逼近有惊人的联系，值分布理论的研究在国际上兴起了一个又一个高潮。后来复函组出了大批人才以及他们在相关研究领域成功的事实，也证明了这一决策的正确。科研组的研究方向与课题的选择得到了杨乐先生的指导和帮助，李先生还专门邀请杨乐先生作为学校的兼职教授。

方向确定后，李锐夫先生马上带领大家补这方面的基础知识，掌握最新进展和动态，边研读论文边思考问题。在李锐夫先生的鞭策下，戴崇基很快得到了第一个结果。经李锐夫和程其襄审阅，由李锐夫推荐发表在《华东师范大学学报》1979年第1期。这也是"文革"后系里所有教师发表的首批论文。结果虽然略初浅，但是走出了可贵的第一步。当时李锐夫已74岁高龄，职务公务甚忙。宋国栋即将出国进修，需要把精力放在学习英文上面。曹伟杰的研究方向是共形映照。因

李锐夫（左）和戴崇基（右）

而辅助李锐夫带领复分析团队主攻值分布理论的任务和具体事务,自然全部落在戴崇基身上。戴老师义不容辞,责无旁贷,毅然挑起了重担。用戴老师自己话说,他"是被李先生赶鸭子上架",帮助李先生对科研组做了些具体的工作。对科研组开展的一切活动,戴崇基每周至少两次向李先生汇报,聆听先生的指导。

千里之行,始于足下

1977年,"文革"后首批大学生进校,系里选拔了包括嵇善瑜在内的6位重点培养学生。此事当时被《解放日报》做过报道。6人中,李先生特别喜欢嵇善瑜。戴老师把他动员到复函组讨论班,与组内的老师边补基础边考虑研究问题。1978年,系里招收的第一批研究生入校,李锐夫招收了两个优秀的硕士研究生张庆德和黄珏。

据嵇善瑜回忆,当时系里为此开设的复变函数续论选讲的课。教材采用的是梯其玛西的名著《函数论》。第一节课由李锐夫亲自讲。当时李锐夫穿着西装戴着领带精神抖擞地走上讲台,通篇用英文演讲和书写,包括回顾"文革"的开场白。虽然学生们不一定全听懂,但大家倍受鼓舞。李锐夫讲了几次以后,由戴崇基接下了这个班。此外,也开始了学术讨论班,在戴老师带领下,大家一边读书,轮流做读书报告,一边进行研究,寻找研究题目,探讨研究办法。最开始读的是杨乐、张广厚关于亚纯函数奇异方向分布的重要结果的文章。讨论班经常的情况是,谁有心得,谁做报告。于是小结果不断涌现。他们的努力开始结出果子。戴崇基在《华东师范大学学报》上发表了首篇文章后,嵇善瑜在本科学习期间就在《华东师范大学学报》上发表了4篇学术论文,其中两篇是与戴崇基合作完成的。这是"文革"后系里第一次大学生在专业杂志上发表文章,并且是4篇之多。这在1977级学生中乃至整个数学系引起了巨大的反响,也对这个团队的今后发展给出了一个非常积极的信号。1980年,张庆德和黄珏在进校后短短两年时间内解决了沙阿(S. M. Shah)在1972年提出的一个猜想(《数学纪事》,1972)。他们的工作在国内外引起了很大的震动。当时的《解放日报》为此做了长篇的报道。杨乐先生专门过来参加他们的论文答辩,并且评价说,他们的结果已经达到国外博士论文的水平。需要提及的是,当时国内的首批博士一个都没有产生。短短三年,李锐夫和戴崇基的团队已经结出了初熟的果实,印证了李锐夫教学科研策略的正确和有效。只有不断地出一般结果,然后才有可能获得好结果。只有边读书边考虑问题,才能真正掌握理解知识,活用知识。当时我们复函组的条件极差,没有钱请国内外的著名学者来讲学或者帮助指导学生。大家都是自力更生,一步一个脚印地前行。

戴崇基在带领上述成员的同时,还积极发展1977级的其他学生,组织他们的讨论班。他们读的是李锐夫先生编的《复变函数续论讲义》和梯其玛西著的《函数论》,由学生自己做报告。通过这种方式他们不仅能学到丰富的数学知识,还可以了解科研的内容和方法,对他们今后的教学活动来说是一个很好的实践活动。很多同学从中受益,庞学诚也是由此开始从事复分析研究的。据戴先生回忆,"我在复函大考中发现了庞,我动员他来复分析课外提高组。在一次读书报告中,他给出了一个定理的新的证法。这种不死读书,有创新意识和能力,弥足珍贵。后来让他参加研究生讨论班,他不仅胜任,而且能做出成果。故毕业时极力向李锐夫推荐,争取让他留校并进入我们组。很快他以在职研究生获硕士学位。其后,更由于他具有很强的创新意识,不经其他名师指导,完全靠自己的努力,取得了极好成果,成为我们组目前的学科带头人"。

1982年春季,"文革"后第一届本科生毕业。在李锐夫先生的关心下,华东师大函数论教研室增添了两股新鲜血液:1977级学生嵇善瑜和庞学诚留校做助教。需要提及的是,李先生本想把张庆德和黄珏两位杰出的硕士毕业生也留下,但因为历史的原因没能成功。这对华东师大来说是一个巨大的损失,为此李先生非常惋惜和遗憾。此时,宋国栋被派往美国康奈尔(Cornell)大学访问富克斯(Fuchs)教授,专门从事亚纯函数分解的研究。

1983年春节,函数论教研室成员看望程其襄教授
前排左起:张奠宙、程其襄、曹伟杰、徐小伯
后排左起:宋国栋、黄旦润、庞学诚、王宗尧、吴良森、胡善文、戴崇基、魏国强、俞鑫泰、嵇善瑜

广揽人才,激活潜能

李锐夫对于做研究有着坚定和清晰的理念:培养新人,鼓励创新,最要紧的是发掘学生的潜能,以小结果为基础瞄准大目标。这些理念,被事实证明是极为正确的,在复函组的发展中,贯穿了始终。在李锐夫理念的指引之下,戴崇基统筹兼顾,妥善安排,犹如一位总教练,带领整个团队披荆斩棘,砥砺前行。

1982年秋季,复变函数组一下子招收了金路、朱经浩、叶亚盛、林群4位研究生。从理论上讲,这是培养研究生的正式开启,因为张庆德、黄珏都是"文革"前的学生。再加上当时是大学本科三年级的学生汝敏,以及来自徐州师范学院进修的李庆忠,至此团队已经很有规模。具体工作由戴崇基负责。大家同心协力,努力探讨。在此期间,他们主要阅读海曼(Hayman)的经典著作《亚纯函数》。嵇善瑜为研究生开设关于黎曼-罗赫(Riemann-Roch)定理的紧黎曼面的课程,把他当时仅有的关于现代数学的知识尽快全部传给他们。

科研组的人员大大扩充了,如何找新的问题,使科研朝纵深发展?李锐夫和戴崇基的理念是让学生们尽快开始着手从事亚纯函数的一些基本研究，进行"边研究边读书"这样的一个程序，从而培养他们发现问题、解决问题的能力。在与李锐夫和杨乐探讨商量后，戴崇基制定了科研组的研究方向：博雷尔（Borel）方向、公共博雷尔方向、满亏量、小（亏）函数和逆问题等。特别是在小（亏）函数（moving target）的方向，在戴崇基这样的思想指导下，研究小组取得了很多与小函数有关的成果，比如朱经浩在小函数亏量关系上的研究，林群在沙阿猜想的小函数的情况创造性的突破，金路对奈旺林纳猜想在亏函数的情形的研究，叶亚盛与李庆忠在奈旺林纳亏函数总值的研究，以及庞学诚与汝敏关于杨张不等式的小函数形式的研究。难能可贵的是，大家一有想法或者结果，马上在讨论班上交流报告，全体一起探讨。当时大家团结一致，讨论班搞得很有生机。需要提及的是，戴崇基的小函数的引导影响了很多人一生的研究方向。汝敏后来在圣母大学的博士论文正是解决了他的导师斯托尔（Stoll）关于全纯曲线小函数的一个猜想。在1997年汝敏与美国著名数学家沃依塔（Paul Vojta）合作在顶尖杂志《数学新进展》（*Inventions Mathematicae*）上发表的文章也是关于丢番图逼近中的小函数的问题研究。由此可以看出戴崇基在数学上的远见与智慧。

随后在1984年，李锐夫先生和戴崇基联合招收李宝勤、廖良文、叶专、钟昌勇、马米佳、程九逸攻读硕士学位，1986年招收王跃飞、王书培攻读硕士学位，1987年招收伍胜健、钟华梁、黄存智攻读硕士学位，进一步增强了团队的研究力。宋国栋进修回国以后，主攻函数分解，开拓了科研组的研究方向。廖良文和钟昌永就是宋老师主招的研究生，他们后来也参加值分布讨论班，在这一方面获得了很多成果。

对于每一个方向，戴老师必定提出一批问题，同时也鼓励大家查资料提问题，使得大家集中精力，互相交流，切磋启发，气氛活跃。成果多了，信心也增强了。戴崇基形容自己好像在找矿源，找到好矿、富矿和优质矿源以后，大家共同协力一起挖矿。挖完以后矿源弱了，大家再一起去找新矿。只有去挖矿，才能挖出宝来。在这样一个过程中，研究生们不仅培养了研究能力，而且善于发现新的更适合于自己的方向。好比老师带他们去找的也许是煤矿，但后来可能找到优质的金矿和银矿。比如，庞学诚就自己找到了主攻正规族理论，在顶级杂志《中国科学》上连续发表两篇论文，取得了极高的成绩，也标志着我们科研组的研究水准达到了国内的高水平。

戴老师为人随和，与人为善，特别是对学生，平易近人，没有架子，亦师亦友，在团队的建设中发挥了积极的正面的作用。戴老师不但培养研究生从事科研寻找课题的能力，也注重培养研究生一丝不苟、认真的态度。大家做好的结果，必须先在讨论班上对大家做报告，由大家检验和讨论，然后由戴崇基亲自把关，仔细阅读，审阅修改，后由李先生把关。一些重要的结果，还要经杨乐先生再次审阅，随后再去投稿。当时杨先生对这些结果给予很高的评价。每当收到杨先生的评价，这些研究生都受到极大的鼓舞。

左起：廖良文、程九逸、李宝勤、戴崇基、马米佳、钟昌勇、叶专

硕果累累，闻名全国

我们组所做的工作逐渐在全国产生影响。华东师大的团队在值分布理论研究中开始崭露头角，脱颖而出，欣欣向荣。无论是研究的广度深度，还是发

表论文的数量,都在全国处于领先。

在华东师大复变函数组在全国的影响日益扩大的同时,戴崇基并没有忘记与其他院校展开交流合作和有所贡献。1977年后的十几年间,我们招收培训了很多短期或者长期的其他高校教师,带领指导他们进行科学研究。1978年在成都讨论钟玉泉的复变函数教材,戴崇基老师受李锐夫先生的委托参与讨论,并给出建设性的意见。1980年前后,由云南大学组织,我们在昆明举办了为期三周的教师研讨班,戴崇基老师和曹伟杰老师分别主讲复函续论和共形映照。1987年,在清华大学讨论全国复分析教材改革,决定由余家荣和路见可编写教材。1988年,在郑州大学召开余路所编写复分析教材大纲的讨论,由于余先生临时有事不能参加,戴崇基代表余先生主持了大纲的讨论。其后我们分别与天津师专、金华师专、南京教育学院、湖南师范学院零陵分院组织每次为期两周的研讨班,主要讲授复函续论、值分布论、值分布研究、值分布研究小课题。通过以上五期学习,不少高校复分析教师提高了专业知识,了解并掌握了值分布的研究内容,并初步了解科研方法。通过这几次的培训以及他们的自身努力,他们中很多人成为教学和科研骨干,也有不少老师成为院系的领导。团队成员正积极参加全国复分析会议与其他国内国际会议,交流经验,扩大影响。20世纪90年代初,基于数学系在值分布理论研究中地位,专门在数学系召开了全国值分布理论学术会。另外,由李锐夫、宋国栋、戴崇基编著的《复变函数续论》在全国复分析领域中继续有着广泛的影响力。为了提高团队的研究水平,复变函数组多次邀请全国复分析专家杨乐、顾永兴、吕以辇、何玉赞等前来访问,给我们做报告、讲课,使我们的研究水平上了一个新台阶。

抚今追昔,我们科研组在极端困难的条件下,短短几年内就取得了一系列有些成果达到国际先进水平,李锐夫的教学科学理念起了极大的作用。

其一,对学生的培养必须充分发挥学生的潜力。在科研组内,一切以能者为师,大家充分发挥特长,做到教学相长。

其二,书要活读,要带着问题学,要结合科研读。一边读书,一边思考问题。

其三，读书不是研究生学习的主要目的，培养研究能力才是。

其四，在学生中特别要发现有创新意识的学生，这在科学研究中是最难能可贵的。比如戴老师在复函续论讨论班里发现了庞学诚，他能用新的方法证明书中的定理。类似的还有汝敏，他也是在大学三年级的时候参加了科研组的讨论班，脱颖而出。

其五，在以上过程中培养的学生，有特强的能力。李先生一直说，评价一位科学家，不取决于他看了多少书，而是取决于他做了多少创新和有价值的工作。这里仅举数例。李宝勤去国外在马里兰大学读博士，导师一看他在硕士期间的工作就说你可以毕业了。嵇善瑜本科毕业后出国读博士，第一年考过了三门资格考试和法语、德语，三个月后就写了一篇论文，导师对他说："你可以毕业了。"庞学诚留在本校，靠一己之力，得到了正规族漂亮的判则，完成高质量论文，连续发表于中国顶级杂志上。汝敏1986年出国读博，不久就在毕业论文里面解决了导师也未能解决的一个难题。

1985年在南京教育学院办班期间合影
第一排：苏桂萍（左一）、张丽梅（右一，曲阜师大）。第二排：戴崇基（左五）、叶专（右一）、黄珏（右二）。第三排：庞学诚（右四）。第四排：伍胜健（左一）、叶亚盛（左二）、李庆忠（左三）、程九逸（左四）、李宝勤（右六）

1990年在数学系召开的全国值分布理论学术会议期间合影
前排左二起：宋国栋、戴崇基、何育赞、顾永兴、余家荣、庄圻泰、吕以辇、周正中
第二排：钟华梁（左一）、叶亚盛（左二）、庞学诚（左四）、王书培（左五）、王跃飞（左六）
第三排：钟昌勇（右四）、廖良文（右五）
第四排：黄珏（右二）、李庆忠（右三）

群星灿烂，跨入一流

　　春花秋实，李锐夫和戴崇基的理念和精心培养，迎来了桃李遍天下。或者出国深造，或者留在国内，大部分同学毕业后没有离开与复分析有关的研究和教学工作，并且多有出色成果。

　　由于李锐夫和戴崇基对学生的训练和培育，我们组出来的成员在寻找研究课题上有很强的功底和能力，都掌握了数学研究和写文章的方法，能轻松地写文章，能成功地完成有质量有数量的科研论文。团队中大概有一半人后来出国深造，在美国高校找到了很好的工作，其中一个重要原因是他们学会了怎么写文章。我们的复变函数组成了一大批国内国外复分析数学家的摇篮。留在国内的也在中国科学院、北京大学、复旦大学、南京大学、中国人民大学等著名高校工作，取得了可喜成就。还有不少活跃在公司担任要职的"戴门"学子。值得一提的是，杨乐教授现在培养的几个博士中出自我们团队的占了好几个,其中包括伍胜健、王跃飞。

通过李锐夫和戴崇基的熏陶指导和卓有成效的科研训练,从华东师大复变函数团队中走出来一大批出色的人才:在数学教学方面,取得了一流的成绩和荣誉;在数学管理方面,展示了一流的领导艺术和才能;在数学研究方面,做出了一流的数学成果。以下,我们从教学、领导和科研三个方面选择一部分复函组团队成员的成果略做介绍。

1. 数学教学方面

庞学诚在华东师大获得上海高校名师奖,多次获得杰出教学贡献奖,优秀教学奖。

金路在复旦大学获得上海高校教学名师奖,国家级和市级教学成果奖。

2. 数学领导方面

李宝勤和叶专都担任过美国大学数学系主任职务。

李庆忠曾担任首都师范大学研究生院院长和数学学院院长。在任期间,把首都师大数学系带到全国前列。现任北京数学教育研究中心执行主任。

王跃飞曾任中国科学院数学与系统研究院执行院长,中国数学会副理事长。荣获2001年国家杰出青年基金,2004年"新世纪百千万人才工程"国家级人选,入选2006年"中国科学院百人计划"。

3. 数学研究方面

张庆德与黄珏合作发表关于一类整函数的文章,与杨乐合作发表一系列关于亚纯函数和奇异方向的文章,与庞学诚合作发表关于亚纯函数的文章,以及一系列关于亚纯函数亏量和值分布的文章。张庆德是国内值分布论领域非常有深度的知名专家。

嵇善瑜1985年赴美国霍普斯金大学留学,师从希夫曼教授(陈省身先生的学生),现为美国休士顿大学教授,发表于《数学纪事》的主要成果有:与陈省身教授合作的关于高维推广黎曼映照定理的文章,与希夫曼教授合作的关于莫叶松(Moishezon)流形判别准则的文章,与柯尔拉(Kollar)和希夫曼教授合作的关于代数几何里罗亚谢威希(Lojasjiewicz)整体不等式的文章,和与黄孝军教授合作的一系列关于不同维数的复球面之间的全纯映射的文章。

作为接班人的庞学诚虽然没有出国深造,但靠着自学以及执着追求的精神,成为国内复分析的顶级专家。他在正规族的研究上开创了独特的方法,大大地推动了这方面的发展。以庞学诚命名的扎尔兹曼(Zalcman)-庞引理闻名于正规族研究领域。以前正规族猜想都是一个一个艰难地解决,庞学诚通过他研究的方法,一下子把海曼关于正规族的一堆猜想全部解决。杨乐先生评价他是"科研能力极强的一位"。

汝敏1986年赴美国圣母大学留学,师从斯托尔教授,现为休斯顿大学教授。在《数学纪事》上发表关于代数簇里的全纯曲线的文章,与沃依塔合作在《数学新进展》上发表关于丢番图逼近中小函数的文章,与王必敏(P. M. Wong)合作在《数学新进展》上发表一类开射影空间中的整点的文章和关于从极小曲面到欧式空间的高斯映射的文章,与奥斯曼(Osserman)合作的关于极小曲面上一类高斯映射的曲率估计的文章发表在《微分几何》杂志。2018年当选为美国数学学会会士。

伍胜健,1982年华东师大本科毕业,1987年获硕士学位,1992年获博士学位,师从杨乐。现在为北大教授。伍胜健的毕业论文的结果就很出色,在富克斯教授为张广厚写的书评中,伍胜健的两个定理被收入,被称为"杨张理论的两个有趣的结果"。杨乐称其"拓展了研究领域与课题"。

李宝勤于1987年获硕士学位,1993年获博士学位,师从马里兰大学的贝伦斯坦(C.A. Berenstein)教授。现为佛罗里达国际大学教授,主要成果有与贝

1990年嵇善瑜(左)、陈省身(中)和鲍大为(右)在美国休斯顿大学

伦斯坦合作的高维 i 解析开拓和插值簇（variety）的文章，与泰勒（Taylor）合作的超越贝祖（Bezout）估计的文章（回答了格里菲思提出的一个问题），关于狄利克雷级数零点精确界［回答了邦别里（E. Bombieri）提出的一个问题］的文章，以及关于黎曼型方程 L-函数解的系列文章。

扎尔兹曼（左）和庞学诚（右）

叶专，1992年获博士学位，师从德拉辛（Drasin）教授，在《杜克数学杂志》（*Duke Math Journal*）、《数学杂志》（*Mathematische Zeitschrift*）、《美国数学会会刊》（*Transactions of the American Mathematical Society*）、《数学新进展》等杂志上发表了关于余项研究的文章。另外，与彻丽（W. Cherry）合作在《斯普林格专著》（*Springer Monographs*）出版了一本专著。

我们欣喜地看到，李锐夫先生和戴崇基老师以及一代人所创造的华师大复变函数精神得以继续开花结果，光大发展。

1978—1991年，曾经在我们科研组工作过的成员有：宋国栋、戴崇基、嵇善瑜、张庆德、黄珏、庞学诚、李庆忠、林群、朱经浩、叶亚盛、金路、汝敏、马米佳、叶专、廖良文、钟昌勇、李宝勤、程九逸、王书培、伍胜健、周泽民、黄斌、黄存智、钟华梁、龚云雷、苏桂萍、张丽梅。

回忆1978—1985年的
函数论泛函分析团队

胡善文

我是1978年2月进入华东师范大学数学系的本科生，1982年毕业留校在函数论教研室工作。1985—1988年我在复旦大学攻读博士。以下是这段时间里对泛函分析团队的回忆。

在我的脑海里，程其襄先生是泛函分析方向祖师爷一级的人物，我只是普通的本科生，一直久闻大名，但无缘相见，直到1980年一次校庆报告会上才第一次目睹这位大师的风采。

程其襄先生向我们介绍了当时热门的"非标准分析"。"非标准分析"抛弃了数学分析标准的"$\varepsilon-\delta$"方法，用一种崭新的思维逻辑来阐明数学分析的原理。

据林华新回忆，程先生还在教研室里向1976级大学生和教师介绍过"滤子（filter）"理论专题课程，"滤子"理论至今在研究工作中还经常用到。由此可见，即使"文革"毁掉了十年时间，程其襄先生当时仍然是一位雄心勃勃、希望有所作为的数学家。

那次程其襄先生的报告会安排在113教室，宽敞的教室坐满了老师和学生，系领导华煜铣先生为他擦黑板。程其襄先生讲课本身也采用了"非标准教学法"，他一边讲解一边板书，写错就用手掌来擦黑板。特别有趣的是，他还介绍了一个独特的"定义兼定理"，令我们印象深刻。

他十分关心我们恢复高考后首批大学生的学习情况，经常通过任课教师和学习委员征询一些数学难题的解答，指导我们学习。至今还记得两个非常有意思的题目。

第一个是数学分析的题目，黎曼积分的定义中有两个"任意"，一个是任意分成多个小区间，另一个是在每个小区间中取任意点的值，组成黎曼和式，黎曼可积的充要条件就是黎曼和式极限的存在性。程其襄先生的问题是：若保持任意分多个小区间，但只取每个小区间左端点的值，组成和式，讨论这个和式极限的存在性与黎曼可积性之间的关系。

此题的难点在于我们当时对这种极限的定义不了解，其本质上是一种定向网的极限。直到主讲数学分析多次后，我才知道后者此类极限存在的充要条件是满足一类条件的广义绝对黎曼可积函数。

第二题是苏联学者那汤松著的《实变函数论》中的题目，据说此题一直无人可解。题目是把$[0,1]$区间表示为基数为 c 个且两两不交的完备集的并集。这道题目我花了一个星期才得以完成。

程其襄的引导激发了1977级学生对《吉米多维奇习题集》和那汤松的《实变函数论》中习题的兴趣，后来我们1977级4班的同学在程先生的启示下完成了对当时著名的那汤松《实变函数论》所有习题的解答。

程其襄先生对数学系的教材编写倾注了大量心血，程先生发起主编的《数学分析》和《实变函数与泛函分析基础》在这二三十年的出版发行总量，在中国高等教育同类教科书中独占鳌头。我有幸参加过这两本书的再版修订工作。程其襄先生的《数学分析》和《实变函数与泛函分析基础》是他留给数学系宝贵的精神财富。

张奠宙先生是泛函分析团队的实际带头人，学术中坚力量。他不乏人情味，关心青年教师的成长，乐于与青年教师交流，给我们的

《实变函数与泛函分析基础（第二版）》

人生之路出谋划策。

我们函数论教研室曾组织周末骑自行车到郊外旅游，张奠宙先生非常乐意参加。有一次我们一起骑车到松江，爬上了佘山，坐在教堂前听张奠宙先生讲解有关天主教和基督教的故事。这一切还历历在目。

每年春节的大年初一，张奠宙先生都召集我们先在他家集中，然后到数学系元老曹锡华、程其襄、李锐夫等家拜年。记得有一次我生病了，没想到张奠宙先生居然亲自到我家来看望。

由于种种原因，当时张奠宙先生名下不能直接招收研究生，程其襄名下有沈恩绍、王漱石、王宗尧、张大勇、董家辉5名研究生。除沈恩绍专研数理逻辑、由程其襄先生直接指导外，其他4人都由张奠宙先生指导。

王漱石是张奠宙先生的第一名研究生，研究的是可分解算子；王宗尧的毕业论文是严格循环算子；董家辉的论文则是发现了复旦大学夏道行学术专著的一处错误，并做出了修正。我有幸都参加了他们的论文答辩会。

王漱石后来到嘉兴师范大学任教授，长期与张奠宙先生保持联系，参加了《实变函数与泛函分析基础》的再版工作。王宗尧毕业后留校，1985年去美国攻读博士学位，回国后到华东理工大学任教，曾任该校理学院副院长兼数学系主任、博士生导师。

张奠宙先生还指导过从复旦大学转来的杜鸿科和侯晋川两位研究生毕业，前者曾任陕西师范大学副校长，后者曾任山西师范大学校长，现任山西省科协主席。

我本科毕业后留校，参加了由张奠宙先生组织的泛函分析讨论班，同时参加的还有王宗尧和研究生黄旦润、柴俊，最后共发表20多篇学术论文，都被收录在《联合算子谱论》中。

黄旦润和柴俊是张奠宙先生以自己名义招收的研究生，前者留校后赴美留学，后者留校后转到几何组，近些年研究大学数学教育，与张奠宙先生后来研究的数学教育有交集，并在张先生的指导下获得博士学位。

当时泛函方向的同事还有徐小伯、吴良森、俞鑫泰、魏国强等。徐小伯先生是从复旦大学来的，是我国著名数学家陈建功先生的高材生。徐小伯先生致力于本科生实变函数的教学工作，上课一般安排在下午1点开始，几乎每次都要拖堂到下午5点。他上课非常认真，一丝不苟。

吴良森先生专攻算子代数理论，是我国改革开放以来最早出国学习算子代数理论的学者之一。回国后，曾邀请日裔美国学者高崎（Takasaki）到华东师大讲学一周。

俞鑫泰先生研究的是巴那赫空间理论，1983年，他从中学调入华东师范大学数学系。俞鑫泰先生社会活动能力超强，在20世纪80年代就敢于下海，筹办民办大学，名噪一时。可惜的是，他英年早逝。

魏国强先生是我在泛函分析方面的启蒙老师，是他带领我直接接触算子理论的研究课题。在本科学习期间，魏先生曾组织一个泛函分析的本科生讨论班，由林华新、胡善文、王仁龄参加。魏先生指导我研究"θ"类算子，指导林华新研究当时热门的不变子空间问题，我们都写出了论文。我与林华新有幸参加了当时在上海科学会堂举行的科学讨论会，报告了我们的成果。

多年以来，泛函分析方向的人员在不断地吐故纳新，不断有新鲜血液注入，带来了不同的研究方向。现在数学系升格成数学学院，函数论教研室成为基础数学系的一部分，幸运的是，老一辈数学家的精神没有丢失，林华新是其中一颗新星。祝愿泛函分析团队在新时代更加光彩夺目。

开创常微分方程学科研究的新领域

徐钧涛

一、早期探索

数学系微分方程教研室成立于1960年,陈昌平任主任,林克伦为副主任。分偏微分方程组和常微分方程组两个组。常微分方程组由陈美廉负责,以钱端壮为指导,成员有王辅俊、徐钧涛、毛羽辉、邹一心(后调走),第二年增加了林武忠等人。

教研室在陈昌平先生指导下除主要承担有关学科的教学工作外,还响应"向科学进军"的号召,积极倡导进行科学研究。为了确定常微组的科研方向,我们进行了不断探索。为了迎接工业自动化,我们学过自动控制理论,到有关研究所去了解、联系实际课题,还组织了研学复领域微分方程的讨论班,每周轮流报告学习有关专著。1962年春,派林武忠、徐钧涛去厦门大学听吉林大学王柔怀先生做的关于拓扑度系列的学术报告,不久又委派陈美廉去山东大学跟张学铭先生学习庞德里雅金的《最佳过程的数学理论》,并参加了该专著的校译工作,待她进修结束回校时,这本书的中译本已正式出版,我们大家也跟着学了一个阶段。

我最早学的是英语,不能阅读俄语文献,为了促进我阅读英语文献的能力,陈美廉先生把有关俄文文献手写译成英文,供我阅读,使我深为感动。

经过一个阶段的努力, 初见成效:王辅俊和复旦大学几位老师合作发表了论文,在"文革"前一次上海科学会堂举办的由谷超豪先生主持的上海市数学年会上,林武忠和徐钧涛都报告了论文。

这个进程被"文革"十年打断,我们去工厂搞实际课题,去农村干校务农接受"再教育"。科研工作实际完全停滞。

二、奇异摄动研究方向的确定

1976年,十年动乱结束。随着1977级和1978级的大学生相继进校,学校的教学秩序经拨乱反正迅速恢复,全校掀起了教学、科研的新高潮。我们教研室在主任陈昌平教授的倡导下为确定科研方向进行了反复讨论。常微分方程组的带头人陈美廉教授和教研室副主任王辅俊,领着年轻教师查阅了大量文献资料,了解到奇异摄动是求非线性、高阶或变系数的数学物理方程近似解析解的一种方法。其主要思想是求含有小参数的近似解,而这个近似解是从解原来问题简化方程得来的,称为近似解析解。用此方法可以对原数学物理问题进行定性甚至定量的分析和讨论。奇异摄动方法最早用于天体力学研究行星运动和流体力学研究粘性流体运动,后来其应用范围逐渐从力学扩展到声学、化学、生物学、控制论、最优化和数学基础研究等领域。在第二次世界大战结束后的二三十年,奇异摄动的理论研究、应用以及和计算方法结合的数值分析诸方面都得到了飞速发展,发表了大量论文和专著,奇异摄动已成为应用数学的一个重要分支,成为解决非线性问题的重要手段。

在我国,前辈科学家对奇异摄动的理论和应用研究做出过开创性贡献。如钱伟长在1948年解圆板大挠度问题时,开创了现在被称为合成展开法的重要方法,取得了很好的结果;郭永怀在1953年把庞加莱–莱特希尔(Poincaré-Lighthill)方法推广应用于有边界层效应的粘性流问题,后被钱学森在1956年深入阐述该方法重要性时称为PLK方法;还有林家翘在1954年对双曲型微分方程问题提出了被称为解析特征法的奇异摄动理论;等等。但是由于1966年开始的"文化大革命",国内的奇异摄动研究被迫中断了较长时间。为此"文革"后期来华访问的美国纯粹和应用数学代表团在访华报告中对中国大陆缺少奇异摄动研究提出了异议。

1984年微分方程组老师在汪志鸣家
前排左起：徐春霆、陈昌平、汪礼礽。后排左起：王继延、陈美廉、徐元钟、
张九超、蒋鲁敏、谢寿鑫、汪志鸣夫妇、王学锋、糜奇明、林武忠、徐钧涛

后来，我们又听取了来数学系访问的南京大学叶彦谦教授和复旦大学金福临教授的意见，最后确定把奇异摄动理论和应用作为常微分方程组今后的科研方向。

三、奇异摄动研究的发展

作为研究的起步，教师们先从每周一次的讨论班开始，实行轮流报告，主要内容为奈弗（A. H. Nayfeh）所著的《摄动方法》（*Perturbation Method*, 1973），也穿插一些新发表的论文。我们边翻译，边研读，边试着做些工作。在1978年8月，在上海市数学会"文革"后第一次年会上，陈美廉报告了论文《化学反应方程中的奇异摄动问题》。该文被选入《上海市数学会论文选编》，1980年该书由上海科技文献出版社出版。这是我们奇异摄动研究第一篇正式发表的论文。1979年5月，在上海钱伟长主持举办的奇异摄动理论讨论会上，谢寿鑫做了《多重尺度法》报告，这个报告被选入会议文集，于1981年正式出版。

随着对外开放，1982年林武忠作为访问学者被公派去美国，与曾任工业与应用数学学会（SIAM）主席的奥马利（O'Malley）合作研究奇异摄动最前沿的新领域，收集了许多新资料。1980年，徐钧涛去北京中国科学院力学所参加由美籍华人、交通大学校友丁汝教授主讲的为期半年的奇异摄动讲习班。同时，我们与复旦大学江福汝教授和高汝熹教授及吉林大学、南京大学、福建师范大学、安徽师范大学等高校同行们建立了广泛的联系，利用各种会议和机会进行学术交流，不断地发表论文。

1983年，中国数学会同意由复旦大学、交通大学、南京大学和华东师范大学筹备召开全国奇异摄动理论及应用学术会议，并拨款1 850元作为会议经费。1983年7月5—9日，会议在华东师大召开，出席会议有全国40个高校和科研机构正式代表50人，列席代表34人，报告论文58篇，综合报告10篇，集中检阅了近年来国内学者在奇异摄动理论、应用和数值计算方面的成果。数学系曹锡华主任和董纯飞副主任对会议多方关照、给予支持，我们组的所有人员分别以代表、列席代表和工作人员的身份参加了会议并报告了多篇论文，陈美廉担任会议副主席。

此后，林武忠从国外学成归来，我们一同把奥马利在1981年的讲课手稿译成中文讲义，充实了讨论班的学习内容。1984年，我们译校的《摄动方法》正式出版。我们与海外学者的交流也日趋广泛。1983年8月，加拿大华人章国华在去北京参加第四次微分方程和微分几何国际会议前顺访华东师大数学系；1985年6月，美籍华人谢伯芳在参加福州常微分方程国际会议前来数学系访问；1986年6月，美国学者奥马利在去嘉定参加第五届国际边界层和内部层会议（BAIL—V）国际会议前，欣然接受林武忠的邀请，在华东师大专家楼待了几天，与我们进行交流，并向系里师生介绍了他的最新研究成果。

1990年5月，莫斯科大学教授瓦西列娃应邀来数学系讲学。同时，我们举办了全国奇异摄动理论讲习班，该讲习班吸收了研究生和高年级大学生参加，研读了瓦西列娃及其同事的一系列工作，并由林武忠和蒋鲁敏选了十篇论文译成中文讲义。另外，林武忠还编译了瓦西列娃和布图佐夫（B. F. Butuzov）关于奇异摄动的两本专著。瓦西列娃在华讲学期间由倪明康陪同并任翻译，他们建立了密切联系，为1992年倪明康赴俄罗斯留学铺了路。

在研究工作的同时，奇异摄动的教学工作也相应展开。1981年年初，徐钧涛为高年级大学生开设摄动方法选修课。1982年，陈美廉开始招研究生，第一

1986年8月，与瓦西列娃在嘉定第五届国际边界层和内部层会议期间合影
后排左二起：倪明康、陈美廉、瓦西列娃、徐钧涛、濮来武

前排左起：林武忠、汪志鸣，右一为徐钧涛。后排左起：裴光贵、汪元培、倪明康、王学锋、王继延、陈昌平、朱德明、李汉佩、张九超、陈美廉、谢寿鑫（1988年摄于无锡）

位研究生是苏文悌，以后是包立平和曾国宁，都相继毕业。此后，王辅俊、林武忠、蒋鲁敏、徐钧涛等也开始招收奇异摄动方向的研究生。至20世纪末共培养研究生30余名，其中倪明康、茹学萍、濮来武、程宏等6人毕业于1986年，这一年毕业的研究生最多。

经过十多年的努力，到1991年数学系教师和研究生已在国内外发表论文40多篇。主要有：王辅俊、倪明康利用摄动方法和奇异摄动理论解决生物数学问题；林武忠、汪志鸣、张九超关于半线性和拟线性方程奇异摄动问题解的定性研究和渐近分析；徐钧涛关于泛函微分方程的奇异摄动工作；蒋鲁敏的抛物型方程奇异摄动周期解；朱德明关于动力系统方法对奇异摄动理论的应用；倪明康、林武忠关于奇异奇摄动以及多个小参数奇异摄动问题的研究；肖成獣的积分方程奇摄动；以及历届研究生们所做的关于转点、临界情况下奇异摄动问题的工作。这些研究成果在1987年12月在松江召开的全国近代数学和力学第二次学术讨论会及在其他国内和国际学术会议上宣读之后，得到了同行专家们的好评。可以说，数学系的奇异摄动理论研究在学术上达到国内先进水平。在1988年成立的以钱伟长、冯康为顾问的中国奇异摄动理论研究会(筹)中,三位理事和一位副秘书长出自华东师大数学系。

1992年夏天,在中国兵工学会应用数学研究会的大力支持下,由数学系发起和组织的我国有史以来最大规模的全国奇异摄动理论及其数值方法的学术讨论会在宁波召开,收到了近百篇论文。林武忠主持会议,总结了我国历年来的研究成果。

这次会议之后,由于一些同志陆续退休和学科本身发展的种种原因,奇异摄动理论研究在我国有些消沉,除了1994年夏天由庄逢甘院士在北京主持第七届国际边界层内层会议外,只有在中国力学会每两年举行一次的全国近代数学和力学学术讨论会议进行交流,但在数值计算方面飞速发展。

四、世纪之交的新发展

倪明康甘于清贫,刻苦做学问,在俄罗斯长达12年,获得了博士学位,并取得了一系列骄人的成果。2003年回国后,他留恋华东师大的母校情、师生情,毅然回校工作,成为奇异摄动研究方向新的学科带头人。2004年,倪明康被聘为俄罗斯友谊大学客座教授,2005年当选为俄罗斯自然科学院外籍院士,是首位获此殊荣的中国数学家。2004年,他与林武忠参加了上海高校计算科学E-研究院上海交大研究所的奇异摄动讨论班。2005年8月,在上海交大举行2005年奇异摄动的渐近分析及其数值方法会议,数学系陈美廉、徐钧涛等十位代表参加,林武忠和倪明康做了大会学术报告。这次会议承前启后,总结成绩,期待开创奇异摄动研究和应用的新时期。

之后在每年举办的全国奇异摄动学术讨论会上,林武忠、倪明康和他们的研究生都会发表论文。在2008年5月的上海会议上,经中国数学会批准,中国数学会奇异摄动专业委员会正式成立,倪明康、林武忠当选为副主任。2012年,全国奇异摄动理论与应用研讨会在上海大学举行,为了更好地宣传前辈学者们奇异摄动研究的科学精神、取得的丰硕成果以及为中国奇异摄动研究推广做出的卓越贡献,中国数学会奇异摄动专业委员会理事会决定向十位学者颁发奇异摄动杰出贡献奖及荣誉证书,林武忠、徐钧涛名列其中。

2009年第一届奇异摄动理论及应用暑期学校在闵行校区举行,来自各高校的近20名研究生参加,倪明康和林武忠为学员们做了12次专题报告。2010年,第二届邀请了美籍华人林晓标做了《几何奇异摄动理论》系列报告。2011年,邀请莫斯科大学涅费多夫(N. Nefedov)做《转移空间对照结构理论及应用》系列报告。至2018年暑期学校已举办七届,学员主要来自全国75所重点高校,人数发展到200余人。报告人有俄罗斯国立莫斯科大学吉洪诺夫学派的著名专家、美、加的华裔数学家和国内著名专家。目前暑期学校已经常态化,系列活动不但普及了奇异摄动的基础理论知识,而且向学员们展示了奇异摄动研究的最新前沿,在全国有广泛影响,受到好评。

倪明康还多次赴俄罗斯与瓦西列娃等专家合作,并带回俄罗斯在奇异摄动研究方面的最新成果。2008年,倪明康、林武忠合译了瓦西列娃和布图佐夫的专著《奇异方程解的渐近展开》,并由高教出版社出版,这是我国出版的第一本关于奇异摄动的俄译专著,这本书也是俄罗斯纪念莫斯科大学建校250周年专集之一。2009年,他们两人又编写了《奇异摄动问题中的渐近理论》作为研究生教材,由高教出版社出版。2014年,科学出版社出版倪明康的专著《奇异摄动问题中的空间对照结构理论》。倪明康从2003年开始招收硕士、博士研究生,至今有50多名,毕业39名,其中有11名是俄罗斯留学生(和汪志鸣合作),内有6名已毕业。倪明康发表论文60多篇,大多发表在俄罗斯科学院杂志上;五次参与俄罗斯国家自然科学研究,四次主持国家自然科学基金资助项目,两次主持上海市自然科学基金资助项目。

这一阶段,汪志鸣与奇摄动权威专家奈杜(Naidu)(美国电气和电子工程师协会会士)开展紧密合作互访,对具有奇摄动结构的控制系统做了较深入的研究,其中包括对连续的、离散的、网络化系统,复杂网络和混沌系统等各类控制系统的相关性质(能控性、稳定性、同步问题、鲁棒控制和H_∞控制等)开展研究工作,相关结果发表在国内外应用数学和控制理论方面的主流期刊上。他已培养硕士、博士研究生20多名(包括与倪明康共同招收的俄罗斯留学生），主持过国家和上海市自然科学基金资助项目。

2015年7月出版的丘成桐等主编的"数学与人文"丛书第十八辑《数学的应用》中发表了徐钧涛的回忆文章《奇异摄动研究在中国》，全面阐述、介绍了该学科在我国的发展概况。2016年，林武忠、汪志鸣、倪明康、徐钧涛带领已毕业和未毕业的研究生去镇江参加全国交流会，宣读论文，体现了数学系奇异摄动研究方向的强大实力。在2017年交通大学闵行校区召开的全国会议上，奇异摄动专业委员会进行了第三届理事改选，倪明康当选为副理事长，汪志鸣当选为理事，林武忠、徐钧涛被聘为专业委员会顾问委员。

1987年，师从我国微分方程定性理论研究专家南京大学叶彦谦教授的博士生朱德明来系工作，开拓了常微分方程组科研的新方向：动力系统的定性理论、分支理论及同宿、异宿环分支等方向。1968—1978年，朱德明在黑龙江生产建设兵团虎林县农场劳动锻炼，1971年入党。1977年参加"文革"后首场高考，在牡丹江地区5万余名考生中名列第九，进入大庆石油学院。1982年毕业后进入南京大学继续学习，获得硕士、博士学位（提前半年）。毕业后被分配来华东师大工作，1990年被评为副教授，1994年升教授，1991年，任英国华威（Warwick）大学访问学者（包玉刚中英友好奖学金资助）。1984—1994年，在同宿、异宿环分支方面和曲面动力系统方面发表论文36篇（绝大多数为独立完成，个别论文与王辅俊、徐钧涛等人合作完成），与韩茂安合作出版专著《光滑动力系统》和《微分方程分支理论》。1994年，被国家自然科学基金委员会数理科学部推荐为数学方面的跨世纪的攀登者，全国共有39位中青年数学家获此殊荣，科学出版社出书专门加以介绍（数学系有王建磐、时俭益、肖刚、周青和朱德明五人入选，人数仅次于北大8人）。

1995年5月到2004年5月，朱德明任数学系三届系主任，长达9年。1995年9月，遴选为博士生导师。1996年起享受国务院政府特殊津贴。2005年被聘为学校终身教授。曾任《华东师范大学学报（自然科学版）》、《微分方程纪事》（*Annals of Differential Equations*）、《纯粹与分析快报》（*Communication on Pure and Analysis*）等杂志编委。

1996年后在高维系统同宿、异宿环分支问题研究中提出主法向及其维数的概念和卓有成效的相应研究方法，并在《中国科学》《科学通报》等刊物发表若干相应研究成果。两年后，这一方法经其本人和学生进一步改进完善成为异常简洁高效的活动坐标架法。

2010年3月，朱德明因病主动退休（时年63岁），他共培养博士生13名（其中8名现为正教授，5名为副教授），硕士生28名。共发表论文163篇，其中SCI和EI收录近90篇。主持国家自然科学基金面上项目5项。中法联合研究项目一项，上海市自然科学项目一项。获得教育部自然科学一等奖、上海自然科学奖二等奖各一次，国家教委科研进步奖三等奖两次。可谓硕果累累，著作等身，桃李满天下。相信他的众多博士生和硕士生将继续他的研究，进一步发扬光大。

常微分方程组科研的另一个新方向是生物数学。20世纪70年代，国外生物数学研究迅速发展，生物数学被联合国教科文组织列入新学科目录。80年代初，教研室王辅俊向钱伟长、李大潜、陈兰荪等前辈请教，在他们的指导和支持下提出将生物数学作为微分方程的重要应用，确定为新的科研方向。以王辅俊为学科带头人，先后有徐钧涛、倪明康、王继延、蒋鲁敏、汪礼礽和陈德辉参加团队工作。和北师大、西安交大、中山大学一起推动了高校生物数学的研究和发展。1987年起，王辅俊任中国数学会生物数学专业委员会委员、上海市数学会生物数学专业委员会主任和《生物数学学报》副主编，带队参加了第一、第二、第三届全国生物数学会议和西安、杭州召开的两次国际生物数学会议，报告了研究成果。1988年，荷兰数学和计算机科学中心教授狄克曼（Diekman）应中科院数学所邀请在西安国际生物数学会议做了主题报告，会后应邀来华东师大讲学。1991年，在华东师大召开了江浙沪三地生物数学协作会，推举李大潜为会长，王辅俊任副会长。

几年来，他们共发表生物数学学术论文30多篇，其中种群动力学、流行病动力学研究方面达到领先水平；王辅俊和王继延参加的农业大学核农所的核科技项目"放射元素在水中衰变规律"论文和成果获省和农林部科研奖，发表在《中国核科技报告》上并递交国际原子能机构；王辅俊发表在《南京林业大学学报》的论文《熊猫种群动力学双区域模型》入选《中国科学技术文库》；数学系和上海性病防治所合作，建立了性病传播数学模型，并结合统计数据预测传播趋势；王辅俊发表在英文版《应用数学和力学》的论文《捕猎对生态系统稳定性的影响》被津巴布韦国家动物园索要。

1985年王辅俊开始招收生物数学研究生，徐钧涛也参加了相关工作，共培养硕士研究生9名，其中5名在1990年第二届全国生物数学会议上报告了论文并获得好评。目前至少5名毕业研究生取得了国内外博士学位，3名成为高校的学术骨干。

20世纪90年代以来，随着王辅俊等团队主要人员退休，组内未有新人接班，生物数学研究暂时处于停滞状态。

数学系计算机学科早期发展情况

王西靖

华东师范大学计算机学科起步较早，始于1958年春夏，是全国高校中最早的一批。前20年主要集中在数学系，从计算数学理论研究、计算机设计、编程技术到计算机硬件设计制造技术都有很大的投入和作为。1978年，华东师大计算机科学系正式成立，数学系转而致力于计算方法方面的教学和研究。

在这20年里，我们国家经历了"大跃进""三年自然灾害""文化大革命"等事件的冲击，数学系的计算机学科也出现了几次上马和下马，正是在这反反复复、曲折起伏中发展起来的。

一

1958年夏，在全国"大跃进"形势的推动下，上海市科委指定复旦大学数学系建立计算机学科培训基地，从复旦大学、华东师大、上海师院数学系抽调近百名高年级学生成立了计算数学培训班，其中复旦大学40余名、华东师大40余名（魏岳祥、王西靖、胡德芸、吴葆鑫、尹周水、谢仁兰、王宪文、华孝先、高颂德、白尔鍠、杨人魁、王义炤、李兆玖、袁荣喜、蔡天亮、赖柏元、薛国良、瞿兆荣、孙尧年、楼荣生、谢玉和、李警旦、俞钟铭、陈仁甫、顾鼎铭等），上海师院10余名。培训班分成计算方法班（40余人）、程序设计班（20余人）和机器班（10余人），另外还有复旦大学的青年教师（许自省、王光淑、胡家干等）和研究生（李玉茜、李立康、朱关铭等）10余人参与，采取集中上大课、分散搞讨论班和读书报告方式。来自华东师大的魏岳祥任大班党支部副书记和副班长。

在学习过程中,华东师大学生大多处在中上水平,也有几位较为突出。例如,匈牙利逻辑机专家卡尔曼(Kalman)教授讲课时,大多数学生包括复旦大学的师生都似懂非懂,但华东师大的俞钟铭能站起来与教授对答问题。又如楼荣生在计算方法讨论班上能与复旦大学的研究生争辩。

该计算数学培训班于1960年毕业,一部分留在复旦大学数学系(其中有华东师大的楼荣生、胡德芸、赖柏元、薛国良、孙尧年5人),其余大部分分配到北京的军工部门和上海两个计算技术研究所,成为我国较早经过专业培训的计算机科技人才和领军人物(如华东师大的陈仁甫)。

与此同时,在“大跃进”的形势下,华东师大数学系也开始发展计算机数学,具体措施有:

1958年下半年,派王鸿仁和吴洪来两位老师去北京中科院学习计算数学和程序设计,接触到计算方法理论以及苏联计算机M–3指令系统和代码编程技巧。

1958年年底,华东师大党委派数学系总支书记刘维南与上海市科委领导及复旦大学党委联系,从华东师大去复旦学习计算机的学生中抽调魏岳祥、王西靖、李兆玖、俞钟铭等8人回华东师大,又从数学系1959届、1960届抽调十几位学生组成本系的计算数学班。1959届中有曹国檠、匡蛟勋、唐毅、许鑫铜、陈灶生等,1960届中有吴卓荣、王文林、陈自安等。由曹锡华和陈昌平分别讲授线性代数计算法、插值法、最小二乘法和微分方程数值解法等。但好景不长,这个计算数学班在1959年夏就下马了。从复旦大学回校的1959届的魏岳祥、李兆玖进入研究生班,王西靖留校当了助教,其他学生或毕业分配,或回1960届继续学习。

在成立计算数学专业的同时,数学系积极进军计算机硬件技术的研发,从各年级抽调了王辅俊、徐元钟、王文林、刘淦澄、费鹤良、钱菊娣、张汝杰、王永利、赵雄芳、朱春才等十多名学生成立了计算机制造班。另外,还派遣程莲仙、王成道去西安交大学习计算机制造,参与该团队领导的有董纯飞老师。该班师生白手起家,做了大量调查研究工作,并以上海无线电十三厂、上海有线电厂等为实践基地,边学边干,与工厂工人和技术人员打成一片,在合作中选定

第一排左二起：袁荣喜、吴金仙、李兆玖、王西侬、吴洪来（老师）、陈昌平（老师）、吴卓荣、周幼云、林培煊

第二排左起：张汝杰、俞钟铭、〇、〇、〇、席先培、魏岳祥、王永利、陈自安、陈泽淦、王文林

第三排左起：赵雄芳、费鹤良、匡蛟勋、唐毅、王西靖、徐元钟、蔡天亮、陈灶生、曹国梁、〇、〇

（摄于1959年，王永利提供）

了以模拟电路为基础构件、以研究制造模拟电子计算机为目标，奋战数月，最后成功试制出一台能解常微分方程的模拟电子计算机，向1958年国庆献礼。与计算数学专业班一样，计算机制造班成立不久也下马了，大部分学生回原年级学习直至毕业，小部分学生（如钱菊娣、程莲仙、王成道）转学到了物理系。

这就是数学系计算技术专业发展中最早一次兴衰过程。

二

时隔不久，庐山会议召开后，全国掀起了"反对右倾机会主义"的浪潮，刚下马的项目在1960年春再次上马，华东师大数学系成立了计算数学研究室，由王鸿仁、吴洪来、董纯飞、唐瑞芬、王西靖5名教师以及学生王文林（1960届）、刘宗海、胡维国、程丽明、唐岳清、周耀龙、王永利（1961届）、陈彩娥、马丽丽、张志敏（1962届）等组成，王鸿仁任研究室主任。在研究室下面设三个小组：计算方法组由吴洪来和王西靖带领王文林等学生组成，数理逻辑组由唐瑞芬和董纯飞带领唐岳清等学生组成，程序设计组由王鸿仁带王永利等学生组成。学习形式以读书报告、互帮互学为主。其间，研究室师生参加了上海市中学数学革新教材（苏步青领衔）的编写工作。部分教师参加了数学系的一些联系实际的课题，如由陈昌平带领王西靖、虞琴棣、顾宛成及微分方程研究生李兆玖、王成名（王学锋）等组成的小分队到华东水利设计院协助潘家玮总工参加大头坝应力分析计算，还前往浙江乌溪江工地劳动两周。还为高年级学生开设计算方法讲座。可惜又好景不长，三年自然灾害暴发后，发展起来的团队再次悄悄散架。1961年秋，仅保留了一个小小的计算数学教研组，由吴洪来、王西靖、王守根、刘淦澄、刘宗海（1961年毕业留校，后去吉林大学进修）、褚梅芳（1961年北师大研究生毕业后分配来华东师大）等组成。

这是数学系计算数学第二起兴衰起伏。

第一排左起：曹茂良、司鸿业、李德麟、唐岳清、董纯飞（老师）、王永利、王西靖（老师）
第二排左起：马丽丽、程丽明、○、陆月芳、张志敏、薛天祥（老师，力学组）、刘宗海、王文林
第三排左起：吴洪来（老师）、王鸿仁（老师）、胡维国、陈彩娥、唐瑞芬（老师）、杨铭枢、周耀龙（摄于1960年夏，程丽明提供）

第一排左起：马丽丽、陆月芳、张志敏、唐瑞芬、陈彩娥、程丽明
第二排左起：王鸿仁、李德麟、司鸿业、董纯飞、王守根、王永利、胡维国
第三排左起：杨铭枢、〇、俞钟铭、吴洪来、唐岳清、〇、周耀龙、刘淦澄
（摄于1961年7月，王永利提供）

三

　　1963年，国家提出"调整、充实、巩固、提高"八字方针，数学系实行以加强基础教育和建设各专门化课程为主要任务，同时组织了若干小分队下到工矿企业进行调研，挖掘联系实际的课题。如薛天祥、王西靖、陆大绚等下放到第一缝纫机厂，对投产量很大的"飞人"牌缝纫机加以数模化，特别是对凸轮机构和挑线机构的几何曲线和运动方程进行分析改进。又如运筹学的部分同志到煤气公司和交运公司进行调研、建模等。这一时期毕业的学生（1964届和1965届）基础知识比较扎实，专门化知识水平也较高。

　　1966—1970年，"文革"前期学校基本处于"停课闹革命"阶段。"文革"中后期，学校出现了以下情况：

　　学校由"停课闹革命"转向"复课闹革命"，当时能够联系实际和与生产技术相结合的学科（如计算数学、运筹学等）受到重视。

在"文革"中，中央对国防、军事等项目一直很重视，与此有关的科技内容更是抓紧研发，这些项目通过有关部门向高校和科研院所分批下达，华东师大争取到好几项电子工业部下达的研发项目，获得了以前从未有过的科研经费。

五届工农兵学员入校，逐步加入到计算机学科的队伍。

1973年，华东师大等上海五所高校合并为上海师范大学，数学系的教师队伍近二百人，人多力量大，数学系迎来了科技发展的又一次高潮，尤其是计算机学科、控制论学科、运筹统计等应用学科。

计算机学科迎来新的发展。

从1972年开始，计算机学科分为两个部分。一个是造机组，约有20人，刘淦澄任组长，下设三个小组：一是运算控制组，组长刘淦澄；二是内存组，组长是边善裕；三是外部设备组，组长是周行武。因为是仿造X-2机，只有内存与运控的接口及外部设备与内存和运控的接口是另外设计的。参加的人员还有何积丰、吴洪来、董纯飞、沈伟华、魏国强、蒋芝生、许家骅、沈云霞、孙根娣等。这台计算机位于数学馆三楼西侧（从1974年开始，学校以物理系和校办工厂为主体组织另一个DJS-130小型电子计算机研制组，由陶增乐负责，与数学系无关），为数学系服务了3到4年，后来送给了江西九江师范学院。另一个是计算数学教研室，由徐锦龙、王西靖负责，下设两组：计算方法组和软件组。计算方法组的成员有徐锦龙、王守根、陈德辉、征道生、黄丽萍、王光淑、束继鑫、匡蛟勋、王国荣、沈光宇、邓乃扬、蒋伟成、周宝熙、林克伦、周彭年（后来李锐夫和工农兵学员毕业留校的陈果良、胡承列等加入）。软件组的成员有王西靖、王吉庆、沈雪明、徐国定、邵存蓓、黄馥林、徐剑清（后来工农兵学员毕业留校的祝智庭、周建中、吴文娟、张静珠等加入）。

从1973年开始，数学系搞了不少理论联系实际的项目。黄丽萍与第九设计院、浙江大学力学系（丁浩江教授等）以及上海柴油机厂（符锡侯高工等）合作，着重把数值计算方面的理论结果（包括有限元素法等）和弹性力学、流体力学等知识应用于船舶、机械、建筑各领域以及河口海岸研究领域。黄丽萍和丁浩江合作的论文《以四面体为基础的组合单元的实用分析技巧》刊载于科学出版社编辑的《数学的实践与认识》。软件组的王西靖、王吉庆、沈雪明、祝智庭与天津无线电厂、上海中兴无线电厂联合研究我国首发产品DJS-130机上的软件。周宝熙、汪振鹏长期在徐家汇气象台参加天气预报方程的研究。邱森带工农兵学员在上海压缩机厂参加螺杆压缩机的建模和计算等。

当时进行的项目不仅有实践意义，而且具有较高的科研价值，有一些项目被中央部门立项，成为有科研经费的正式项目。例如软件组参加的DJS-130小型电子计算机的主要系统软件RDOS（实时磁盘操作系统的简称）的分析，电子工业部批下15万元经费。又如黄丽萍主持的柴油机厂的项目，一机部批给华东师大1万元科研经费。这些科研经费全部由学校控制使用，经审批实报实销。

计算数学是一门新学科，1958—1962年是初始阶段，只是开始学习一些基础知识，并在数学系成立了几个人的一个小组，成为之后发展的种子。1972—1974年开始有所突破：计算方法有了专题的研究方向，研究代数计算方向的翻译出版了斯图尔特（Stewart）的专著《矩阵计算引论》，计算数学组在实践课题基础上对差分方程求解的收敛性、稳定性以及有限单元法的一些理论问题进行了深入的研究，专业理论总体有了提高。更可喜的是，研究人员掌握了电子计算机的程序设计和操作运算，白天忙于编写程序，深夜上机操作，既掌握了编程和上机操作，又完成了很多亟须解决的大课题，这算是在全国高校中最早使用计算机解决实际课题的经历。1974年8月，华东师大研制的首台国产130小型电子计算机在北京故宫展览会展出，黄丽萍在现场用BASIC语言解题表演。1972—1974年，计算组的软件方向专业水平也有了质的跃进，过去编制程序都是代码程序，使用原始指令代码编程，复杂繁琐，效率低下，后来由代码编程进入文字编程和语言编程，转换成BASIC、ALGOL、FORTRAN等编程语言，特别是进入了系统结构设计开发，从软件的使用者转为研制者。经我们分析并读懂原理的RDOS软件成为全国几百个DJS-130机用户的主要系统软件，并由电子工业部主持在上海、厦门、哈尔滨等地举办了多个全国推广应用培训班，华东师大数学系王西靖、沈雪明等多人被委派前往讲课。由此开始，计算数学软件组又争取到一批国家的研究项目，并多次获得全国奖项和上海市奖项。

以上是华东师大数学系计算机学科（包括计算方法、计算机、软件开发）的前期发展历程，华东师大物理系、校办厂等部门关于计算机学科的发展情况没有涉及。在这段时间里，数学系计算机学科的艰难发展历程为后来数学系计算数学教研组的教学、科研和计算机科学系的发展打下了基础。

统计学专业的建立与发展 *

茆诗松

1983年8月的一天，华东师范大学校长袁运开教授传呼数学系概率论与数理统计教研室主任茆诗松在文史楼草坪见面，告知，今接教育部批复，同意在华东师范大学设置数理统计专业，并即刻办理招生与教学事宜。袁校长还告知，我们已与数学系商妥，数学系今年已招三个班120人，现分出一个班为数理统计专业班。茆诗松问是否要征求学生同意，袁校长说："按此发录取通知书，进校后若有异议再做适当调整。"9月新生入校，进入数理统计班的42名学生无一提出异议，另有一名数学专业的新生要求进数理统计班，获数学系同意，他们欣然接受了这个新专业。就这样，数理统计专业宣告成立。

背景

统计学是古老学科之一。新中国成立后，我国高校先后设立了100多个统计专业，但都是按苏联计划经济要求建立的。他们认为"统计学是社会科学，有阶级性"，"抽样是唯心的"，抽样调查被禁止使用，数据全部按政府系统由下而上一层层上报和汇总。这种统计专业已不能适应市场经济的需要了。在西方各高校中早已没有此种统计专业。这是因为在19世纪末和20世纪初，随着工农业的发展，近代数学进入了统计学，对统计学的基本概念给出了精确

* 原载《文脉——华东师范大学学科建设回眸》，作者做了补充修改。

的描述,总体被描述为一个分布,样本被解释为一组相互独立的随机变量。统计学被认为是方法论,在经济领域和工农业生产中都可使用。思想解放了,各种统计思想产生了,各种统计方法逐渐被开发出来并不断完善,例如参数估计、假设检验、试验设计、抽样调查、回归分析、多元分析、时间序列分析、决策函数、贝叶斯统计、非参数统计等。这些统计方法内容异常丰富,方法别具一格,思想不断升华。就这样,西方把政府统计推进到推断统计,大大促进了西方的工业、农业、军事和科学技术的发展。日本工业在短期内迅速发展,统计方法是助了一臂之力的。在西方,推断统计仍被称为统计学;而在我国,为了与强力的政府统计区别开来,推断统计被称为数理统计。

为了适应社会发展的需要,在西方纷纷成立(数理)统计系。世界上第一个统计系是1900年在英国伦敦大学成立的,随后几十年中又先后建立了45个统计系。在美国,几乎所有高校都设立了统计系。它们招收了大量的本科生和研究生,并普遍为外系开设统计课程,教材也有深浅不一的版本。统计系毕业的学生很容易找到工作。英国的一份联合招生广告说:"一个经过系统训练过统计学家的职业技巧能够被社会各部门采用的机会堪比患者对医生的需求。"即使在经济危机时期,统计专业的毕业生也容易找到合适的工作。

相对之下,我国在这方面还很落后。新中国成立之初,从国外回来的统计学博士全国仅有屈指可数的几个人,他们是:许宝騄(北京大学)、徐钟济(中国科学院)、魏宗舒(华东师大)、戴世光(中国人大)。当时百废待兴,无暇顾及统计学的发展,一本教材也没有,全国没有高校开设"概率论与数理统计"课程。直到1956年提出"向科学进军",北京大学率先开设此课,华东师范大学在1960年成立概率论与数理统计教研室,开设概率论与数理统计课程,内容以概率为主,统计学时不到三分之一。

申报

在进行调查的基础上,茆诗松等教师向数学系领导和校长提出设置数理统计专业的想法，立即得到支持。1980年12月，由学校向教育部提交《关于我校数学系增设"数理统计专业"的报告》。当时我们概率论与数理统计教研室有教授1名，副教授2名，讲师9名，除完成正常的教学任务外，先后为国内一些工厂、研究所用统

在安庆为师范院校教师办班的数学系部分教师
左起：茆诗松、周纪芗、魏宗舒、何声武、吕乃刚

计方法解决了一批实际课题，譬如军用橡胶件的配方，合金钢与玻璃膨胀系数的匹配，抗菌素新菌株的选择与确定新工艺参数等问题。为推广试验设计方法，1975年，以上海市科学技术交流站的名义组编了《正交试验设计法》一书，由上海人民出版社出版。我们为上海市各企业和科研单位举办正交设计、可靠性等统计方法讲座，推广统计方法在实际中的应用。还利用暑假为部分高校教师举办多次数理统计大型培训班（每次百人以上），缓解国内师资缺口。

　　1980年前后，我们接受了两项任务。一项是经教育部特批录取自学成才的青年郑伟安为数理统计专业的研究生，由魏宗舒教授和茆诗松、何声武组成指导小组。郑伟安刻苦钻研，两年完成毕业论文，通过答辩，经校学位委员会第一次会议批准授予硕士学位。之后，郑伟安在法国继续深造，获得法国国家博士学位，被学校评为教授，经国家学位委员会批准成为第一批博士生导师。

茆诗松（中）与郑伟安（右）、周纪芗（左）在讨论

　　另一项任务是受高等教育出版社委托，为师范

院校数学系学生编写《概率论与数理统计教程》。该书由魏宗舒教授主编，以汪振鹏和吕乃刚为主协助编写，周纪芗、林举干、王玲玲参与编写了部分章节。该书把离散分布与连续分布分章编写作为特色，适应师范性特征，1983年出版后很受欢迎，年年重印，选用学校逐渐增多，至2008年共加印38次，发行40多万册。后经汪荣明和周纪芗修订，又印刷出版了10多万册，至今还在使用。与此同时，全教研室教师共同编写了《概率论与数理统计习题集》，由人民出版社出版，供教学之用。

这些工作不仅扩大了概率论与数理统计教研室的影响，而且师生们得到了锻炼和提高。

实现

申报设置数理统计专业的报告送至教育部后，两年多毫无声息，其间我们多次去教育部问询，答复是：这是非师范专业，你们回去努力去办好师范专业。我们回答说，我们还有余力，多为国家办新专业，为国家多培养一些急需人才，希望考虑教师的积极性。最后的答复是：回去等待吧！

在等待的同时，我们教研室的教师主动到工厂去普及数理统计方法，为提高产品质量和产品的可靠性做了不少工作，受到工厂和上海市经委的重视，同时也形成了研究方向：试验设计与可靠性统计。当时上海市经委质量处与数学系商定从1982年开始开办两年制全脱产的数理统计职工专修班。专修班一共办了四届，毕业生中有的成为上海市技术监督局的处级干部，不少成为企业质量管理部门的骨干。

我们等了两年半之后，1983年发生了两件事，终于等到了转机。

1983年年初，教育部科技司下发了一个通知，征询国际上新兴学科发展情况。我们得知后马上看到上下沟通的机会来了。我们努力收集英美在统计学上近期迅速发展的情况，在报告中指出，统计已成为西方社会的一种职业，特别是工业领域、经济领域和制药业的需求很大。相对之下，苏联仍处于保守思潮之中，很难摆脱"统计学是社会科学"的束缚，但还是有一些进步，编辑出版了一些西方数理统计书刊，出版了《工厂实验室》《经济与数学》等杂志，定期发表一些数理统计研究与应用的文章，又先后制定了62个在工业中使用的统计方法标准。看来，各种统计方法已较为广泛地应用于苏联的工业界。我们将上述情况详细地写成《数理统计情况的调查报告》，魏宗舒、茆诗松、周纪芗、吕乃刚联合具名，寄到教育部科技司。那是1983年4月20日的事。没隔多久，科技司把此调研报告铅印发送至教育部各司局和有关高校，我们也收到一份。这份报告为上下沟通认识起了桥梁作用，也为在华东师大设置数理统计专业做了舆论准备。

另一件事发生在1980年。那年国际统计学会召开年会，首次邀请中国统计学会派人参加。在中国有两个统计学会。一个是中国统计学会，挂靠国家统计局，半官方性质，下属一百多所高校中的统计系（与教育部商定）都属其管理，专门从事政府统计研究和人才培养。"四人帮"被打倒后，开始与国际统计学会建立联系。另一个是中国概率论与数理统计分会，是中国数学会下的一个分会，挂靠中国科协，是民间纯学术团体，靠会员会费维持正常活动，与国际统计学会没有任何联系。当时，国际统计学年会通知下达到中国统计学会，他们派局长带领两名官员参会。会议期间，许多外国统计学者都主动示好，问起中国著名统计学家许宝騄教授的情况，三位代表答不上来，他们根本不知中国还有这一位世界著名的（数理）统计学家。大会的学术报告非常专业，大多涉及数理统计，三位代表听不懂，深受触动。回国后，他们对国内统计界做了研究，发现在国外统计学与数理统计是一家，可在中国被人为地分为两家，这种落后状况迫切需要改变。从此中国统计学会开始吸收少量数理统计学家参加学会工作，国内财经院校统计系开始讲授西方统计学（将数理统计称作"西方统计学"）。后来他们了解到需要经过系统的西方统计训练的大学生参加抽样调查和数据分析等工作，这方面人才在统计局系统缺口较大。国家统计局与教育部商定，由国家统计局资助两所高校（后定为复旦大学和南开大学）建设西方统计学专业，每个学校出资300万元。

此时教育部认为在高校设置数理统计专业的时机成熟了,批准1983年8月在华东师大、复旦大学和南开大学设置数理统计专业,即刻招生。消息传到教研室,教师们兴奋异常,两年多的奋斗终于有了结果,从此"政府统计"一统天下的局面被打破了。1984年,北京大学也获准设立数理统计专业。几年内,教育部先后批准全国11所高校设立数理统计专业。统计学在中国大地上获得了新生。

课程设置

专业批准了,课程如何设置呢?复旦大学和南开大学的数理统计专业是为统计局服务的,毕业生将来要去各级统计局工作。华东师大无此约束,我们要为全社会服务,为工厂、研究院和各类学校培养合格的统计人员和教师,他们不仅可以去各级统计局工作,还可以去政府各机关和计算中心工作。我根据这些想法和英美统计系的样本设置本专业的课程。

一天,茆诗松在丽娃河桥上遇见数学系主任曹锡华教授,曹先生告诫道:"我支持你们办数理统计专业,但你们不要对新生减弱数学分析与高等代数两门课的基本训练,这是他们能否再深入发展的关键,而且一、二年级是学习掌握这些基本工具的最好时机,错过了就再也没有机会了。"我们教师都同意曹先生的忠告,数学分析与高等代数两门课,数理统计专业新生与数学系新生同堂上课,使用同一张考卷。一年级下学期,学生一边学描述性统计,一边学计算机的编程,后来进一步学习有关的统计软件,二年级开始学习概率论、数理统计,三、四年级学习常用的统计方法,并将统计软件贯穿其中。此外,还开设经济学、管理学等课程。这些课程的设置为学生将来就业和考研做好了准备。多年试行下来,这些想法基本可行,学生就业状况很好,一年比一年好,不愁找不到工作。数理统计作为第一志愿被录取的新生逐年增加,如今新生全是第一志愿录取的。社会的了解和认可,是对我们数理统计专业最大的鼓励。

独立成系

数理统计专业成立后遇到的第一个矛盾就是成果的评价问题。数学传统的评价标准是形式逻辑推理，谁能解难题谁的水平就高，难度愈大水平愈高。统计不仅要看推理能力，还要看归纳能力，更要看解决实际项目的能力。对实际项目，谁能提出新的统计思想和统计方法解决它谁的水平就高。两种评价标准在教师升等考核中经常发生碰撞。为了避免此种碰撞，使数理统计专业能健康发展，我们提出从数学系分离出来，独立成系，直属校部领导。成立专业要教育部批准，而成立系只要校部批准即可，这件事得到校和系领导的支持。就这样数理统计系（简称数统系）于1984年12月宣告成立。此时，恰逢茆诗松作为访问学者出国，系主任暂缺，副主任周纪芗主持工作。1986年，茆诗松回国后，被任命为第一届系主任。

数理统计专业与数学专业是否一定要分开设系呢？当时国内有不同看法，但国外都倾向于分开设系，这对统计发展有利。英国统计学家博克斯（G. Box）有一句名言："统计离数学愈远愈好。"当年学校给博克斯的统计系提供了两个去处：一个在数学楼，另一个在计算机楼。博克斯讲了上面这句话后，选了后者。我们理解博克斯的意思是按数学思维方式是办不好统计系的。在西方是如此，在我国也可能是如此。这一想法在我国实践中也逐渐被接受。

离开数学系后，统计系应该如何办？这是需要在实践中不断探索的问题。中国这么大，需要是广泛的，不能只有一个模式，要百花齐放，要以我国实际为背景，努力开拓新的统计方法和理论，办出特色来，把根扎在中国大地上，不能把根扎在外国文献上。

设立编辑部

1983年，几乎与数理统计专业设置被批准的同时，又传来《应用概率统计》杂志获国家出版局批准的消息,并且要求在一年内出版创刊号。这在当时被称为"双喜临门"。大家欣喜若狂,同时又感到责任重大,要让概率统计的研究在中国大地上活跃起来。

这事的来龙去脉是这样的。"四人帮"被打倒后,思想得到解放,与西方交流日益增多,发现我们与西方的差距很大,特别在统计学研究方面,国外仅统计学方面就有数十本专业刊物,每年发表大量研究论文,新思想与新方法不断涌现。为了推动概率论与数理统计在我国的发展,同行们都认为需要有一本概率与统计方面的学术刊物,作为一个学术交流园地,发表我们自己的研究成果。为此在中国概率统计学会的历届年会上都要讨论一番,特别是老一辈概率统计学者很关心这件事,想用他们的影响促成此事。魏宗舒教授也特别积极,经常与我们商讨此事。做成此事的关键在两点:一是申请刊号,一是筹措经费。在1982年的学会年会上,讨论终于有了共识。北京的同行负责申请刊号,他们想通过中国数学会与中国科协向国家出版局申请刊号,这是一条最快也是最容易实现的路径。另外,由华东师大筹办编辑部,并请魏宗舒教授出任主编。回校后,我们向袁校长做了汇报,袁校长很支持,这对发展学校的数理统计专业十分有利。经过讨论,袁校长答应了几点:校部给编辑部一个专职编制;编辑部设在学校数理统计系内,其开办经费由华东师大支付;杂志发行后的亏损经费华东师大支付一半,另一半请学会设法解决。学会对华东师大的支持十分感谢。这样一来,万事俱备只等刊号批文早日下达。不久,北京来电告知,刊号(CN-1256)已经批下,为季刊,要求在一年内出版首期,否则刊号无效,请速办理出版事宜。我们得知后也很兴奋,这可以使华东师大概率论与数理统计在全国形成这方面的研究中心之一。

为了尽快使《应用概率统计》在上海如期出版,我们加速工作。一面向上海出版局登记,获得在上海出版的认可,一面筹办编辑部,在当年毕业生中留下一人担任专职编辑,并请何声武教授任编辑部主任,筹办征稿、印刷、邮局发行、封面设计等工作,该刊由华东师大出版社印刷与出版。后来魏宗舒教授因故未能出任主编。学会改请北大江泽培教授出任主编。之后形成惯例，主编由学会指定，华东师大出一个副主编主持日常工作，编辑部工作全部由华东师大统计系负责。

　　1985年8月，经过大家的共同努力，尤其是何声武教授的努力，《应用概率统计》创刊号终于出版了，得到国内外的好评，发行量逐年增加，后趋于稳定。困扰我们的最大问题是每年亏损两万元如何补足。学校科研处拨款一万元，另一半应由学会支付，但不能及时拨款，因此我们在上海到处寻找资助。其间，上海翻译出版公司资助4年，上海质量协会资助3年，上海的一家公司资助了2万元，慢慢地杂志度过了难关。此时华东师大出版社发展壮大起来，以后的亏损全由出版社资助。亏损问题终于解决了，于是刊物考虑增加稿费、改善印刷纸张质量等问题。《应用概率统计》至今已出版36卷，每年6期，受到国内广大读者的欢迎。经过大家的努力，该杂志已成为国内核心刊物。华东师大统计系也更为壮大了。

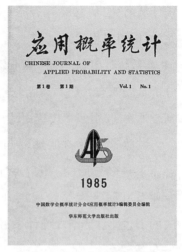

《应用概率统计》创刊号

出版教材

　　改革开放以来，随着经济的发展，社会需要大量经过系统训练的数理统计人才。近几年，教育部在一些高校设立该专业，为了促进数理统计人才的培养，迫切需要解决专业教材的问题。1984年教育部在杭州召开数理统计教学座谈会，除交流教学经验外，着重指出，组织国内专家编写和出版一套数理统计专业教材是当务之急，并委托茆诗松负责此事，并发函请华东师大出版社协助出版。会后我们与华东师大出版社领导商谈，他们表示将鼎力相助："你们编写一本，我们出版一本。"有了此后盾，我们邀请校内外专家编写一套"数理统计丛书"。从1986年开始,先后出版了8本教材:《数理统计》(茆诗松、王静龙),《随机过程导论》(何声武),《回归分析》(周纪芗),《试验设计》(王万中),《非参数统计》(陈希孺、柴根象),《实用多元统计分析》(方开泰),《时间序列分析》(安鸿志),《基本统计方法教程》(傅权、胡蓓华)等。这套教材出版后受到教师欢迎,很多学校选用,解决了应急之需。

虽然这套教材的编写与出版解决了新专业教材的燃眉之急,但是社会需求是多方面的。随着我国各项建设的展开,非师范专业、经济管理类专业及其研究生纷纷提出开设各种统计课程的需求,市场上各种统计方法的书也多了起来,统计系教授受各方面的邀请,编写了20多种各级教材与专著。

统计系教师编写的部分教材

统计系教师编写的这些教材与专著,不仅是他们多年科学研究的成果,也是他们深入实际的成果。书中大量例子是教师解决实际问题的浓缩。如《抽样调查的方法和原理》《质量管理统计方法》等书是作者长时间深入实际和深入思索的结晶,通过生动的事例,一些概念和结论获得更好的解释。其中一些教材还获奖或被推荐,如《概率论与数理统计》2002年获教育部优秀教材一等奖,《高等数理统计》被推荐为全国研究生教材等。

这些教材与专著的出版不仅壮大了统计系师资队伍,也丰富了教学内容,提高了教学质量。其中,不少书不断修订再版,至今还在社会上流通使用,社会影响较大,深受广大教师与学生的欢迎。

人才培养与科学研究

统计系概率论与数理统计专业是首批被批准为硕士点和博士点的,还与数学系合建博士后流动站。30多年来已培养6名博士后,50多名博士生,500多名硕士生,1 400多名本科生,100多名两年制专修科毕业生。如今他们大部分在祖国的高校、银行、证券、保险、咨询公司、调查公司、统计局、政府机关、各企业实业界等行业工作,很多成为各单位的骨干、教授、院长、系主任、博士生导师、公司总监、总经理等,为国家的发展做出贡献。还有一部分人出国深造,其中已有部分回国担任要职。

1983级现代管理与数理统计专修班毕业典礼

茆诗松为本科生授予毕业证书

1986届硕士生毕业合影
前排左起：吕乃刚、茆诗松、魏宗舒、林举干、何声武
后排：张雪野（左一）、周玉丽（左二）、周纪芗（右一）、蒋威宜（右二）

统计系成立后于1986年春举办了全国鞅论学术讨论会，并且经常邀请国内外专家来系访问与讲学。

1987年统计系数理统计专业被国家教育部确定为高等学校重点学科，这是对统计系科研成果的肯定，推动了统计系的科学研究，随机过程、多元分析、

1986年春参加全国鞅论学术讨论会代表合影

第一排：魏宗舒（左四）、袁运开（左六，校长）
第二排：傅烨辉（左一）、周延昆（左五）、何声武（右一）
第三排：薛天祥（左一）、黄月珍（左三）、林举干（左四）、汪振鹏（左五）、王玲玲（右一）、周纪芗（右二）、吕乃刚（右三）

可靠性统计、应用统计等方向在全国处于领先地位。

1994年申请的保险学专业获教育部批准，当年就招收本科生。保险学中的很多问题与概率统计有关，这些问题的研究可以推动概率论的发展。我们看到这一点，就申请在统计系设立保险学专业，并确定以精算和风险管理研究为主要方向。学生的就业形势也很好。

自统计系成立后，教师们申请了多项国家自然科学基金、国家社会科学基金、教育部博士点基金资助项目，在随机过程、随机分析、多元分析、可靠性统计、抽样调查、试验设计、风险评估、质量管理等方面获得一批研究成果。我们培养的学生毕业留校当教师后也是成果丰硕。如茆诗松与王玲玲参加了可靠性的多项标准的制定工作，其中"寿命试验和加速寿命试验数据处理方法"1980年获电子工业部科技成果一等奖、国防科工委重大技术改进成果二等奖，"彩色电视接收器综合标准化"1990年获电子工业部科技进步一等奖，"正态分布区间估计系数表"1992年获航天部科技进步二等奖；何声武等的

1993年夏，中国人民大学袁卫陪同加拿大麦吉尔（McGill）大学惠特莫尔（Whitmore）教授来学校访问
左起：王静龙、魏宗舒、惠特莫尔、袁卫、茆诗松

《半鞅与随机分析》1995年获国家优秀图书特别奖；梁小筠参加的"上海市人口抽样调查与方法、体系及应用研究"1998年获国家统计局科技进步一等奖等；统计系培养的研究生郑伟安的"随机分析及其应用"1987年获国家自然科学三等奖；濮晓龙等的"现代鉴定试验理论方法研究"2006年获全军科技进步一等奖；汪荣明的"破产概率中若干问题的研究"2004年获上海瑞士再精算科学奖二等奖。

名称变迁

概率与统计是两个研究方向，二者联系密切，在我国常融为一体，相互促进。1990年前后，一些同行教师提出，若用"数理统计专业"名称，那把概率论放在什么位置呢？为调动概率论方向教师的积极性，他们向教育部提出建议，把"数理统计专业"改为"概率论与数理统计专业"。当时教育部理科司向我们征求意见，我们认为，统计是一种职业，突出统计是为了以后大学毕业生更容易找到合适的工作，这并不影响概率论的研究，硕士与博士专业仍然可称为概率论与数理统计。对两种不同意见，教育部特地在北京师范大学召开了一次专业名称讨论会，会上两种意见得到充分表述。后在教育部理科司同志的协调下双方达成妥协，专业定名为"统计与概率专业"。又过了几年，教育部要调整专业，过窄的专业要合并，在专家会议上，决定使用"统计学专业"这一名称，并把它作为一级学科（与数学并行），下设两种学位，在财经院校可授"经济学学士"，在理科院校可授"理学学士"。二者都要学习数理统计和计算机统计软件，后续课程可有所侧重。我们仍向理科方向培养。不久统计系教师大会上讨论通过，与教育部同步，把专业名称改为"统计学专业"。这一名称一直沿用至今。

统计系成立至今有30多年了，已是五脏齐全的系科。它的成长过程步步艰辛，但我们乐在其中。在校部的领导下，全体教师团结一致，尽心尽力，一步一个脚印地建设统计系。能如此发展是顺应了我国建设的需要，也跟上了世界学科发展的步伐。统计系的老教授们看到这一成长过程，心里都得到了安慰，我们为华东师大的建设添了一块砖。如今统计系汇聚了更多的人才，设立了很多研究项目，众多大学生、研究生会聚一堂，学校里还专门盖了一幢统计楼，在未来统计系会愈来愈兴旺。

数学教育学科发展纪事 *

赵小平

华东师范大学数学系，是中国数学教师的摇篮。其中的数学教育学科团队，从1951年建校时算起，已经走过了风雨70年。当年的一棵稚嫩幼苗，今天已是枝叶丰茂，成长为一个国际知名、国内领先的学术群体。回顾往事，让我们记住几个关键的时刻，提挈几串重要的事件，从中看到几代人奋发图强、勇攀高峰的精神风貌。

1951年：数学教育学科起步

华东师范大学是新中国创建的第一所师范大学，当时数学系最紧迫的任务是为新中国的教育事业培养优秀的数学教师，因此对学生进行专业知识的教学、教学技能的培训和教育理论的研究是数学系最重要的学科建设任务之一，相应的学科队伍也是数学系最早筹建的团队之一。

这支团队的元老是原光华大学副教授徐春霆先生。徐先生精于初等数学研究，当时被公认为上海滩的解题活字典，建系初期主讲解析几何与初等微积分等课程。1952年从山西大学调来几何学专家钱端壮先生；1954年从华东师大一附中调来郑锡兆先生；同年，又新增数学系专科毕业留校的郑启明和滕伟石两位青年教师。这些教师逐步组成了数学教育方向最初的学科队伍。

---

* 原载《文脉——华东师范大学学科建设回眸》，作者做了修改补充。

在学校1954年的档案记录里，这五位老师组成数学教学法教学小组，钱端壮先生任系副主任兼小组长。这个数学教学法教学小组的名称与以后的数学教学法教研组、教材教法教研组、数学教育教研组等名称是一脉相承的，这里的"小组长"职务以后相应的改为"组长"或"主任"。1955年，数学系根据学科建设需要，调钱端壮先生到几何教研组任组长，数学教学法教研组的组长由徐春霆先生担任。

1956年，数学系从上海中学调来余元希先生。余先生1945年毕业于上海交通大学数学系，1946年后在上海中学（1950年以前名为江苏省立上海中学）从事中学数学教学工作，并长期担任上海中学的教导主任，是那个年代中学界著名的代表人物。余元希先生的到来大大加强了华东师大与中学界的联系。刚来时，他主要负责函授教育和本科生实习，后来任《数学教学》杂志的常务副主编，主讲中学数学教材教法等课程。从1961年开始，余元希先生担任数学教学法教研组主任，直到"文革"开始。

从建校到1966年期间，数学教学法教研组陆续有其他一些教师加盟，如1955年加入的孙志绥，1956年加入的朱志卓、吴珠卿、戴耀宗、荣丽珍，1957年加入的吴光焘、倪若水，1959年加入的王西靖、詹令甲，1961年加入的吴卓荣、田万海、伍立华、李永熺，1963年加入的梁小筠。教研组人数最多时达9人（1957年），但其中大部分先后因工作需要而调离，有的调到（或兼职）管理岗位，有的调到其他教研组，有的支援华东师大附属中学，有的支援兄弟院校。例如，1954年留校的滕伟石在1956年以后先后担任华东师大二附中支部书记、华东师大数学系总支副书记、上海市松江二中副校长、绍兴师范专科学校校长等职；郑锡兆1958年调往华东师大二附中任教；郑启明1960年起担任数学系总支副书记、常务副主任等职。至"文革"前夕，教学法教研组还有5位成员：余元希（主任）、吴卓荣（副主任）、徐春霆、李永熺、梁小筠（在华东师大一附中）。

当时数学系领导非常重视师范教育，系里除了教学法教研组，还曾经设有初等数学教研组，据1955年的学校档案记载，当时初等数学教研组成员有曹锡华（主任）、陈昌平、陆慧英、赖英华、潘曾挺、朱念先、李伯藩。曹锡华先生和陈昌平先生分别主讲过初等代数研究和初等几何研究课程，他们用高观点解释和处理初等数学的内容。当年陈昌平先生选用的是法国著名数学家阿达玛（J. Hadamard）的《几何学教程》，该教材的几何体系逻辑严密、表述精确、习题丰富，为数学系师范类课程的建设提供了很好的范本。高质量的教学为学生毕业后走上数学教师岗位打下扎实的专业基础，储备了精湛的教学基本功。

1955年：《数学教学》杂志创刊

当时的数学系主任孙泽瀛先生认为，新中国的中等学校和高等师范学校虽然在数量上有了很大的发展，但教师的质量还存在很大的问题，为了指导广大数学教师提高专业水平，鼓励一线教师进行教育科学研究，创办一本供数学教师阅读和交流的杂志很有必要。在孙泽瀛先生的努力下，《数学教学》于1955年创刊。这是新中国最早创刊的杂志之一，孙泽瀛先生兼任杂志第一任总编辑（即主编），李锐夫先生为杂志题写刊名。

《数学教学》创刊号

《数学教学》的编委会主要由华东师大数学系的教师和著名中学数学教师组成。其中孙泽瀛是总编辑，余元希、杨荣祥是副总编辑，唐秀颖、姚晶、黄松年等编辑都曾是上海重点中学的校长，最早的数学特级教师。

翻开早期的《数学教学》杂志，可以看到很多数学教授的文章。例如在最早两期的目录中，作者钱宝琮、孙泽瀛、钱端壮、程其襄、雷垣、李锐夫、徐春霆等先生都是著名的数学教授和研究员，他们在《数学教学》这本刚刚诞生的、为中等教育教师服务的杂志上，用通俗易懂、深入浅出的文字指导读者学习数学知识，研究教育规律。在专家的言传身教和《数学教学》编辑部的鼓励下，中学一线教师开始关注数学教学研究，把教学和研究心得撰写成文，形成《数学教学》杂志新的作者群体，杂志的作者目录中出现了越来越多的中学、业余学校、技术学校、成人学校教师的名字。

《数学教学》的日常事务主要由副总编辑余元希先生承担。余先生善饮，属于"李白斗酒诗百篇"一类的学者。在《数学教学》编辑部，常见他嘴上含着一支粗粗的雪茄，面前放着一杯热气腾腾的浓茶，手上拿着一支蘸有红墨水的毛笔，批批改改，勾勾画画，一会儿就使杂乱无章的稿件手到病除、起死回生。余先生选用稿件博采众长，《数学教学》的作者有数学家，有数学教育名家，还有边远农村的初级中学普通教师，大家从不同角度、不同层次来讨论数学教学问题。余元希先生特别爱护和尊重来自教学第一线的作者。例如上海真如中学的一位语文老师写了一篇小文章《向数学老师提点意见》，文中指出，学生写的错别字有些是受数学老师的影响，例如把"数"字左边的"娄"写成"由"，把"解"字写成"介"，把"圆"字写成"园"，该语文老师在文中仔细说明了这些字在字形、字义、字性等方面的差异，指出这些字是不规范的，不能互相替代。虽然文章没有提到任何数学教育问题，但是余先生认为作者的意见涉及数学教师的基本素养，因此将这篇语文老师写的文章刊登在《数学教学》1960年6月号上，毋庸置疑，这篇文章对提高数学教师的文字规范是有积极作用的。

《数学教学》发行之后广受数学教师的欢迎。杂志在1955年创刊时是季刊，1959年改为月刊，每期发行量从创刊时的6 850册增加到1960年的68 760册。短短5年，杂志的发行期数增加到创刊时的3倍，每期发行量增加到创刊时的10倍，成为影响中国数学教育的一个重要平台。

《数学教学》发行到1960年6月号便戛然而止，在此前几期的杂志上没有登载任何关于停刊的"启事"，据前辈老师讲，停刊的原因是纸张紧缺。我们推测，这个原因已经困扰编委会很久了。依据之一是，1960年前后，国家经济正处在最困难的时期；依据之二是，杂志的1959年1月号上登载了一条《编委会启事》："为了节约纸张减轻读者负担，本刊从本年起每期篇幅改为37页，正文一律用新5号字排印（数字基本不减少），并降低售价为每期两角，已预订者，多余订费由邮局退还。"（注：杂志原来的篇幅为49页，售价为两角六分）从当年留下来的旧杂志可以看到，1959年各期杂志的纸张质量明显差了很多，特别是1960年1月号起，杂志的纸张非常粗糙，又黄又薄又脆。在1960年6月号上登载的另一条"启事"又提到了"节约纸张"问题："为了进一步提高刊物的质量，节约纸张，我刊决定从7月号起每期篇幅紧缩为28页，售价相应地降低为每期0.15元。我们希望读者尽可能采取集体合订的办法，使本刊能更好地满足读者的需要，发挥更大的作用。"然而，人们再也没有见到7月号及以后各期，由此可见当时自然灾害和经济困难的严重程度。

直到拨乱返正后的1979年，《数学教学》复刊，李锐夫先生担任主编，余元希和邹一心担任副主编，其中余元希为常务副主编，编委会中有数学系的魏宗舒、张奠宙、郑启明、茆诗松、鲍修德、周彭年等教师，还有王鸿仁、乔友超、姚晶、唐秀颖等重点中学校长和上海市教委教研室的张福生。苏步青先生为《数学教学》复刊写了热情洋溢的"复刊献词"，广大中学数学教师对《数学教学》杂志的厚望还在，复刊后的发行量一度达到12万册。

复刊后的《数学教学》

1985年陈省身先生为《数学教学》创刊三十周年题词"廿一世纪数学大国"（见插页图14），寄托着大师对《数学教学》杂志和我国数学教育事业的殷切期望。

1987年李锐夫先生去世，张奠宙先生接任杂志主编，一干就是21年。2008年之后，主编之职先后由赵小平、鲍建生担任，而承担繁重编务工作的主要是邹一心、李俊、忻重义、胡耀华等常务副主编。

《数学教学》编辑部主要成员

前排：张奠宙（中）、邹一心（右）。后排左起：忻重义、赵小平、李俊、胡耀华、鲍建生

近些年来，随着网络媒体的兴起，纸质杂志大都面临发行量萎缩、经营困难的挑战，大多数同类杂志采用各种手段转嫁经济压力，然而《数学教学》杂志一如既往，质量至上，不但不向作者收取任何费用，还照样支付稿费，在行业圈内独树一帜，有口皆碑。《数学教学》杂志是华东师大数学教育方向一张靓丽的名片，至今保持着全国性的影响力。

1960年：上海市中小学数学教材改革

在意气风发的50年代，教师们除了做好校内的教学工作，还积极配合国家的社会主义建设步伐，为社会多做贡献。值得一提的是，数学系在20世纪60年代初为上海的第一次中小学数学教材改革进行了一场轰轰烈烈的大会战（此事件详情可见本书郑启明先生撰写的《20世纪60年代上海市数学教材改革的回忆》一文，这里仅介绍该事件的背景）。

在新中国成立初期，为了统一全国中小学教学用书，教育部和国家出版总署共同组建人民教育出版社，编写出版全国统编教材供各地中小学统一使用。由于历史原因，当时出版的教材具有较深的苏联烙印。例如1951年应急出版的第一套统编教材是按照教育部"必须研究中国，参考苏联，以苏联的中学教科书为蓝本,编写完全适合中国需要的新教科书"的精神编写的。1953年教育部制定中小学各科教学大纲,对理科大纲仍旧强调要学习苏联经验,以苏联十年制学校最新的教学大纲为蓝本,因此按教学大纲编写的1956年出版的第二套统编教材仍囿于苏联教材的框架。从1957年开始,中共中央和教育部开始认识到这些问题对我国教育的不利影响,采取了一系列的弥补和改革措施。

1958年中共中央、国务院颁发《关于教育事业管理权限下放问题的规定》,指出:"各地方根据因地制宜、因校制宜的原则,可以对教育部和中央主管部门颁发的各级各类学校指导性教学计划、教学大纲和通用的教材、教科书进行修订、补充,也可以自编教材和教科书。"

1959年教育部发布了《关于实验改革学制的决定》,提出中小学学习年限由12年制改为10年制。

在1960年召开的全国人大二届二次会议上,时任中宣部部长陆定一做了《教学必须改革》的发言,提出:"我们想从现在起,进行规模较大的实验,在全日制中小学教育中,适当缩短年限,适当提高程度,适当控制学时,适当增加劳动。"

一场中小学课程教材改革在全国轰轰烈烈地展开了。根据当时的形势,上海市委和华东师大党委于1960年1月指示,由华东师大数学系负责上海的中小学数学课程改革,具体事务交给郑启明,他当时既是教学法教研组的成员,又是数学系的总支副书记和常务副主任,理所当然地受命领衔。郑启明雷厉风行,很快邀请了复旦大学苏步青、谷超豪等著名数学家,唐秀颖、姚晶、赵宪初等沪上数学教学名师,还有华东师大数学系余元希,组成了"课程革新委员会",制定了数学课程改革方案,将中小学学制定为10年,在中学数学课程中增加了解析几何、微积分、概率统计等现代数学内容,并对很多传统内容提高了教学要求。然后组织数学系的教师、学生和部分资深中学教师成立编写团队,根据该课程改革方案编写教材,只用了短短4个月时间,编写出版了一套共18本中小学数学革新教材。但由于这套革新教材的新增内容过多,教学要求过高,教材体系变化过大,在教学实验中遇到很多问题,难以实施。我们同其他各条战线一样,重新反思和纠正"大跃进"带来的问题。

虽然上海的第一次中小学数学课程改革是失败的,但是所有参与者期望国家更快发展的愿望、为实现愿望而无私奉献的热情是难能可贵、令人敬佩的。华东师大数学系能在如此短的时间里在整个上海地区整合出一支如此优质的团队,并高效率地操作如此庞大的项目,令上海教育界和上级领导刮目相看。1962年,上海市委、市教育局又把编写上海市中学数学教材的任务交给了华东师大数学系。我们吸取了1960年的经验和教训,稳扎稳打,边研究,边编写,边试教,至1965年出齐了所有的初中教材。使用教材后,教学效果很好,教材质量受到北京和外省市专家的高度肯定。遗憾的是,高中教材的编写由于受到"文革"干扰,直到"文革"后才完成。

上海在20世纪80年代和21世纪初先后进行过两期大规模的中小学教材改革,华东师大数学系都在其中承担了主要角色,这不能不说是1960年那场轰轰烈烈的"败仗"奠定了华东师大数学系在中小学教材建设领域的"台柱子"地位。

1986年:数学教育研究室成立

"文革"结束后,数学教育团队重新结集,人员有余元希、徐春霆两位老先生和刘鸿坤(1961年从上海师院数学系毕业分配到华东师大)、田万海(数学系1960年毕业留校)、邹一心(数学系1959年毕业留校,曾借调上海市高教局)、许鑫铜(数学系1959年毕业留校,曾借调上海市体委)四位中年教师,后

刘鸿坤和田万海　　　　　　邹一心　　　　　　　　许鑫铜

增加了1978年和1980毕业留校的青年教师赵小平和李士锜。在这段时期,两位老先生的年事已高,四位中年教师成为承上启下的中坚力量。

1981年,华东师大获得"数学史与数学教育"硕士学位授予权,这对数学教育方向是一件里程碑式的大好事,但同时也面临着巨大挑战,如何在更高的水平上建设数学教育方向的学科体系,如何培养数学教育方向的研究生,当时国内没有现成的经验可借鉴。时任数学系主任胡启迪等领导借鉴50年代数学教授兼做数学教育研究的传统,做出一个影响深远的战略决定:成立数学教育研究室,延请微分方程教研室主任陈昌平、函数论教研室主任张奠宙和数学系副主任、几何教研室唐瑞芬为兼职研究人员,联合数学教育教研室的原成员,共同打造一支学术团队。

虽然新成立的研究室没有经费,没有编制,没有办公室,但是体制上的改革立即呈现出强盛的活力,马上开始了一系列具有战略意义的基本建设。下面例举几项影响力较大的工作。

第一件大事是邀请当代著名的数学家和数学教育家弗赖登塔尔来校讲学。这件事情是陈昌平先生促成的,当时经费有限,他说要请就请最好的。弗赖登塔尔早在二十世纪三四十年代就以拓扑学和李代数方面的卓越成就为世人所知。从50年代起,他把主要精力放在数学教育方面,发表了大量专著,开展了广泛的社会活动。1967—1970年,他任国际数学教育委员会(International Commission on Mathematical Instruction, 简称ICMI)的主席,召开了第一届国际数学教育大会(ICME-1),创办了《数学教育研究》(*Educational Studies in Mathematics*)杂志,在国际层面上为数学教育事业做出了开创性的贡献。1987年冬,82岁高龄的弗赖登塔尔在华东师大数学系讲学三周。我们第一次比较系统地了解数学教育的国际前沿研究,数学化、再创造、程序性数学与思辨性数学、数学的学科形态与教学形态等观点一一呈现在我们眼前,令人茅塞顿开。这次讲学对我国数学教育研究影响深远。至今回想起来,邀请弗赖登塔尔来华东师大讲学真是一着高棋。

弗赖登塔尔在上海访问期间,唐瑞芬先生是他的翻译,为了更准确、更顺利地翻译弗赖登塔尔带有浓重德语腔的英语，唐先生事先花了很多时间研究他的讲稿和其他著作，了解他的基本思想和观点，因此唐瑞芬先生自然成了研究弗赖登塔尔教育思想的专家。

左起：弗赖登塔尔、维斯灵、唐瑞芬、张奠宙

1994年，弗赖登塔尔在上海的讲学内容以 *Revisiting Mathematics Education: China Lectures* 为名，由荷兰的克鲁沃（Kluwer）出版社出版，1999年，中文本《数学教育再探：在中国的讲学》由上海教育出版社出版。

第二件大事是承接了国家教委委托的"1987年全国初中数学教学抽样调查"项目。当时，国家教委基础教育司为了九年制义务教育的顺利推行，委托华东师大在全国范围内对初中数学、语文、外语三门学科的教学、师资、管理和硬件等情况展开调查。数学系负责该项目的数学部分，由数学系主任胡启迪和教研室主任田万海负责，许鑫铜、赵小平等同志参加。项目组设计了科学精细的抽样方案，在全国15个省、直辖市、自治区抽取了5万多名学生作为调查样本，通过数学测试和问卷调查等方式调查学生的数学学习水平、学习方法、学习条件、家庭经济、家长、家务等信息；对样本学生的教师和教育主管部门进行问卷调查和访谈，了解数学教师的工作量、工作条件、经济收入、教研机制、学历和进修机会，以及学校的场地、设备、图书、经费等情况。然后将获得的海量数据和信息进行统计分析，得到很多有价值的结论。项目结题时，国家教委聘请苏步青先生为答辩委员会主任，对该项目的"科研报告"和"咨询报告"进行了严格的质询和答辩。1990年，项目研究成果《全国初中数学教学调查与分析》由华东师范大学出版社出版。1991年，该项目获得国家教委科技进步一等奖。

第三件大事是数学教育学科的研究文献建设。从1985年开始，数学系招收数学史与数学教育硕士研究生，导师和学生一起举行讨论班，阅读英文原版的数学教育著作，消化之后进行翻译、改编、出版。在20世纪90年代形成了一个出版高潮，华东师大数学系迅速成为国内数学教育研究的学术资料中心。当时主要的出版物有：

由陈昌平主持，阅读数学教育家弗赖登塔尔1973年著的 *Mathematics As An Educational Task*。这本书相当难读，但是很有启发性。由陈昌平、唐瑞芬、李士锜、李俊、邹一心、忻重义等编译，以《作为教学任务的数学》为书名，1995年由上海教育出版社出版。

由张奠宙和唐瑞芬主持，阅读美国数学教育家贝尔（F. H. Bell）1978年的著作 *Teaching and Learning Mathematics (In Secondary School)*。讨论班的成果成为由张奠宙、唐瑞芬、刘鸿坤合著的《数学教育学》的主要观点，1991年由江西教育出版社出版。该书还包括唐瑞芬的《弗赖登塔尔教育思想》、李士锜的《数学思维心理分析》、刘鸿坤的《数学问题解决》、熊斌的《数学竞赛与数学教育》、范良火的《数学教育中的实验、测量与评价》等，这些都是当时最新的研究成果。

以田万海为主编，赵小平、李俊、汪纯中等参与编写的《数学教育学》，主要侧重于中国本土的数学教学，1993年由浙江教育出版社出版。

张奠宙、邹一心编写《现代数学与中学数学》，1991年由上海教育出版社出版。此书以格里菲思（H. R. Griffith）和希尔顿（P. J. Hilton）合著的《经典数学综合教材》（*A Comprehensive Textbook of Classical Mathematics*）为参考，用现代数学的观点来分析中学数学中的具体问题。

张奠宙、戴再平、唐瑞芬、李士锜等主持编写《数学教育研究导引》，1994由江苏教育出版社出版。据统计，此书是《数学教育学报》论文中引用率最高的著作。

田万海主编的《数学教学测量与评估》1995年由上海教育出版社出版。此书借鉴当时国际上教育测量和评估的基本理论框架，并结合1987年全国初中数学教学抽样调查所提炼的实践经验写成。

张奠宙编著的《数学素质教育设计》1995年由江苏教育出版社出版。

唐瑞芬等编译《数学教学理论是一门科学》[*Didactics of Mathematics As a Scientific Discipline* 由罗尔夫（Rolf Biehler）等主编]，1998年由上海教育出版社出版。

陈昌平等选译的《数学教育学研究手册》[*Handbook of Research on Mathematics Teaching and Learning*，由道格拉斯（Douglas A. Grouws）等主编]，1999年由上海教育出版社出版。

张奠宙、丁尔陞翻译的《国际展望：九十年代的数学教育》（ICMI研究丛书之一），1990年由上海教育出版社出版。

李士锜编著的《PME：数学教育心理》，2001由华东师范大学出版社出版。

这些著作的密集出版，为我国数学教育方向的科学研究、研究生课程建设和教师教育起到启动和奠基作用，影响深远，标志着数学系组建的数学教育研究室初战告捷。

1994年：第一次主办数学教育国际会议

华东师大的数学教育学科在20世纪80年代末的迅速发展和崛起，得益于我们有机会参与国际上的数学教育研究活动，能了解到其他国家在数学教育改革方面的理念和实践，能借鉴他们的研究方法和成功经验。今天，在国际数学教育研究的舞台上呈现了不少中国的学者和中国的成果，我们要记住这是前辈们艰辛开拓的结果。

1. 积极参加数学教育的国际交流

联合国教科文组织领导下的国际数学教育委员会每四年组织一次国际数学教育大会，这是数学教育方向最高层次的国际交流平台。1980年，我国第一次派代表团参加第四届国际数学教育大会（ICME-4），曹锡华是中国代表团6

左起：国际数学教育大会主席古兹曼、唐瑞芬、国际数学教育大会秘书长尼斯、张奠宙

位成员之一；1986年，中国在国际数学教育委员会的代表权问题获得解决；1988年张奠宙争取到会议资助，参加了在匈牙利布达佩斯举行的第六届国际数学教育大会（ICME-6）；1992年，张奠宙和唐瑞芬参加了在加拿大魁北克举行第七届国际数学教育大会（ICME-7）。这是我国数学教育跻身国际舞台的最初几步，受到国际同行的欢迎。

　　1994年，在当时的国际数学教育委员会执行委员会副主席、新加坡数学家李秉彝先生的支持下，华东师大获得了主办"ICMI-中国数学教育国际会议"的资格，我们从国际会议的参加者成为主办者。这次与会的境外学者100多人，国内学者80多人，会议规模打破了学校当时举办过的国际会议的纪录。尤其是出席嘉宾的规格非常高：起草著名的《柯克克洛夫特报告》的英国柯克克洛夫特爵士、美国数学教师协会主席拉本、国际数学教育委员会副主席李秉彝、国际数学教育委员会秘书长尼斯、国际数学教育委员会前副主席奈布勒斯神父、日本数学教育学会会长泽田利夫、韩国数学教育会长朴汉植、荷兰弗赖登塔尔数学教育研究所所长德·朗治等国际数学教育界重量级人物悉数到会。上海市副市长谢丽娟在开幕式致辞，上海市教育局副局长张民生做大会报告。

1994年，华东师大举办国际会议的物质条件十分薄弱，要想找一个有空调的大会议室都很难。会议在8月份举行，借用的学校图书馆大厅需要预先打开空调两个小时，方能勉强使用。尽管物质条件比较差，但我们对会议的组织形式和内容都精心安排，尽量与国际会议惯例接轨。例如，建立了会议网站和联系平台，会议进程按照预先公布的《会议程序册》进行，规定会议语言为英语，并为非英语的与会者提供同声翻译，一视同仁地安排国内外客人的会场和食宿，会议用餐和茶歇采用自助方式等。这些措施在今天看来十分平常，但在当年却颇费周折，多亏学校、数学系和后勤部门的全力支持，会议获得圆满成功，我们也积累了主办国际会议的经验，有了作为东道主的自信。

2002年，国际数学家大会（ICM2002）在北京举行，大会前后安排了46个卫星会议在我国内地、香港、澳门、台湾和国外举行。其中关于数学教育的卫星会议安排在西藏拉萨，主要组织工作由华东师大王建磐、徐斌艳、李俊等承担。在世界屋脊聚集世界各国的数学家和教育家共同研究数学教育大事，即将当选新一届国际数学家联盟主席的鲍尔（J. Ball）参加了拉萨会议，并做了学术报告。这次会议的部分报告收集在由王建磐、徐斌艳主编的、华东师大出版社2004年出版的《数学教育的趋势和挑战》（*Trends and Challenges in Mathematics Education*）中。拉萨会议的成功举办还具有特殊的政治意义：以事实向世界宣示西藏是中国的神圣领土。

之后，我们主办过多次区域性和专题性的数学教育国际会议，如2005年的第三届东亚数学教育大会（ICMI-EARCOME）、2011年的中小学数学教材国际研讨会、2013年的未来十年中国数学教育展望国际研讨会等，这些会议主要由王建磐、李士锜、李俊、徐斌艳、汪晓勤、吴颖康等中青年组织操办。通过这些会议的举办，更多的国际数学教育界同仁了解了中国，认识了中国华东师大的数学教育团队。

2008年，我们申请过2012年第十二届国际数学教育大会的举办权，但因种种原因，未能成功。转眼到了2014年，随着我国经济的高速发展，举办高规格的大型国际会议所需要的会场、宾馆、交通、安全等物质条件比前些年有了较大的提高，我们再一次将此项工作提上议事日程。经中国科协和外交部批准，由中国数学会授权，以华东师范大学和上海市数学会的名义，又一次向国际数学教育委员会递交了申请2020年第十四届国际数学教育大会举办权的标书，申办工作由王建磐教授领衔的华东师大数学教育团队执行。与我们竞标的城市是澳大利亚悉尼和美国檀香山。国际数学教育委员会执行委员会组成的考察团进行了实地考察和比较，最后通过投票决定，上海获得了2020年第十四届国际数学教育大会的举办权。这是中国教育史上的一件大事（但由于2020年初开始的新冠肺炎疫情，会议顺延至2021年7月举行）。

2. 在国际学术活动中争取承担重要角色

1995年，张奠宙被推选为国际数学教育委员会执行委员会的委员（1995—1998年），这是中国人第一次进入这一权威组织的领导机构，从普通成员到领导成员，这又是一次提升。紧接着，王建磐被推选为下一届的执行委员（1999—2002年）。中国华东师范大学的教授连续担任国际数学教育委员会执委，为世人瞩目。

每四年一次的国际数学教育大会都由一个国际程序委员会操办。张奠宙首次担任1996年在西班牙举行的国际程序委员。到了21世纪，华东师大教授陆续担任国际数学教育大会的国际程序委员会委员：

鲍建生：2008年，墨西哥，第十一届国际数学教育大会的国际程序委员。

李士锜：2012年，韩国首尔，第十二届国际数学教育大会的国际程序委员。

徐斌艳（华东师大教育科学学院，数学学科）：2016年，德国汉堡，第十三届国际数学教育大会的国际程序委员。

华东师大的学者还在国际数学教育大会期间担任其他重要职务：

1996年，唐瑞芬在西班牙的第八届国际数学教育大会上，作为圆桌讨论会的成员。

2000年，张奠宙在东京举行的第九届国际数学教育大会上主持大会报告。

2008年，在墨西哥举行的第十一届国际数学教育大会上，王建磐主持国家展示《中国数学教育：传统与现实》。这是我国自从清末民初实行现代学校教育制度以来，对国家数学教育历史的一次全面探讨与总结，让世界上更多人了解中国的教育传统。这批资料展示后，由王建磐教授主编，以《中国数学教育：传统与现实》为书名，于2009年由江苏教育出版社出版了中文版，2013年由新加坡圣智学习（Cengage Learning）出版公司和江苏教育出版社联合出版了该书的英文版。

2012年，徐斌艳在韩国首尔举行的第十二届国际数学教育大会上主持圆桌会议。

张奠宙、李士锜、徐斌艳等教授先后在国际数学教育大会上做45分钟报告。

我们团队的成员越来越多地出现在国际数学教育大会的讲坛上或重要位置上。

3. 形成中国数学教育研究的国际团队

在2000年举办的第九届国际数学教育大会上，"华人数学教育论坛"设立，世界各地的华人数学教育工作者齐聚一堂，探讨共同感兴趣的话题，会议上发言的有蔡金发（美国特拉华大学教授）、范良火（英国南安普顿大学教授）、林福来（台湾师范大学教授）、黄毅英（香港中文大学教授）、李秉彝（新加坡南洋理工大学教授）、任子朝（教育部国家考试中心）、王建磐（华东师范大学）、叶其孝（北京理工大学）等。这个论坛在以后各届国际数学教育大会举办期间都有专题活动，吸引了大量对中国数学教育感兴趣的外国学者参加。论坛内容后来成为《华人如何学数学》一书的素材，由范良火、蔡金发、黄毅英、李士锜主编，其中文版由江苏教育出版社出版，英文版由新加坡世界科学出版社出版。新加坡世界科学出版社出版的 *How Chinese Teach Mathematics*（《华人如何教数学》）是前书的姐妹篇，收录的也是论坛的内容。世界各地的华人学者从不同的视角出发，互相切磋，共同研究中国的数学教育问题，既立足于中国现实，又具有国际视野，无疑会产生更好的研究方法和研究成果。

4. 积极参加区域性和专题性的国际学术活动

国际数学教育委员会除了举行四年一度的大会外，还定期举行一些区域性会议和某些专题方向的年会。每三年一次的东亚数学教育大会,从第二届(2002年)到第六届(2013年)我们都有代表参加,李士锜、李俊在第三届会议上做大会报告,王建磐在第六届大会上做大会报告。国际数学教育委员会下属组织的年会涉及心理学、数学史、教师教育、妇女与数学教育、数学建模与应用等方向,各方向的学者定期聚集在一起,将各自的研究成果进行交流或公布,促进了学科的发展。李士锜参加国际数学教育心理学研究小组(International Group of Psychology of Mathematics Education,简称PME)的年会,连续发表了《熟能生巧吗?》《熟能生笨吗?》《熟能生厌吗?》等系列文章,撰写了专著《PME:数学教育心理》,在数学教育心理学方面很有影响力。汪晓勤参加国际数学史与数学教育关系研究小组(International Study Group on the Relations between History and Pedagogy of Mathematics,简称HPM)的会议,发表了不少论文,并在华东师大开设了研究生课程数学史与数学教育。

总之,通过国际交流,我们的学术水平、交流水平和管理水平都有了显著提高,华东师大数学教育学科成为"国内领先、国际知名"的数学教育研究高地。

2000年:招收第一批数学教育博士生

从20世纪80年代开始,我国很多学科方向先后获得了博士学位授予权,但是数学教育方向的博士点却迟迟没有设立。华东师大数学系曾和北京师大数学系尝试联合申请数学教育博士点,却被否决。直到1998年,华东师大获得教育学一级学科博士点,于是数学教育方向顺理成章地可以招收和培养博士研究生了。可此时出现的新问题是,陈昌平、张奠宙、唐瑞芬、田万海等教授都已年过六十,按制度规定不能申请担任博士生导师。时任华东师范大学校长王建磐毅然接过这付担子,并聘请了上海教科院副院长顾泠沅研究员兼任博士生导师。第一批招收了鲍建生、李忠如、易凌峰三位博士生,为以后各师范大学招收数学教育方向博士生首开先河。现在鲍建生是华东师大数学系教授、博士生导师,李忠如是西南大学数学与统计学院教授、副院长,易凌峰是华东师大商学院副院长、教授、博士生导师。

这个博士点上培养的博士来自全国各地，包括台湾、香港和澳门，毕业后他们大多在各地的大专院校、教育研究部门和中学工作，其中一半以上晋升了教授、副教授，成为所在单位研究和教学的骨干。我们的数学教育方向在培养博士层次上也实现了散枝开叶、桃李天下。

在这个博士点上，除了王建磐、顾泠沅外，后来陆续有李士锜、鲍建生、汪晓勤、熊斌等多位博士生导师加入，是国内学术影响力最大的数学教育博士点之一。

一如既往：为基础教育服务

华东师大数学教育方向一贯重视将数学教育的理论与我国的教育实践相结合，积极参与基础教育的改革，在实践中发挥学术优势，确立社会地位。以下几项活动值得一提：

1. 在国内举办数学教育高级研讨班

在教育部人事司的资助和学校华东高师师资培训中心的具体帮助下，从1992年开始，到2006年止，连续15年举行全国范围的数学教育高级研讨班，共同研讨中国数学教育领域的重要问题，及时传播研究结果，为引领中国的数学教育改革形成一股强劲的学术力量。张奠宙和唐瑞芬两位教授全程参与组织。下表是15次高级研讨班的简况：

序	年份	举办地	主题	会议成果
1	1992	宁波	《数学素质教育草案》	组织队伍，开始数学素质教育的研究，持续到第4次高研班结题，撰写《数学素质教育设计》
2	1993	扬州	数学学习心理学和数学哲学 数学问题解决的教学 形式化和非形式化的关系 数学学习后进生问题	《数学教育国际透视》，1995年浙江教育出版社出版

序	年份	举办地	主题	会议成果
3	1994	上海	教师教育	国际数学教育大会上海会议
4	1995	青岛	素质教育的含义、实践与评价	《数学素质教育设计》，1996年江苏教育出版社出版
5	1996	金华	数学学科的德育功能	《数学学科德育——新视角、新案例》2007年高等教育出版社出版
6	1997	上海	东亚数学教育大会预备会	
7	1998	上海	中国数学教育特色	
8	1999	上海	2010年数学教育展望	
9	2000	南京	数学课程改革	
10	2001	四川	数学教育心理学，建构主义	
11	2002	上海	中国数学双基教学	启动数学双基教学研究，持续到第13次高研班，撰写研究成果
12	2003	西安	数学教育研究的学术规范	
13	2004	上海	中国数学双基教学	《中国数学双基教学》，2006年上海教育出版社出版
14	2005	上海	第三届东亚数学教育大会	
15	2006	重庆	数学与应用数学	《交流与合作：数学教育高级研讨班15年》，2008年广西教育出版社出版

在科研经费匮乏的20世纪90年代，连续举办全国性会议的困难可想而知。但是由于学术活动的高水平和高效率，这些会议赢得了全国数学教育学者的赞誉，并积极支持与投入。舆论认为，这15年的研究成果是我国在这一时期数学教育改革历程的真实记录和风向标。

2. 编制中学数学教材

改革开放以后，上海和全国的中小学课程和教材都经历多次大幅度改编，我们的团队都在其中承担重要角色。例如：

（1）上海一期课改数学教材。从1988年开始，上海市进行改革中小学教材的工程，成立了由50余位专、兼职人员组成的数学教材编写组，由陈昌平任主编,邱森(数学系教授,代数方向,时任数学系副主任)任编写组组长(邱森调离华东师大后,由邹一心任组长兼副主编)。由刘鸿坤、邱森任高中教材副主编,由邹一心、许鸣崎(卢湾区)任初中教材副主编。数学系何福昇、忻重义等教师参与编写。这套教材简称"上海一期课改教材",从小学到高中共26册,1991年秋季在全市范围推广使用,编写组于1994年荣获第二届苏步青奖团体奖。

(2)上海二期课改高中数学教材。在一期课改的基础上,上海从1998年开始二期课改,根据新颁的《上海市中小学数学课程标准》重新编写数学教材。2002年年初,华东师大数学系接受了编写二期课改高中数学教材的任务,由袁震东和赵小平担任主编和副主编。2005年秋季开始,这套教材(连带练习册和教师参考书共21册)在上海市的高中全面使用。

(3)全国初中数学教材。21世纪以来,我国中小学教材采用了"多纲多本"的体制,时任华东师范大学校长王建磐亲自担任主编,组织编写全国的"义务制教育课程标准"的初中数学教材。这套教材由王继延(原偏微分方程方向,后加盟数学教育)和唐复苏(苏州大学数学系教授)任副主编,张奠宙和唐瑞芬任顾问,数学系忻重义、李俊、胡耀华等参与编写,华东师大出版社出版,经"全国中小学教材审定委员会"审定通过,在全国发行。

在跨世纪前后的十多年时间里,我们团队领衔的三套中学数学教材都在我国中学数学教育中发挥了重要作用,充分体现出华东师大数学教育方向在中小学数学课程教材方面的研究能力和服务水平达到了更高的层次。

3. 中学数学骨干教师培训

20世纪90年代,中学教师大多没有研究生学历,特别是一线的骨干教师,没有机会报考研究生,而他们非常迫切地需要学科知识和教育理念方面的提升。为了让中学数学骨干教师共享我们的资源和研究成果,我们与地方教育主管部门合作,先后在无锡、常熟、南京、杭州、宁波、奉化和上海等地举办数学教育研究生课程班,利用节假日送教上门,不但教授课程,还共同探讨当地数学教育的现实问题。虽然参加研究生课程班的学员人数有限,但是他们在当地有很强的辐射作用,这种在职教师教育的方式效果好,费用低,很受欢迎。

后来随着各地师范院校陆续获得数学教育方向的硕士点,招生规模也逐渐扩大,研究生课程进修班的培训方式慢慢退出历史舞台。

从20世纪末开始的中小学课程改革,对教师的教育观念、知识结构、教育技术和研究能力等各方面提出了更高的要求。同时,由于国家经济情况的好转,教育投入逐年增加,在职中小学教师的培训受到前所未有的重视。我们团队在数学教师培训方面承担了重任,为各种层次的中学数学骨干教师量身定做培训项目成为我们团队的日常工作,例如由教育部师范司直接委托的骨干教师国家级培训、教改实验区的实地培训、与各省教育主管部门合作的专题培训和上海各区的教师培训等。根据培训工作的实际需要,我们建设了一系列培训课程和教材。例如,由华东师大出版社出版的《数学教育比较与研究》《数学教育理论选讲》《数学教学设计》《现代数学大观》《数学教育个案学习》《几何画板在数学教学中的应用》《高观点下的初等数学》等教材和几十门网络课程,在很长一段时期内成为各级教师培训的重要学习资料。

4. 高中数学教材的国际比较研究。

由王建磐教授领衔,我们争取到了国家社会科学基金"十一五"规划2010年教育学重点课题"主要国家高中数学教材比较研究"。在2010年这个时间点上,我国经历了十余年大规模的基础教育课程改革,正需要全面的总结和反思,而教材是基础教育的主要媒介,有着举足轻重的作用。我们通过与美国、德国、英国、法国、澳大利亚、日本、新加坡等教育传统各不相同、但教育水平都比较先进的国家的数学教材进行比较,探索数学教材的共同规律,分析不同风格数学教材的利弊得失,从中汲取符合中国国情的先进经验。这是一项庞大的研究,相信这项研究成果将对我国基础教育数学课程教材改革起到重要作用。

5. 成立"国际数学奥林匹克研究中心"

20世纪80年代,刘鸿坤老师与上海的一批数学特级教师创办了上海市数学业余学校,聚集全市的数学优秀生参加一些具有挑战性的数学活动和竞赛,很多学生从这里走向全国,走向世界,为国争光。20世纪90年代初,刘鸿坤率团参加国际数学比赛,取得优异成绩。熊斌硕士毕业留校后也参与了此项工作,并很快在全国的数学竞赛圈里声名鹊起,成为核心人物。2000年以后,熊斌多次率团参加国际数学竞赛,中国中学生的成绩令世界瞩目。但由于种种原因,数学竞赛活动被功利化,受到社会舆论的围攻,稀少珍贵的数学智优生教育资源危机重重,华东师大数学系于2008年成立国际数学奥林匹克研究中心,把全国最优秀的数学竞赛指导老师聚集在一起,为中国的数学爱好者保留一席学习园地,为中学生的国际交流保留一条通道。这项工作受到国家自然科学基金委、中国数学会普及工作委员会、国家数学奥林匹克委员会、华东师大和很多重点中学领导的支持。

2013年:"未来十年中国数学教育展望"学术研讨会

2013年6月,华东师大数学系举办"未来十年中国数学教育展望"学术研讨会。近三十年来引领我国数学教育的领袖人物悉数到场,国际数学教育委员会的华人执行委员全部出席,他们为中国数学教育事业的发

国际数学教育委员会历届华人执委合影
左起:张英伯(北京师大)、梁贯成(香港大学)、张奠宙、李秉彝(新加坡南洋理工大学)、王建磐

展和传播奠定了基础，开辟了道路，并对年轻学者充满期待。他们在会议上提出诸多数学教育研究的新课题，例如如何吸取历次教育改革的经验教训，如何深化中小学数学课程改革，如何落实"四基"，如何克服"应试教育"的弊端，如何发扬本土数学教育的优势，如何补救英才教育的缺失，如何纠正"去数学化"的思潮，如何发展数学教育技术，中国数学教育如何与国际融合等，这些都是目前数学教育中的尖锐问题，与会的年轻学者深感任重道远。

斗转星移，潮起潮落，华东师大的数学教育团队在不知不觉中进行着新老更替：李锐夫、徐春霆、余元希、陈昌平、张奠宙等先生已经离我们而去；唐瑞芬、田万海、邹一心、刘鸿坤、许鑫铜等年已耄耋；王建磐、王继延、李士锜、赵小平等也过了花甲之年。现在活跃在舞台上的主要是60后、70后的中青年，他们大多是新世纪以后入职的：陈月兰副教授是日本大阪市立大学博士，1998年进校；汪晓勤教授是中国科学院自然科学史研究所博士，2001年

数学教育团队全家福

前排左起：王继延、刘鸿坤、唐瑞芬、李汉佩、张奠宙、顾泠沅、邹一心、许鑫铜

中排左起：李俊、吴颖康、张奠宙的夫人、赵小平、邹一心的夫人、王继延的夫人、程靖

后排左起：唐瑞芬的先生、王建磐、忻重义、柴俊、李士锜、鲍建生、汪晓勤

进校；鲍建生教授是华东师大数学系博士，2008年进校；吴颖康副教授是新加坡南洋理工大学博士，2008年进校。他们都有国外学习经历，见多识广，生气勃勃。团队中还有熊斌教授、柴俊教授（原金融数学方向，后加盟数学教育，主要研究大学数学教育）和程靖博士。这支年轻队伍的学历水平是我们团队发展历史中最高的，他们正肩负着把前辈开创的数学教育事业继往开来的使命。

控制理论教研室的创建实践[*]

胡启迪　袁震东

控制理论是应用数学的一个分支,"运筹学与控制论"已列为数学类下的一个博士点学科。在"系统科学"类下,它又以"系统分析与集成"名称列为博士点学科。追溯到40多年前,说要在师范大学的数学系建设控制理论学科,真有点不可思议。那么当年一批30岁上下的华东师大数学系青年教师是怎么走上创建新学科之路,又如何在新时期发展、成长为一支在国内外有一定影响的控制理论队伍的呢? 其中创业精神和创建历程,足以使我们感到欣慰:无悔此生。

历程: 实践中踏出一条路

1. 在实践中摸索

1971年华东师大首批工农兵学员进校,在特殊历史时期,"数学要为生产实际服务"成为当时的现实任务,于是师生结合展开社会调查。回来后,数学系确立了几个联系实际的方向,并把师生按几个方向分组。其中自动化实践小分队一脉,就是今天控制理论教研室的源头。自动化实践小分队由13名工农兵学员和一批以60年代初毕业为主体的青年教师组成,青年教师分别来自微分方程教研室(杨庆中、毛羽辉、胡启迪)、概率统计教研室(陈

---

* 原载《文脉——华东师范大学学科建设回眸》,略做修改。

淑、袁震东、阮荣耀）、函数论教研室（陈效鼎、汤羡祥）和政工干部（徐振寰）。自动化实践小分队的教师全面承包13位工农兵学员的教学、课题、开门办学等整个教学活动。这是团队的起步阶段。有两个项目成为组织教学的典型产品：（1）在制造业的模具生产中，正显露数控线切割机的作用，它是专用计算机的应用。在生产过程中需大量编制各种曲线的程序，涉及几何图形和微积分思想的教学。当时就选定位于徐家汇的上海交通电器厂为开门办学基地。（2）在调查上海造船工业情况时，发现船体钢板型线的切割是个重要工艺，如何制造专用计算机来自动切割各种型线的钢板成为一个技术革新项目。我们就选它为典型产品来带动计算机和电子技术的教学，造机基地设在丽娃河畔的外语楼里，前后花了一年多时间，自行设计、制造，专用计算机制造出来后移交上海造船厂使用。我们从此阶段业务实践中认识到，实现自动化的利器是计算机，计算机应用是个广阔天地，数学是可以有所作为的。尽管当时上海的计算机水平十分低下，数学的使用十分初级，但我们看到了计算机学科发展的前景。

1972年后，五校合并，华东师大进入上海师范大学阶段。合并后教师队伍扩大，上海半工半读师院的郑毓蕃、周玉丽、俞德勇以及上海师院、上海教育学院的教师充实到自动化实践小分队来。1973年第二届工农兵学员入校，人数达40人左右，形成了专业规模。根据教学实践的特点，自1974年起更名为数控班，教师的实体为数控组，胡启迪任组长，徐振寰任支书。此后逐年招生，形成1974级、1975级、1976级数控班。此阶段联系实际的课题在摸索中增加了，有上海石油加油站的计算机实时监测课题，上海调节器厂的计算机控制单晶硅拉制项目，上钢五厂力学持久机温度群控的数学模型设计项目，以及由此进一步推广、发展的系列项目，上钢十厂冷轧钢板计算机实时控制厚度的数学模型项目，玻璃瓶十厂、闵行电机厂、胜利油田的计算机应用项目等。

在培养工农兵学员时期，五届数控班学员除学习基础数学外，侧重在生产中的计算机应用，得到实践训练。五届毕业生，除哪里来回哪里去外，留沪的毕业生成为改革开放初期高校基础数学教师队伍的补充。

1977年五校合并时期数控组教师合影
前排左起：张文琴、曹伟杰、陈淑、周玉丽、吴蕴辉
中排左起：汤羡祥、杨庆中、李承福、徐振寰、胡启迪、徐春霆、郭荣源、
王家声、季康财
后排左起：顾云南、马国选、黄金丽、陈效鼎、阮荣耀、郑毓蕃、刘俊杰、
毛羽辉、袁震东、黄国兴

2. 捕捉到新学科的精髓

我们在辛勤承担工农兵学员的培养工作中，始终不忘历史使命：在经典的数学学科中，开拓为生产实际服务的领域；在广泛实践基础上，提炼和升华新的学科理论。我们认识到，如果仅仅为实践而实践，忘却了数学，忽视了理论的推进，那就失去了数学工作者的职责。在大量实践的摸索中，到了"文革"后期，有三股力量促成我们捕捉到新学科的真髓：（1）学习了国外文献资料。组内教师组织讨论班以古特温的《控制论》和绪方胜彦的《现代控制工程》为教材，系统学习了现代控制理论，并开始阅读和讨论各种国外的论文。（2）寻师访友，找到知音。20世纪60年代，现代控制论在欧美学术界受到空前的重视。钱学森院士最早提出中国科技界应重视这片新兴领域。结合国家的"两弹一星"任务，根据国防建设和学科发展的需要，在钱学森的倡议下，1962年在中国科学院数学所成立了控制理论研究室，关肇直院士负责组建并亲任

研究室主任。数控组教师走访了该室，受到很大启发。(3) 对联系实际项目的聚焦。我们参加了许多计算机应用项目的实践，经历了从"数控"到"群控"，从"程序控制"到"过程控制"的摸索，最后聚焦到对生产过程对象实施计算机实时控制时所需设计的整套数学模型，以此作为我们可以发力的地方。以上三股力量，促使我们思想升华，找到了结合点，捕捉到新学科的真髓，即现代控制理论。现代控制理论是生产过程计算机实时控制所需要的基础理论。其所需要支撑的数学工具极其广泛，包括分析、代数、概率、统计、方程、计算科学等多方面知识。这个理论所适应的科学技术是计算机、通信、控制，即简称"三C"(Computer、Communication、Control) 技术的发展。在控制理论界，一般认为现代控制理论的发展应以卡尔曼在1960年提出能控性、能观性及系统状态方程等概念为起点，以卡尔曼滤波、庞德里亚金的最大原理和别尔曼的动态规划为主要内容。这个理论自身又有其内在的联系，涉及系统建模、系统辨识、最优控制，和线性、非线性控制系统理论。此时，我们毫不犹豫地把我们在华东师大数学系开拓的新学科冠名"控制理论"。那时正值"四人帮"垮台后的1977年，我们迎来了"科学的春天"，我们以新的激情迎接新的时代。

先与学界广泛联系，开展合作交流。我们与上海交通大学张钟俊教授、华东化工学院蒋慰孙教授为代表的自控界权威开展学术交流，找到共同语言。在20世纪70年代末80年代初，中国的工程界和大多数工科院校的教师对现代控制理论还十分陌生，有的认为这些都是数学上的结果，"好看不实用"，工程上还是使用传统的PID方法。正如张教授风趣地说道，"文革"中搞"控制理论"在自控界被视为脱离实际而批判，但在数学界却被视作联系实际。现在"四人帮"被打倒了，我们可以联手合作发展了。同时，我们与上海数学界合作，主要是复旦大学李训经教授的"最优控制"组和上海交大应用数学系的张克邦、何焕熹等合作。70年代末，在上海科学会堂，我们代表上海数学会连续举办多次讲座和培训班，为上海工业界、高校等普及控制理论学科以及计算机应用，受到广泛欢迎。

继而在全国范围内找到了合作伙伴。在同样的历史条件下，南开大学数学系和厦门大学数学系的部分教师和我们一样，走了类似的路，成立了独立的控制理论队伍。打倒"四人帮"后，相互交流时，有相见恨晚之感，坚定了创建新学科的决心。1977年以厦大、南开和华东师大为发起单位，在刘佛年校长的支持下，在华东师大召开了一次全国规模的控制理论及其应用学术交流会，现场气氛热烈，为"科学的春天"增加了春色，并载入我国控制理论发展史册。许多自动控制的名家与数学家在会上发言，数学家王柔怀教授（吉林大学）、王寿仁教授（中科院数学所）等肯定了数控理论教研对LQG（线性、二次、高斯）控制系统的研究成果和现代控制理论的研究方向。会议建议，恢复全国自动化学会的活动，今后以自动化学会名义，每一年半定期召开中国控制理论及其应用学术年会，轮流在各地举行，首届定在1979年在厦门召开，由厦门大学承办。由于参加者十分踊跃，以后又改为一年召开一次，会议名称改为中国控制论会议（China Control Conference，简称CCC会议）。教研室老师积极参加，几乎每次年会都能见到我们教研室教师的研究成果。我们还决定组织全国现代控制理论讨论班，由中科院控制理论研究室负责牵头，1978年暑假在北航举办。教研室成员几乎倾巢而出，大家渴求新知。

1979年参加全国控制理论及其应用学术年会后与关肇直院士合影（厦门）
左起：李训经（复旦大学）、袁震东、阮荣耀、关肇直、郑毓蕃、胡启迪

1978年暑期在北航参加全国现代控制理论讨论班的教研室成员
前排左起：周玉丽、陈淑
后排左起：阮荣耀、杨庆中、郑毓蕃、胡启迪、马国选、毛羽辉、陈效鼎、袁震东

3. 在坚持中前行

正当我们经过多年摸索找到"控制理论"入口时，大环境向我们提出了新的挑战。"文革"后，经过"拨乱反正"，合并的五校，除半工半读师院外，已恢复原貌，教师也回归原校，华东师大数学系正恢复元气，奋发向上。那么近十名控制论组教师何去何从？特别是培养教师的华东师范大学为什么要搞控制论？我们并不纠缠具体的争论，而是坚持"实事求是"，"一切从实际出发"。我们的认识是，多年的探索来之不易，一切有意义的实践来自于坚持。我们已开了头，迈了步，那就应义无反顾地走下去。我们也清楚，我们的教研室与别的室不同。老学科都有老教授、权威，这是不可多得的财富，而我们没有学术权威。老学科都有现存的基础理论，而我们新学科没有现存体系，一切需要自己从头去认知、吸收、建立。因此，我们要前行，必须坚持实践、集体协力、取众之长、各尽其责、整体协调。学科的成长与发展，必定是集体的成果。作为室

主任，我必须协调各方，驾驭全局，这是事业成功之所需。时任系领导郑启明等尊重我们的选择，也对我们特别信任。尤其是系主任曹锡华教授，一直关心我们的发展，这些我们都不能忘却。

这样，控制理论教研室与系的其他7个教研室（代数、几何、函数论、方程、计算数学、运筹、中教）在新的历史时期并肩起航了。

成果：乘改革开放之帆远航

正当我们整队起航时，全国出现了改革开放的大好局面。我们这批40岁上下的中青年队伍正有用不完的劲，全身心投入到学科的建设中去。教研室里为此做了如下部署：一是处理好系与室的关系。教研室是系的一个基层组织，要确保学科发展，必须有积极为系的基础教学做贡献的意识。我们主动承担了本系基础课教学任务。恢复高考后1977级数学分析课教学，就由我们教研室打头炮，分两个中班，由胡启迪、毛羽辉分别主讲，汤羡祥、周玉丽辅导。此外，教研室每年还满负荷地承担外系的高等数学教学任务。二是开展学科讨论班。为提高教研室的学术水平，成立了两个学科组：一个是系统辨识与自适应控制学科组，由袁震东、阮荣耀、汤羡祥、周玉丽、陈淑等组成；另一个是线性系统理论与最优控制学科组，由郑毓蕃、胡启迪、陈效鼎、杨庆中、毛羽辉等组成。三是让一些骨干早日"走出去"。利用开放机会，让他们尽快接触世界控制科学的前沿。1979年，袁震东赴德国参加了国际自动控制联合会召开的系统辨识会议，并认识了以后出国进修的导师。1981年秋，袁震东赴瑞典林雪平大学做访问学者，师从控制论专家莱纳特·荣教授。80年代初，郑毓蕃赴加拿大多伦多大学，在国际著名控制理论教授沃纳姆（Wonham）指导下进修，成为其学术生涯的一个重要转折。四是创造条件"请进来"。让国内外专家为教研室的师生讲学。比较有影响的有英国索尔福德（Salford）大学的控制理论专家弗莱彻（Fletcher）博士的系统讲课。另有卡尔曼教授（线性一般理论和卡尔曼滤波器的创立者）、沃纳姆教授、瑞典皇家科学院院士荣教授、美国陈启宗教授以及中科院的陈翰馥院士、韩景清研究员等都前来教研室访问并讲学。

由于大家共同努力，扬改革开放之帆远航，我们在学科建设上取得一系列成果。

1. 控制理论的教学成果

一是承担拔尖生的专门化教学。当时从1977级、1978级四年级学生中专门挑选了一些优秀生，学习控制论课程。如韩正之（现为上海交大教授）、谈明德（现在美国北卡罗莱纳州）、吕美润（现在美国德克萨斯州）、王珂（现在瑞典爱立信公司总部）等拔尖生，以后都在国内外获取博士学位，并在控制理论领域很有作为。

二是从无到有建设了一批本科教育的选修课，供数学系高年级学生选修。计有：现代控制理论引论、线性系统理论、系统辨识、最优控制、自适应控制、系统工程及其应用、系统科学初步等课程。有些课程不仅在数学系开设，而且在电子系、计算机系等开设，引起学生很大兴趣。有些学生由此对控制论生发了兴趣，报考了相关专业的研究生或到国外深造。这些课程都相应地编写了讲义，进而出版了教材和专著多部，其中由毛羽辉执笔的《现代控制理论引论》影响尤为广泛。

三是承担改革开放后培养第一批控制理论研究生的任务。这是一项值得称颂的成果。当时我们队伍本身还在学习新学科的过程中，可见任务之艰巨。为此成立了由阮荣耀、袁震东和郑毓蕃组成的研究生教学小组，挑起边教边实践的培养研究生工作的重担。1978年春，经过严格的笔试和口试，录取了陆吾生、陈树中、王行愚、胡仰曾、张有铉等5位研究生。他们是"文革"前和"文革"中分散在各地基层的有为青年，研究生的招考为他们提供一个展示自己才能和进一步深造的平台。入校后，他们学习勤奋，讨论班报告准备充分，毕业论文各具特色，受到答辩专家好评。研究生教育也促使导师们更加关心控制科学的最新动态，增添了教师科研的动力。1983年，控制理论教研室与运筹学教研室一起，被正式批准为"运筹与控制论"学科硕士点。此后，每年招收

5至6名研究生。第一批及后来招收的硕士研究生毕业后都有出色的表现,成为优秀的学者、企业骨干或创业合伙人。如陈树中留校充实控制论队伍;王行愚成为华东理工大学校长;陆吾生是加拿大维多利亚大学电子和计算机工程系终身教授,并于1999年成为美国电气和电子工程师协会会士。陆吾生著述颇丰,经常回国讲学,深受学生们的欢迎。

四是系统科学博士点的获得。20世纪80年代末,国务院学位办同意在中国建立一个与数学、物理、化学等大学科平级的一级学科"系统科学"。鉴于我们以郑毓蕃为代表,在分散大系统及非线性控制系统的代数方法(法国学派)研究上走在前沿,引领潮流,终于在1994年获得"控制与智能系统"博士学位授予权,并招收了第一届博士研究生。后因规范学科名称,更名为"系统分析与集成"。至此,华东师大控制论学科的创建迈上新台阶。几年以后,华东师大又获得系统科学一级学科博士学位授予权,并设立系统科学博士后流动站。

控制理论教学成果的核心是培养一批控制理论人才,当今他们大部分仍活跃在控制科学的业务领域。

2. 控制理论的应用研究成果

教研室的科学研究是从现代控制理论的应用起步的,注重应用既是控制理论教研室的特色,也是赖以发展的依据。特别是LQG控制系统的研究成果影响深远。其中有代表性的是两个例子。一为由郑毓蕃在上海调节器厂完成的单晶硅拉制过程的计算机闭环控制的数学模型设计。这个成果日后在中科院冶金所得到拓展,成为我国成功地应用现代控制理论于生产过程实时控制的第一例(民用)工程项目。中国科学院同行对此项目评价很高。20世纪80年代,这个控制案例被编进清华大学自动控制教材,并获得上海市科学大会奖。另一例为控制理论教研室与上钢五厂计算中心(以夏天池工程师为代表)长期合作,进行技术革新,使计算机控制生产过程项目接连开花。先是郑毓蕃、王家声完成了上钢五厂力学持久机计算机温度群控的数学模型设计。接着阮荣耀、胡启迪、汤羡祥、王新伟等在上钢五厂又成功地完成蠕变炉群控、灶式退火炉及电渣重熔的生产过程计算机实时控制温度的数学模型项目。这些项目用一台小电脑替代了多套用PID经典控制理论设计的老设备,不仅降低了成本,而且提高了控制精度,从而改善了产品质量。我们与上钢五厂一起多次获得上海市科技成果奖。

应用成果还拓展到社会系统。20世纪80年代初,胡启迪与杨庆中一起,长期与学校人口所桂世勋教授合作,在上海市人口预测、人口普查、人口迁移、人口控制等课题中用现代控制理论方法做定量研究,提供了有关论文,并与宋健、于景元在全国人口控制论方面的研究工作相呼应。结合教育系统的特点,胡启迪就系统科学在教育系统中的应用方面做了普及工作。记得80年代初的一天,校长刘佛年教授把胡启迪请到他家里,听取关于系统科学、系统工程的一系列介绍,并探讨、研究了在教育科学领域的应用。在其启发下,教研室做了以下工作:一是承接国家教育部委托的语、数、英等科目在义务教育阶段教育质量系统调查工作,在我国首次完成了大规模学科抽样评价。数学方面的成果,与中教组一起获得1990年国家教育部科技成果一等奖。二是在教育科学院、教育管理学院多次为研究生和大学生开设系统工程及其在教育系统的应用课程,并编写讲义。三是与教科院合作,参加教育部"全国人才预测与规划"大课题。四是在全国的教育系统工程专业委员会范围内,与天津大学、华中理工大学、西安交大和上海机械学院一起开展学术交流工作。

合作研制中国控制系统计算机辅助设计(CCSCAD)软件系统。20世纪80年代中期,由中国科学院牵头组织,教研室主要承担"线性多变量控制系统"部分,阮荣耀、王新伟、郑毓蕃、陈效鼎、陈树中、王珂及研究生陈曙玲等参加了项目的设计和编程。该项目获得了国家教委科技进步二等奖。

此外,以中国电工厂"热处理系统"为背景的控制模型,与上海市建委合作的"上海市市内高速公路实时模拟系统",与航天部研究所研制的"导弹实时数字模拟系统"等项目都取得了相应的应用成果。

3. 控制理论的理论研究成果

在20世纪90年代召开的一次国际自控联合会大会上,中国科学院的郭雷院士等做了《自动控制在中国的某些近期发展》的报告,向世界各国控制论界介绍了我国近20年自动控制理论的进展,其中提到华东师大的研究工作,是对我们控制理论教研室理论成果的一个概括。

1. 利用微分线性向量研究了非线性可观察性问题,并用统一的方法处理了线性与非线性逆。(郑毓蕃、曹立,1993年)

2. 利用某些非线性特性开发了"自抗扰控制器"。(韩正之,1988年)

3. 20世纪80年代中期,袁震东及合作者研究了线性随机系统"黑箱"传递函数的辨识问题,证明了传递函数估计的协方差等于信噪比的渐近公式。

二十世纪八九十年代我们教研室教师在国内外控制论杂志或在国际学术会议、全国学术会议上发表的学术论文有300余篇,并完成了近十个自然科学基金项目。到了2005年前后,我们又关注"复杂系统及系统复杂性"研究,特别是对群体行为(Swarm)及协调控制(Cooperative Control)问题的研究。为此1995年国务院学位办决定成立系统科学学科评议组,郑毓蕃被提名为评议组成员,直至2007年。

积极参加社会学术活动,扩大对外交流,是开展理论研究的重要阵地。国际上有一个"网络与系统数学理论"(Mathematic Theory of Network and Systems,简称为MTNS)系列学术会议。其核心成员是控制理论方面的数学家,每两年举行一届会议,1986年在美国亚利桑那召开的MTNS年会上,郑毓蕃被邀请做了45分钟的大会报告。他还参与亚洲控制会议的筹办,并担任第三届亚洲控制会议主席,积极参与中日、中韩、中瑞(典)等双边控制论峰会。1988年国际自动控制联合会第八届系统辨识国际学术会议在北京召开,袁震东(第七、第八、第九届系统辨识会议国际程序委员)与各国程序委员一起,参加了会议论文的选录。在上海地区,在上海数学会旗下,我们与复旦大学数学系控制论组联手,促进上海控制理论的发展,开展了许多学术活动。特别在1992年由李训经教授和胡启迪负责,在华东师大举办了CSIAM系统与控制数学分会成立暨学术讨论会,全国众多专家出席,是一次控制数学盛会。

1992年5月25日，CSIAM系统与控制数学分会成立暨学术讨论会与会代表合影

教研室融入系统科学的创造，积极参与学会工作，推动学术活动。为促进系统科学的发展，在钱学森和关肇直的直接推动、组织下，全国工业控制界、数学的运筹控制界、经济管理界和各行业系统管理界人士凝聚在一起，于1980年在北京成立中国系统工程学会，鉴于华东师大在控制理论方面所做的积极工作，胡启迪被选为首届理事。20世纪90年代，中国工业应用数学学会（CIAM）成立，袁震东被选为理事会理事。90年代中，郑毓蕃增补为中国自动化学会理事。在相当长一段时间里，胡启迪在数学会、系统工程学会，袁震东在中国工业应用数学学会、自动化学会，积极参与工作，扩大华东师大影响，促进全国交流。

感悟：创业精神永存心间

当我们这批年逾古稀的人回望40多年来新学科的创建历程时，深深感到我们的创建历史是无法复制的，但创建过程中所揭示出来的精神和规律是完全可以借鉴和再实践的。当年在特殊的历史时期，被"联系实际"的大浪卷进潮流,队伍中每个成员的原有知识结构与专业方向都改变了。这种改变,开始有些被动和不经意,但在与工程问题的广泛接触中,找到了新学科的前进方向时,我们又如此兴奋,以中国自己培养的一代知识分子特有的勤奋和奉献去探索新的路程。恰逢中国出现全面改革开放大好局面,"天时、地利、人和"造就了创新之路的成功。由此给我们以启示,在人才培养道路上,打破理、工、文、管(理)割裂的弊病,重视"问题导向",引导创新意识,也许能给"钱学森之问"的破解提供参考。实际上在发达国家,这种知识结构的不断转型,在人才培养途径上是常见的现象。不少人本科学的数学,博士修工程,后又在企业搞实际应用,在科研院所兼职。我们应该用好这种人才流动、知识结构更新、自主创业的良性机制。由此看来我们控制理论原创队伍的嬗变也不足为奇。随着社会发展,学科进步,除一部分人坚守原阵地,做出新贡献,还有一部分人带着"系统控制"的理念,向社会辐射、渗透,走向新岗位。虽然原创队伍成员身处各方,但当年在创建控制理论学科时的艰辛历程,那时的奋发进取与精诚合作,成为我们一生的宝贵财富。进而有所感悟:要确保一个集体创业成功,需要一种创业精神,这种精神包含以下要素:

一是坚持实践与科学创新的精神。我们的成功来自于实践,谁也没有给我们设计好一条前进的路线,都是我们脚踏实地边实践,边探索,边校正,边前进,实时控制,最后走向彼岸。在实践过程中,社会的风云变化,环境的多种诱惑,干事的磕磕碰碰,师生的不同要求,都需要我们面对。每逢转折关头,"下面怎么办"的问题经常会困扰我们。此时唯有咬咬牙、坚持住,才能确保我们走向成功。贵在坚持。同我国20世纪70年代以前的自动控制教育研究相比,现在的控制理论教育研究发生了翻天覆地的变化,取得巨大的进步。我们教研室从控制理论中LQG系统的应用出发,发展到对系统辨识自适应控制、鲁棒系统、群体行为及协调控制、大系统、复杂系统理论的研究,这是一个不断追求创新的过程。90年代末大数据和智能控制兴起,我们教研室的部分师生又投入到数据挖掘、智能化计算(如遗传算法、神经网络、专家系统)等领域研究,并在宝钢研究所取得初步成果。如果没有创新精神,控制理论难以发展。

敢于抓科学前沿问题，也是创新的表现。因为控制论本质上是一门技术学科，它与数学、工程技术、生物医学都有密切的联系。技术是飞速发展的，它的理论必须不断更新。

二是艰苦奋斗与乐于奉献的精神。探索的路上，困难多多，当年的年轻人只知排难，不计名利，搞科研与"钱"没半点关系，最大的荣誉是一张大红喜报，关心的是事业的成功。为此，他们日夜奋战，全身心扑在工作岗位上。不管是前往远在吴淞的上钢五厂，还是奔赴外地的胜利油田，只为找到课题而乐，不惜在路上耗费漫长时间。当时去上海市计算中心和华东化工学院机房上机，因用机紧张，多半排在半夜里，程序和数据要用穿孔的纸带，用光电机输入，时常为打错一个孔而重新排队登记上机。在学科创建中，总有些人走在前面，披荆斩棘，攀上险峰，为了拿出学术成果为学科增彩，他们奉献了许多心血和智慧。同时，学科发展，需有一个总体布局，他们创造条件让一些同志先去国外进修，而留下的同志乐于挑起研究生工作和基础教学的担子，保证学科发

2015年4月老战友合影
左起：陈树中、陈效鼎、胡启迪、杨庆中、毛羽辉、阮荣耀、郑毓蕃、袁震东

展不断线。讲奉献,你忙我顶,有难同当,创业人的心凝聚在一起。

三是相互关爱与团结协作的精神。我们教研室青年教师多,和配偶分居两地的多,居住条件困难的多。虽然大环境比较艰苦,但作为基层组织,教研室总是竭尽所能,关心他们,尤其是徐振寰同志,他有颗善良关爱之心,做了很多工作。我们经常一起家访,了解困难,并积极向上反映,最终解决了所有两地分居问题,并解决了部分居住困难问题。事业的发展,少不了同志间的互爱与协作,尤其学科的创建需倾团队之力,而非一个人所能完成的。作为管理者,要用人之长,避其所短;作为个人,要学人之长,摆正位置。要营造协作、团结的氛围,牢记"合则进,散则衰"的道理。这是保证集体创业成功的润滑剂。

发轫于20世纪70年代初的华东师大数学系控制论创建实践,是由一群毕业于60年代初的青年人开拓的。他们身上所体现的集体创业精神是:坚持实践与科学创新,艰苦奋斗与乐于奉献,相互关爱与团结协作。这些精神永远闪耀在创业者的心间。

数学系运筹学发展追忆

郑英元　　洪渊　　束金龙

运筹学在华东师范大学数学系的发展可分为起始阶段和发展阶段。

一、起始阶段（1958—1966年）

1958年开始"大跃进"，要求理论联系实际。数学系的一个重要课题是大搞线性规划。它在理论和应用方面都比较简单，看起来也比较有效。从数学上说，是求在线性（不）等式约束下，线性函数的最大（小）值。为此系里组织部分同学一边学习，一边下生产实际单位找课题，研究课题。去的单位有铁路局、交通局、粮食局等等，目的是用线性规划中的运输问题求解物资调度的最优方案。参加的同学主要是当时二年级（1957级）的学生。这一学年末，全年级各课题组进行交流，成果得到实际单位的好评。同学们热情很高，但由于计算工具所限，我们同学大多靠人工手算，或者应用手摇计算机。但当同学们回校后，实际单位的调度人员，由于人少及文化程度不高等原因，无法进行运算和应用。

1959年暑期，郑英元到北京参加中国科学院数学所举办的运筹学讲习班，为期一个月左右。1959年上半年，郑英元应上海广播电台的邀请，在电台上介绍"线性规划"。

1960年年初，郑英元被派往北京中国科学院数学研究所进修"博弈论"。这时他们请了苏联博弈论专家沃洛别夫来讲学。我们先是组织一个讨论班（20多人），由吴文俊先生讲授博弈论的基本知识，同时学习沃洛别夫的有关文献。

上海学员与吴文俊（左二）、沃洛别夫（左三）合影，右一为郑英元

1960年又掀起理论联系实际的新高潮。我们系成立运筹学研究室，系主任曹锡华担任主任，郑英元和林铿云为副主任，鲍修德任党支部书记，抽调当时的一、二、三年级学生（即1957级、1958级、1959级）近四十人组成。主要是

《线性规划在汽车运输中的应用（第一册）》

深入生产实际单位边学习，边找课题，边研究，争取解决问题，拿出成果。主要深入单位是上海市汽车运输公司，目的是给出汽车优化调度的可行方法。为此，我们在当年5月份编辑了一本《线性规划在汽车运输中的应用》供实际单位工作人员参考使用。该书除了介绍线性规划的基本理论与方法之外，还介绍了我们这几年创造的一些方法，如表上派车法、方块接龙法、划区调度法。在当时取得不错的效果。

到1960年年底研究室成员全部回校补上数学系的一些基础课。特别是1957级同

学，他们还有半年即将毕业。其他两个年级学生在1961年上半年还去了华丰搪瓷厂，课题是板材下料。运筹学研究室到1961年7月就解散了。下面的照片是解散前的留影。

照片中先后进入华东师大的同学有：王吉庆（第一排左一）、陈坤荣（第二排左二）、计惠康（第二排左三）、刘昌堃（第二排右七）、陈志杰（第二排右一）、俞华英（第三排左六）、冯准（第三排左七）

老师在第一排：郑英元（左五）、林锉云（左六）、鲍修德（左七）

1960年夏天，在济南召开全国运筹学现场会议。郑英元率领华东师大部分运筹室同学先期到达济南参加会议筹备工作。会议开幕后，郑英元代表华东师大在大会上做"经验介绍"报告。

1962年6月，到北京参加中科院数学所召开的运筹学专业学术座谈会。郑英元代表华东师大与会。与会的有关专家有：许国志、越民义、桂湘云、李修睦、朱永津、管梅谷等。郑英元应邀在大会上做了交流发言。

系领导关于运筹学前景做出决策，可以留少数人继续研究，于是决定请郑英元和陈坤荣两人坚持这个方向的工作，系里将尽力给予支持。（详细情况见本书郑启明同志的《20世纪60年代初数学系的师资队伍建设》一文相关内容）

前排：越民义（左一，数学所）、谢力同（左三，山东大学）、李修睦（左四，华中师范学院）、许国志（右四，数学所）、桂湘云（右三，数学所）、朱永津（右一，数学所）。第三排左五为郑英元，第二排左六为管梅谷（山东师院）

　　华东师大数学系运筹学队伍在1962年夏天解体了。林锉云调到江西大学；鲍修德回代数教研室；郑英元和陈坤荣去了函数论教研室，专业方向仍旧是运筹学，但陈坤荣不幸于1965年突然去世，最后只剩下郑英元一人。

　　1960年11月，上海市科学技术委员会成立各专业委员会，数学专业委员会在11月9日成立，郑英元以华东师范大学运筹学研究室副主任身份成为该委员会委员。委员会主任是苏步青，副主任是陈传璋、李锐夫。委员中，复旦大学有4名、华东师大有3名，其他高校各1名。委员会下设几个组，郑英元被推选为运筹学组组长。

　　在这一阶段，数学系曹锡华等老师都曾为各年级同学讲授线性规划。郑英元还为1961—1962年读五年制的部分五年级同学上运筹学的专业课程。也为1964届、1965届、1966届五年级同学开设运筹学选修课，或者带他们去生产实际单位实践调查，同时编写相应讲义。

二、发展阶段（1979年以后）

1. 成立运筹学教研室

1982年批准成立运筹学教研室，郑英元担任教研室主任。教研室成员来自函数论教研室和代数教研室。最初的成员有：

数学规划论方向：郑英元、吴伟良、盛莱华、吴光昱。

代数图论方向：董纯飞、杨曜锟、洪渊、刘为国。

经济数学方向：华煜铣、张雪野。

教研室成立不久，盛莱华、吴光昱、刘为国先后去美国留学。华煜铣调到校部工作，张雪野去了统计系。

随后教研室先后又补充了一些年轻人，即清华大学硕士龚林国（最优化），西安交大硕士丁洁（排队论），华东师大本科毕业的林彤辉（图论）、郁星星（图论）和束金龙（数学规划）。但龚林国、丁洁、郁星星三人也先后去美国留学了。

1991年郑英元不再担任教研室主任，由洪渊担任教研室主任。在随后的几年里，郑英元、董纯飞、杨曜锟陆续退休，教研室与控制论教研室合并。大约这时吴伟良去了东方房地产学院，林彤辉离开学校自谋职业。洪渊也要退休了。教研室从此解体。

我们教研室教师除了承担本专业研究生开课以外，还承担本系和外系公

左起：丁洁、杨曜锟、董纯飞、洪渊、吴伟良、林彤辉

左起：束金龙、林彤辉、郑英元、洪渊、董纯飞、吴伟良、杨曜锟（1991年）

共课程、本系选修课、助教进修班课程，以及大学生毕业论文指导、大学生教育实习指导等等。

2. 各个方向的发展

（1）图论方向

20世记70年代末期，当时国内外图论及其应用的研究正处于蓬勃发展的新时期。曹锡华先生结合数学系代数方向的强项，提出把代数图论作为代数组的一个研究方向。为此，曹先生分别找了董纯飞、黄云鹏、杨曜锟和洪渊谈话，建议这四人从事代数图论的教学和研究。同时，曹先生做了具体安排，从教学入手。首先招收瞿森荣和喻志德两人为研究生。以英国数学家比格斯（Biggs）的代数图论为教材，由曹先生开讲第一堂课。然后，由四人分别讲解该书的其余章节。同时，四人将所讲解的内容译成中文。最后，由董纯飞统稿后，印为讲义。讲义受到校外不少人的注意，他们纷纷来函索取或购买。由于当时国内学习代数图论的热情较高，数学系向学校打报告，报请国家教委批准数学系在1980年春夏之际举办代数图论讲习班。听课对象主要是全国各高校的中青年教师。讲课内容主要是比格斯的代数图论，同时也邀请国内专家进行专题讲座。因此，上海科协要求我们在南昌路科学会堂办班讲授代数图论，主要对象是上海市高校的中青年教师和硕士研究生。同时，我们也应邀为上海工业大学的计算机专业硕士生讲授图论。我们在代数图论与图论的普及方面做了一些工作，效果不错，颇受欢迎。

1979年，在山东烟台市举办了第一届全国图论学术交流会。会上邀请部分同志做专题综述报告和专题介绍。洪渊被邀请在大会上做了《图谱理论研究的文献和问题》介绍。会后，许多高校开设了图论课程，通过国内外的交流，逐步培养一批硕士生和博士生，形成一支在国际上有影响力的研究队伍。

加拿大滑铁卢大学的塔特（W. T. Tutte）教授是国际上图论权威，特别是他主编的杂志率先免去中国作者的版面费。他还是多个杂志的编委，他表示将说服这些杂志也免去中国作者的版面费。在塔特的帮助下，被免去版面费后，大量的中国大陆学者有关组合和图论的优秀论文有机会出现在国际数学杂志上。洪渊的学术论文也正因此首批得到在国际上发表的机会。

1980年10月，塔特应邀到山东大学讲学（见照片）。华东师大参加听讲的有董纯飞（第二排左二）、洪渊（第四排右六）、刘为国（第三排左四），以及校友管梅谷（第二排右五，山东师范大学）。

1980年10月31日，加拿大塔特教授来华讲学师生合影留念

1982年，刘为国留校后，1983年被公派赴加拿大滑铁卢大学进修，后改为攻读博士学位。

1983年，董纯飞招收郁星星为硕士研究生。1984年，董纯飞又招收董伟铨、曹大松、胡日东三人为硕士研究生。在他们攻读硕士学位期间，我们开设了矩阵论、代数图论、组合数学、图论选讲、图谱理论、组合优化等课程。其中一些课程的成绩得到国外一些大学承认，他们在攻读博士学位时可免修同类课程。

1985年，董纯飞老师被公派赴美国匹兹堡大学赵中云教授处进修代数图论一年。

1986年，郁星星留校后，即赴美国范德博尔大学数学系攻读博士学位。

1986年6月，第一届中美图论及其应用国际会议在山东省济南召开。董纯飞被推举为会议的中方组织委员之一。部分赴会外籍华人、外国专家与部分中方代表就中国图论研究如何与国际接轨等问题进行讨论。会议促进了中国学者与国外同行的交流，进一步拓展了中国图论研究方向，使中国成为国际图论研究的中心之一。

刘为国回国探亲期间与教研室同仁合影
左起：束金龙、杨曜锟、郑英元、刘为国、董纯飞、洪渊

1987年，洪渊应邀赴加拿大滑铁卢大学组合优化系进行为期三个月的短期合作研究。

1989年，在第二届中美国际图论学术交流会上，董纯飞教授再次被推举为中方组织委员。

董纯飞招收的硕士生还有谭慷和周骄阳。洪渊招收的硕士生有徐光辉、宋光兴（1989年）、周世平、王继林（1991年）、施劲松（1992年）、郭继明、纽建兵、向晋榜（1993年）、吴宝丰、袁西英（1994年）等。后来这些学生中的大多数获得国内外大学的博士学位。有的在学术上颇有建树，在国内外著名大学获得教授职称。近几年，郁星星和他的学生共同解决了著名图论学者西摩（Seymour）提出的重要猜想。

2002年12月26日，邀请西弗吉尼亚大学张存铨教授来华东师范大学数学系讲学，并聘他担任兼职教授。

（2）数学规划方向

在1958年至1965年开展线性规划学习和研究的基础上，我们转向开展非线性规划、离散规划学习和研究，并根据我们的条件选择当时国际上刚兴起的半无限规划作为进军方向。

郑英元在吴伟良协助下，先后招收8名硕士研究生和两名在职硕士研究生，从事半无限规划的研究。他们是：1984年刘安林和祝宝良，1986年刘方池、蒋银华、胡思虎，1990年王延清、陈秀宏、金晖。

两名在职硕士研究生是束金龙（本校）和赵斯泓（上海立信会计专科学校）。

为研究生开设的专业课程有线性规划与非线性规划、凸分析、矩阵论、半无限规划专题讨论班，运筹学概论（排队论等）。在研究生教学中，相继聘请中国科学院应用数学研究所越民义研究员和山东师范大学管梅谷教授担任兼职教授，为研究生做专题讲座。

他们的毕业论文有的在《华东师范大学学报》《华东运筹》等杂志上发表。有的硕士毕业后，在国内外大学取得博士学位。有的成为教授、研究员，或者某一方面的领军者。

左起：祝宝良、吴伟良、郑英元、刘安林

左起：金晖、吴伟良、郑英元、王延清、陈秀宏

（3）博士生培养

束金龙在1991年获得运筹学与控制论专业的硕士学位后，于1996年报考郑毓藩指导的系统科学博士，一年后转为图论方向，在时俭益和洪渊的指导下，1999年6月获得博士学位。束金龙是华东师范大学数学系自己培养的第

一个图论方向的博士。

2001年10月至2002年10月，束金龙受国家留学基金委的资助在法国科学研究中心进行为期一年的访问，合作导师为法国科学研究中心的李皓研究员。

自2001年至今，束金龙作为研究生导师，培养了肖恩利、邹渝波、徐咪咪等

束金龙（右）与他的博士生导师时俭益（左）、洪渊（中）合影

21位硕士，自2006年开始培养了翟明清、刘瑞芳、于广龙、吴雅容、林辉球、张海良、陈影影、薛杰和刘淑亭等9位博士。其中林辉球在读期间，获得2011—2012学年华东师范大学研究生优秀奖学金特等奖。

3. 参加学会活动

（1）中国数学会运筹学会

中国数学会运筹学会第一届大会是1980年4月在济南召开的，董纯飞和郑英元代表学校参加会议，董纯飞在大会做了《代数图论》的专题报告。会上成立中国数学会运筹学会，华罗庚当选为理事长，华东师大董纯飞当选为理事。

中国数学会运筹学会第二届大会是1984年在上海嘉定召开的，越民义当选为理事长，华东师大郑英元当选为理事。郑英元被聘请担任教学与普及委员会委员。从此，郑英元常有机会参加运筹学的相关各项活动：出席1982年10月在华中工学院召开的全国最优化理论与应用学术交流会；出席1985年8月在西安召开的全国非运筹专业运筹学课程第一次教学讨论会，会议拟定了管理、财经、工科等专业大学专科、本科和研究生专用的多个运筹学教学大纲；出席1985年6月在四川成都召开的全国首届运筹学正规教育与普及教育讨论会；参加1986年6月在大连工学院召开的全国非运

筹专业运筹学课程第二次教学讨论会；1986年9月，参加在上海交通大学召开的全国运筹学应用成果与经验交流会；1987年4月，参加在贵阳花溪召开的全国运筹专业第一次教学研讨会，会议讨论了运筹专业人才的培养问题与教材建设问题。

从这一届开始，华东师范大学数学系运筹学教研室被接纳为中国数学会运筹学会的团体会员。

1988年9月2日，在安徽九华山召开中国数学会运筹学会第三届全国代表大会暨学术年会。华东师大代表有郑英元和洪渊。郑英元当选为理事，并继续担任教学与普及委员会委员。

中国数学会运筹学会第三届代表大会暨学术年会部分与会代表合影
史树中（左一，数学系1961届校友，留校工作，后调南开大学）、洪渊（左五）、胡毓达（右四，数学系1958届校友，上海交大）、郑英元（右三）

在担任教学与普及委员期间，郑英元参加了各种与运筹学或者最优化方面的教材会议。如：在福建厦门大学参加最优化教材会议；1987年夏天在西安参加最优化教材会议；1989年6月，参加在北戴河召开的工科数学教材会议；1992年3月，参加在广州—深圳召开的《随机运筹学》教材审稿会会议。

1991年，中国数学会运筹学会升格为直属于中国科协的一级学会中国运筹学会。1992年10月，中国运筹学会第四届代表大会暨学术年会在成都召开，束金龙参加本次会议，并做学术报告《指派问题的所有最优解》。虽然这时郑英元已经退休没有能与会，但仍被选为理事，并继续担任中国运筹学会教育普及委员会委员。

1996年10月，中国运筹学会在西安召开第五届代表大会，洪渊被选为理事。

2000年、2004年、2008年分别在长沙、青岛、南京召开第六、第七、第八届中国运筹学会代表大会，束金龙连续三届被选为理事。

2003年，中国运筹学会成立图论组合分会，束金龙担任第一届和第二届理事，第三届（2010年）和第四届（2014年）常务理事。

2008年8月20—23日，华东师范大学数学系与同济大学数学系共同承办第三届全国组合数学与图论大会，参会人员逾500人。

（2）华东运筹学会

1981年夏天，华东地区各省市在江西庐山举行学术会议，成立华东运筹学协作组。郑英元参加了这次会议并被选为常务理事。

1986年5月，第二届华东运筹学学术会议在福州大学召开。华东师大郑英元、韩天雄，还有两位研究生刘安林和祝宝良参加会议。韩天雄在会上做了学术报告。郑英元再次当选为常务理事并担任教育委员会主任。

1989年10月，第三届华东运筹学协作组会议在浙江省温州市召开。会议决定成立中国华东运筹学会，理事长为胡毓达，并聘请苏步青、何旭初、越民义、曹锡华为顾问。在这次会议上，郑英元被推举为华东运筹学会常务理事及教育委员会主任。参加这次会议的华东师大代表有曹锡华、郑英元、韩天雄和束金龙，在华东地区的校友也来了很多。下面是华东师大与会成员和华东师大数学系校友合影。

第一排左起：何清土（1958届，漳州师院）、林锉云（1958届代数研究班，江西大学）、曹锡华、郑英元、顾文琪（1955届，上海机械学院）、胡毓达（1958届，上海交大）

第二排左起：束金龙、陈久华（1964届，温州市教委）、陈增政（1959届，福州大学）、张鼎淼（1960届，上海科大）、戴家辛（1964届，华东理工大学）、韩天雄（1981届，华东师大业余教育处）、张淮中（1984届，江苏淮阴工专）、王孝梅（1961届校友）、黄歌润（1984届，温州师院）

（3）上海运筹学会

2004年11月27日，上海市运筹学会成立，束金龙于2004年、2008年、2012年当选为上海市运筹学会第一届、第二届、第三届理事会理事，2008年、2012年当选为上海市运筹学会第二届、第三届理事会副理事长。

（4）全国图论研究会

1979年后，中国数学会旗下成立全国图论研究会，董纯飞担任第一届理事。1992年，第七届全国图论研究会上，洪渊等被理事长会议任命为副秘书长。1997年，洪渊被第九届全国图论研究会选举为副理事长。

4. 运筹学的成果

（1）郑英元在运筹学方面的工作

在历年运筹学教学中，编写了相关的讲义教材，如《线性规划与非线性规划》等，供本科生和函授生使用。

1981年，参加翻译摩特（J. J. Moder）和爱尔玛拉巴（S. E. Elmaghraby）的巨著《运筹学手册（基础与基本原理）》（*Handbook of Operations Research—Foundations and Fundamentals*），郑英元担任其中"线性规划"部分的翻译工作。本书翻译工作由中国数学会运筹学会编辑出版委员会组织，1987年由上海科学技术出版社出版。

《运筹学手册（基础和基本原理）》

1983年，在《华东师范大学学报（自然科学版）》1983年第二期，发表论文《一类非凸规划的对偶性》。

郑英元为其他人运筹学方面的专著担任主审。如：山东大学刁在筠、刘桂真、郑汉鼎、刘家壮等编《运筹学》，高等教育出版社1996年出版；张干宗编《线性规划》，武汉大学出版社1990年出版（本书为全国高等教育自学考试教材）。

1991年，郑英元应上海市中小学课程教材改革委员会邀请，为高中学生编写选修课教材《运筹学选讲》。应上海市教材委员会邀请，郑英元和洪渊相继为此书的讲授对中学教师进行培训。

《运筹学选讲》

这期间郑英元还是上海市系统工程学会第一届理事。这一届理事会受上海市科委委托，对《上海市十五年（1986—2000）科技发展规划》中的某些项目进行论证。1983年，郑英元参加了"科技咨询产业"专题组，基于我们的工作成绩，1984年8月1日上海市科学技术委员会特颁发证书。

1992年，学校对郑英元的运筹学课程进

行验收,颁发合格证书。

1986—2003年,束金龙先后给本科生开设运筹学、线性规划理论与模型应用等课程。袁震东、蒋鲁敏、束金龙编著《数学建模简明教程》,2002年由华东师范大学出版社出版;吴伟良与束金龙编著《经济管理数量方法》,2002年由华东师范大学出版社出版;束金龙与闻人凯编著《线性规划理论与模型应用》,2003年由中国科学出版社出版。

(2)图论方面

我们在图的重构猜想、图的自同构群、图的谱理论等方面得到若干有意义的新结果,引起国内外有关专家的关注。国内外多部专著和综述报告介绍我们的成果。洪渊的研究课题"图的谱理论"获得国家教委1993年科技进步(甲类)二等奖;1999年10月,又荣获华为奖教金。

由于洪渊的学术成就和影响,2005年被《中国数学前沿——中国大学出版物精选》(*Frontiers of Mathematics in China-Selected Publications from in Chinese Universities*)杂志聘为编委会委员。

束金龙先后在《组合理论杂志(B)》(*Journal Combinatorial Theory (B)*)、《欧洲组合杂志》(*European Journal of Combinatorics*)、《理论计算机科学》(*Theoretical Computer Science*)、《图论杂志》(*Journal of Graph Theory*)、《图与组合》(*Graphs and Combinatorics*)、《组合最优化杂志I》(*Journal of Combinatorial Optimization* I)、《离散数学》(*Discrete Mathematics*)、《离散应用数学》(*Discrete Applied Mathematics*)、《线性代数及其应用》(*Linear Algebra and its Applications*)和《数学年刊》等杂志上发表100余篇学术论文,其中80余篇被SCI(E)源杂志收录。束金龙共主持3项国家自然科学基金面上项目。

20世纪60年代初数学系的
师资队伍建设*

郑启明

20世纪60年代初,数学系进行过一次全系科研规划和师资培养计划的制定工作。这项工作对日后数学系的建设有重大影响,我自始至终参与其中,聊记于此,以供参考。

一、制定师资队伍建设规划的动因

当时的形势是,国家采取"调整、巩固、充实、提高"的八字方针。学校领导要求各系把"大跃进"以来的优秀成果巩固下来,提高师资水平,加强科学研究,特别是要解放思想,不再受所谓"师范性"的束缚。这些认识是总结1951年建校以来正反面经验教训得出的。此外,国家面临经济困难,政治运动停止了,教师队伍能够休养生息,有较多的自由支配时间。同时,大家都认识到"落后要挨打"的道理,憋着一口气要把科研水平搞上去。因此,明确数学系的发展目标,确定重点科研方向,提高师资队伍的科学水平,是既符合国家需要也符合广大教师愿望的事情。

作为高等学府,师资队伍的学术水平和科研能力本来是没有分别的,也不

---

* 本文作者曾长期担任华东师范大学数学系常务副主任兼党总支副书记,后升任华东师范大学教务长。继而调往国家教育委员会,任督导司司长。本文完稿于2010年7月。

应该有分别。1952年院系调整时，华东师大数学系与综合性大学数学系之间从整体上看师资水平没有多大差距，但是在"师范性"的框子里，不重视、不提倡科学研究。于是除少数同志外，数学系多数教师在数学基础理论研究方面处于停顿状态。在教学上，照搬苏联师范学院数学系教学计划，"复变函数论"成了本系课程的最高点，以致现代数学必需的基础理论知识缺得太多。我们的态度是，要承认落后，但不甘心落后，奋起直追，使师资队伍的整体水平大幅提高。尤其把希望寄托在中青年教师身上。

1959年入学的学生改成五年制，制订了新教学计划。课程设置大致是前三年半开设一般基础课和专业基础课（姑且把"三高"等称作一般基础，把复函、实函、线代、泛函、偏微分方程、概率论数理统计等称作专业基础），后一年半分别开设若干专门组课程，学生选学一组，并做毕业论文。专门组课程分别由各有关教研室负责，这是新的更高的要求。不尽快提高教师队伍的学术水平和科研能力，怎能开出专门组课程，更不必说指导学生做毕业论文了。任务繁重，改变迫在眉睫，时不我待。

在这样的背景下，1960年下半年，党委副书记杨希康来数学系蹲点，要求我们制定规划，抓师资队伍建设。

二、制定全系科研规划和师资培养计划的经过

1960年年初，我被任命为系党总支副书记，分工管业务工作。同年秋，又被任命为系副主任，仍兼总支副书记。当时，刘维南是总支书记，陈昌平和张奠宙两位是总支委员，曹锡华是党员系主任。刘维南将系里的教学、科研和师资队伍建设等业务工作交给我们四人负责，大家出谋划策，提出方案，在一定程度上起着核心作用。

我们四人反复讨论过去的正反两方面的经验，理清思路。许多涉及科研方向的活动请程其襄和林忠民两位参加。这样的聚会前后不下二三十次，多半在晚上和假日举行。大家畅所欲言，无拘无束。诸如名家成长的经历、名师

的教诲和严格要求、个人刻苦钻研的精神、严谨的学风和良好的学术氛围、集体的作用、必要的条件、应有的制度等，都在议论之列。可以说，围绕师资培养的方方面面无所不包。

当然，我们的任务是出主意，提建议，做参谋。真正的决策与实施，必须经过党总支委员会和系务委员会通过，报校部批准后才能进行。

当时的系务委员会，由党总支书记、系正副主任、各教研室主任、各位老教授、《数学教学》主编和青年教师代表等（可能还有工会主席、团总支书记和学生会主席）组成。

此外，这是一件关系到全系未来发展的大事，需要全系每个人的智慧。我不止一次地拜访党外的老先生，如李锐夫、程其襄、魏宗舒、钱端壮、徐春霆、余元希、吴逸民、周彭年、林克伦等，请教关于青年教师的成长规律，请老先生们在教学和指导青年教师工作方面多担负责任，多发挥作用，旨在调动大家的积极性。

我们要做的第一步工作是制定数学系的整体科研规划。当时各个教研组已有一些科研方向，需要不断地调整，一些新的方向则在酝酿之中。1960年下半年，曹锡华同志说代数教研组的科研方向是有限群，1961年则明确为李群、李代数。一开始我不知道朱福祖同志研究什么，不久后他说研究代数数论。陈昌平同志开始说研究常微分方程中的稳定性理论，后来转向一般偏微分算子。函数论教研室李锐夫、程其襄两位先生早年分别研究整函数和半纯函数，这是列入1956年国家《1956—1967年科学技术发展远景规划》的项目，大家称之为"一个半"。到了60年代，许多人觉得这"一个半"已"没什么可做了"，无非做些"捡漏补缺"的工作（其实也不完全对。例如杨乐、张广厚就做出了很出色的成就。而且"文革"之后，李锐夫先生和他的学生也做了许多有意义的工作）。记得刘维南曾问我："为什么不叫李程两位继续开展他们过去的研究工作？"我把上面的"据说"直言相告。此外，林忠民等决定研究概率论中的随机过程。魏宗舒先生还搞他的应用统计。

后来曹锡华、陈昌平、张奠宙、林忠民与程其襄讨论全系的科研方向，认为要有"集中兵力打歼灭战"的指导思想。几位同志商定以在保留原来研究特色的基础上,以国际上刚刚兴起的"广义函数"分支作为共同的研究方向。于是,函数论教研室决定继续保持一定力量研究整函数和半纯函数(以史树中为代表),整体向"泛函分析"方向转移,"广义函数"则是首选方向。微分方程教研室有好几个方向,陈昌平则将重点放在"广义函数空间上的一般微分算子"上。概率论教研室自然地研究新出现的"广义随机过程"。至于几何代数组,则等待一段时间观察之后,再看看能否配合进行。

我记忆中知道几位同志选取广义函数为研究方向,曾邀请复旦夏道行来系里介绍广义函数(夏道行在莫斯科大学进修时师从盖尔范德,曾阅览盖尔范德的"广义函数"手稿)。那是寒假期间,天气寒冷,数学馆里除曹锡华、陈昌平、张奠宙和我等寥寥几人外,似乎没有其他人。夏先生在上午8点左右就到了,是我亲自打开玻璃大门的锁迎接他,印象极深。曹锡华、陈昌平、张奠宙等在系主任办公室里听夏先生介绍,我在总支办公室里看书。此后他们决定搞联合讨论班,阅读盖尔范德著的五卷本《广义函数》。曹锡华有时来参加讨论班。钱端壮先生也参加过。

经过几年的努力,"文革"前陈昌平在一般偏微分算子,张奠宙在广义标量算子,林忠民在广义随机过程上,都在《数学学报》《复旦学报》《华东师范大学学报》上发表过文章。

3. 突出重点,保证重点,也兼顾其他

当时数学系就整体学术水平来说,比不上复旦大学数学系,更不用说北京大学数学力学系了。但是曹锡华同志的代数和魏宗舒先生的应用统计,不仅在上海是强项,在国内也有一定地位。因此,经公议确定代数与应用统计为数学系科研的重点,在选留助教等方面重点给予优先。

还要提出的是运筹学。在"大跃进"年代,数学系师生在"开门办学"中曾大搞线性规划,1960年下半年开始恢复正常教学秩序。有同志提到研究规划论(线性、非线性)进而发展为运筹学。究竟运筹学是否也作为数学系的一个科研方向，我们感到"两难"。一方面，那么多师生在线性规划方面苦干两年，为一些单位解决了实际问题，取得了成果，积累了经验，就此放弃，实在不甘心；另一方面，对运筹学的发展还摸不准，何况各教研室都确定了科研方向，组织了人员，如同部署作战那样，摆开阵势，准备进攻了。这时我们再也无力组织一支队伍去研究运筹学了。我们四人议论出的办法是"留种子"。用曹锡华等同志的说法，"好比下围棋，可以布一颗'闲子'，别看它不起眼，但在关键时候可以起到关键性作用"。我表示赞成，不论人力如何紧张，抽调两位同志研究运筹学完全可行。一旦运筹学异军突起，前面已有同志领路，可以组织若干位基础理论深厚、具有创造力的同志追进，可能在这一方面抢占一些"制高点"。但这两位同志必须爱好运筹学，能坚持孤军作战。于是找郑英元同志商量，说明情况，并请陈坤荣同志跟他一起作战，系里将尽力给予支持。经郑英元同志同意后，就此决定了下来。

三、师资培养规划的要点

这份规划由陈昌平同志起草初稿，我在初稿基础上进一步细化，甚至具体到人。现在凭记忆略述一些要点。

1. 定目标

1960年，数学系教师总数为85人，其中正、副教授约占10%，新老讲师约占10%，助教约占80%强。经过刻苦奋斗，在几个主要科研方向上形成上有学科领导人，中有骨干力量，下有一批优秀青年学者的教师梯队。首先是开齐包括专门组在内的全部课程，各门课程都有把关教师，保证改进和提高教学质量；科研上取得成果，不仅实现论文"零"的突破，而且要有一批。循此继进，使全系教师队伍总数中高级职称者比例逐步达到60%左右，中级职称与助教各占20%左右，使师资队伍的学术水平、科研能力赶上综合大学数学系，并在国内外数学界占一席之地，某些方面能与国际先进水平较量。目标如何达到？唯靠团结拼搏。

2. 过"五关"

据我们调查,总结出青年教师必须过好"五关"。

一是一般基础关,要求扎实、宽广,最好兼有一定的人文知识修养,逐步达到渊博。

二是专业基础关,在数学的某一分支上,掌握达到最前沿所必须的基础,力求深入。能开设专门组课程是达到这方面的必修之道。

三是外语关,至少熟练掌握一门外语,达到"四会"水平。在此基础上,再努力掌握两门及以上外语。

四是教学关,能独立主讲一门课程,教书育人,并取得良好效果。

五是科研关,要求每个教师都有明确的科研方向,能够直接攻关写论文是较高目标。对许多青年同志来说,先要熟悉已有文献。

提出过"五关"对各教研室和青年教师在工作上有指导性。主要有:

一是处理好教学与科研的关系。教师必须教书育人,天经地义。同时,必须深入开展科研,提高学术水平,这样才能提高教育质量,培育好学生。凡事不能绝对化,切忌以论文多少论教师水平。系和教研室需要学科领导人、科研骨干,也需要教学骨干。

二是把握好"打基础"与"做研究(创新)"的关系。加强基础,是为了使青年教师进一步把握规律,提升思维能力,激发创新精神,能独立开展研究工作。何况"打基础"不像盖房子那样一次定型,在读论文、写论文过程中还可以补基础,把握好打基础的分寸,尽快做研究工作。

三是提出衡量青年教师水平的"测度"。青年教师的教学水平与专业基础、科研能力,由各教研室去衡量;外语水平测试由系里统一组织,请外语老师主试,分英语和俄语两场,青年教师可自由参加。我记得在数学馆201教室进行英译中测试,一小时内准确笔译1 500个印刷符号就能通过。外语教师拿来的大概是恩格斯《自然辩证法·导言》英文版。了解各位青年教师的水平,为各教研室指导大家制定个人进修提高规划提供了依据。

四是掌握送出去进修的"火候"。关于青年教师进修提高,我们议定的原则是：一般情况下，脱产与不脱产，以不脱产边工作边进修提高为主；脱产进修，校外与校内，以校内带任务进修为主。在一定"火候"上，脱产送出去跟名师进修，期望出成果。

3. 若干措施

一是要统一认识，调动各方面积极性。对校内外中老年教师逐一登门访谈。记得魏宗舒先生提出，青年教师要加强基本功训练。还举例说，有些老师使用手摇计算机时，正摇不到位就反摇，结果弄坏了许多台计算机。李锐夫、程其襄两位先生在会上表态，愿讲两门课。这些给我留下了深刻印象。我们召开全系青年教师动员会，概括地说是讲形势，谈规划，明目标，鼓干劲，攀高峰。

二是支援外校与调整师资队伍结合。作为部属重点师范大学数学系，年年有支援地方院校教师的任务。此外，学校两所附中和校部有关单位也要人。这是硬任务。人事部门领导人说了狠话："你系不放人，我们用你系留助教名额顶替。"从1960年至1965年，数学系先后调出30多位老中青年同志，约占教师总数的40%。除个别同志主动要求调至家乡工作外，绝大多数是支援任务。同期选留本系（个别是他校分配来的）毕业生人数大致与调出人数相同。与1960年相比，系教师队伍总人数几乎没有变化，但人员变化较大，变得更年青，业务水平更整齐了。

三是精打细算使用人力，使教学工作与进修提高两不误。1961年，上级指示加强基础课，要求安排有经验的老教授上基础课，旨在提高教学质量。如从老教授的实际情况出发，确保教学效果，是一个重点。摆在面前的有三大任务：加强教学第一线；保证在1963年春开出"专门组课程"；还要创造条件，让一批同志开展研究工作，出一批成果。如何合理安排？经细算，加强教学第一线，投入数学系教师数量的40%足矣。为锻炼提高青年教师独立开课能力，将一个年级的180人分成两个中班，让一位青年教师与一位有经验的教师平行开课；部分课程的主讲教师让出一章，由青年教师上台试教；还有让青年加紧备课，先开"专门组课"的。不在教学第一线的60%的教师，致力于进修提高。大家的任务各不相同,大致分三个层次:有的进一步深入掌握专业基础,如读贾柯勃孙的《抽象代数》等;有的准备专门组课程;有的阅读文献,搞专题研究,出成果写论文。当然,教学第一线的40%的教师,在完成教学任务之余,也来参与。

四是选拔"好苗子",精心培育后备力量。在一年级下学期或二年级上学期,即以把一些优秀学生组织起来,以课外小组形式由相关老师加以指导。直到他们分别学习专门组课程,交由各有关教研室负责指导,毕业时选留。

五是"走出去""请进来"。高水平的同志,可以出去寻师访友,也可以请有关专家来系进行学术讨论。如曹锡华不止一次赴北京访友(吴文俊、万哲先等)寻师(段学复),参加一些学术会议。他还请丁石孙、刘绍学先生来系里开展学术讨论。应用数理统计也邀请张里千、成平以及张尧庭先生来讲学。概率论邀请王寿仁先生等来讲学。函数论请杨乐先生等来讲学。脱产走出去进修的人数较多。代数方面,朱福祖去东北随王湘浩先生进修,陈美廉去山东,王鸿仁去南京,刘宗海去北京。复旦大学最近,去进修人很多,有张奠宙、陈信漪、唐瑞芬、史树中等十几位同志。去复旦大学数学系进修没问题,住宿却成问题,走读又太过遥远,于是设法向上海外语学院商借了该校在虹口体育场北面马路西侧的旧房子,权充宿舍,条件很艰苦,但离复旦大学近了许多。那时赴国外进修的名额极少,教育部把关又很严,只要有一点希望,我们都尽力争取。有两次机会出国进修的。一次是陈昌平虽通过考试,但一直没批下来,后来赴法国进修。一次是陈信漪赴苏联莫斯科大学,跟阿历山大洛夫学习。为了解情况,我陪同陈信漪去谷超豪先生家中向他请教,胡和生先生也在场。他们说:"此老这套东西我们上海无人研究,前去把它学回来,可以填补上海的空白,很有意义。"(大致意思,非原话)还介绍了一本书,请陈信漪先读,做点准备。并说,此书很难读,如需要可以来讨论。后来似乎未能成行。

六是制定了检查考核制度。对青年教师进修提高,按个人规划和年度计划进行年中检查和年末考核,由教研室各位指导教师负责。

七是加强行政统筹协调和服务。在经济生活困难时期,数学系教师特别是年青同志，仍然热情高涨，为提高科学水平和教学质量而日夜苦干，简直可以说都在拼命干。教师集体宿舍里，其他各系房间的灯早熄了，唯独数学系教师们的房间灯光齐明，通宵达旦。已调至校部人事处工作的潘洁明同志说："数学系人心齐，团结奋斗，生机勃勃，令其他各系很是羡慕啊！"系行政也理所当然地主动为一线服务：哪位同志家庭困难，或者粮票不够，就主动送上困难补助费或补助粮票；哪位同志生病，设法在家中煮病号伙食送去；哪位同志要出差去外地，用不着他操心，一张火车票和差旅费及时送到他手中。系办公室尽了很大心力。可能有人不禁要问："当时你在做什么？"在1960—1961年，为了让同志们专心致志地把科研搞上去，我在党总支向刘维南和曹锡华、陈昌平、张奠宙三位表态："你们放心去干，系里行政工作我顶着。除非重大事情需要讨论，一般不来麻烦你们。"就此，我成了"系常务副主任"，总算"顶住了"。但除了继续参加上海市中学数学教材编委工作和读一些数学书外，我逐步转向"管理"工作，最终完全脱离了数学。对此，我至今无悔，当时没有人逼我，都是自觉自愿的。我深知，在当时情况下，偌大一个数学系，应该而且必须有一个人负责指挥协调和行政管理工作。事实是，上级领导已将我放在这个位置上，我也应该拼一下，努力干好。

以上所述，已经是半个世纪以前的事情了。回忆那时数学系老师埋头苦干、攀登科学高峰的精神面貌，至今还觉得很激动。当然时过境迁，那时的许多措施未见得适用于今天。写了以上文字，仅供有关同志参考。

20世纪60年代上海市数学教材改革的回忆 *

郑启明

  1949年新中国成立以来,数学教材基本上照抄苏联教材。在此后的漫长岁月里,中小学数学教材不断改革,一直持续到今天。这份回忆,记录了上海市在20世纪60年代进行数学教材改革的第一个高潮。当时的方案固然有冒进的倾向,但是其中许多有价值的思路,尤其是1962—1965年苏步青教授为主编的那套教材,对后来的数学课程改革具有深刻影响。本文原刊登在2010年8月的《数学教学》上。

  1960年1月,我被任命为数学系党总支副书记。同年春节期间,党委书记常溪萍同志召我去他家中谈话。向我传达了上海市委杨西光的批示,大意是形势逼人,教育要革命。北京已着手编中小学新教材,我们要闻风而动,立即组织力量编写一套上海市中小学数学革新教材。由华东师大具体负责,成立一个中小学数学课程革新委员会,请苏老(指苏步青教授)当主任委员,立即开展工作。所需人力、财力,市里全力支持。常溪萍命我抓好这项工作。

  于是,我立即与各方面联系,成立"上海市中小学数学课程革新委员会"(简称"革新委员会"):

---

* 本文完稿于2010年7月。

主任委员：苏步青。

副主任委员：郑启明、姚晶。

委员（按姓字笔划为序）：叶懋英（同济附中）、朱凤豪（吴淞中学）、余元希、谷超豪、杨荣祥、赵宪初、赵泽寰（虹口中学）、唐秀颖、蒋卓慕（实验小学）。

上述名单中，副主任委员还有复旦大学数学系总支书记葛林槐，但后来没有加入。委员名单中，可能遗漏了个别同志。

"革新委员会"于元宵节前集中在复旦大学陈建功教授住宅中，关门讨论，拟订方案。方案分"前言"和"大纲"两部分。由我起草"前言"初稿，说明为培养学生勇攀科学高峰奠定基础，指出原来中小学数学教材照抄苏联，人为降低水平，内容陈旧落后，搞烦琐哲学，脱离实际，不适应社会主义建设的需求等，必须改革。并且提出改革的几点意见。"大纲"部分，按十年制，小学、中学各五年，考虑到有些地方中学只能普及八年，中学三年级可以告一段落进行设计。内容上，按杨西光同志所说的，能编多高就编多高，能编出教材来就行。至于教么，可以派大学教师去教。但我们比较保守。最高点是常微分方程初步（一阶），重积分没有列入，还增加了解析几何、古典概率、数理统计、数据处理、测绘、制图学等。平面几何精简了许多，不少显而易见的定理改作公理，有的变为练习题，有的计算题下放到小学数学中去了，正负数也下放到小学。总之，腾出时间来，学高等数学。体系上采用"一条龙"，形数结合，不分什么代数、三角、几何，只称"小学数学"和"中学数学"。这个方案的全称是《上海市中小学课程革新方案（初稿）》（简称《革新方案（初稿）》）。实际编写时，杨西光同志多次来现场鼓劲。我们就放手编，后来终于把将重积分、偏微分方程编进教材。《革新方案（初稿）》修改后成为"修订稿"，比北京的方案略高和宽。杨西光同志亲自审读修订稿，主要对"前言"不满意，认为旗帜不鲜明，对原来教材存在的问题写得不透彻。并指定请谷超豪同志修改。谷超豪同志仔细阅读后，改了"前言"的前半部分，对后半部分的改革意见则只字未改。再向杨西光同志送审，获同意，并付印。这是制定方案阶段，苦干了十天左右。

紧跟着调集人马集中在华东师大图书馆,自1960年3月1日开始,进入编写阶段。参加执笔编写的有部分中学、中师数学老师和华东师大数学系毕业班同学,人数着实不少,最多时达80余人。小学数学方面,有原上海市第六师范学校的盛一新老师和陈月珍同志等,余元希负责指导;中学数学方面内容丰富,有原市南中学的吴赞平等老师和数学系吴卓荣、王玲玲、袁震东、阮荣耀(数学系1960届和1961届的同志还有几位同学参加了,但我记不清了)等同志参加。其中传统意义上的代数、几何、三角及解析几何由姚晶、余元希参加讨论和指导,姚晶同志似乎对三角情有独钟,且坚持他那套处理方法,编写中常有争论。赵宪初、赵泽寰、唐秀颖同志也常来参与指导。概率论与数理统计,由复旦大学陶宗英同志参加指导。微积分等请张奠宙同志参加讨论和指导。制图方面,邀请华纺、同济、机院等工科院校制图教师前来参加讨论、指导。工科同志认为,制图的基本知识和一般零件图不成问题,但搞机械总装图太过复杂,也没有那么多的学时,主张在基本知识基础上,在民用建筑图方面适当展开。这个观点符合实际情况,我们同意了。这册书最后附一幅民用三层楼房总体设计图,由华纺一位老师亲自动手,精心设计绘制,连厕所里的小便斗都标出来了。我们这些理科同志阅后,颇感标准、精美,赞叹不已。

我负责组织指挥。哪册书在编写中遇到问题,我就去参加讨论解决。有时感到编写人力紧缺,则调来人员;为了联系生产实际,曾邀请国棉十七厂联校的郁宗隽等同志前来讨论,提供素材。在编写微积分时,曾与张奠宙、吴卓荣同志前去复旦大学,在陈建功教授的住宅里与苏步青、谷超豪教授讨论了一个晚上。每编完一册,我就审阅一册,认为没有问题了,送请苏老签发。跑了几次后,苏老干脆委托我代为签发。上海教育出版社数学编辑室的张曾漪先生住在华东师大,立即进行版面的加工。然后该编写小组的同志立即携稿子赶去印刷厂(图书馆前有小轿车值班),坐等厂里师傅们排印,并读清样,完全是不分昼夜地搞流水作业。终于赶在1960年4月30日前编印出版一套计18本(含练习册1本)中小学数学革新教材,向五一献礼,向党委报喜。

事情没有完。根据杨西光同志批示,这套教材在上海的8所中小学试教,小学从一年级,中学从初一开始试教。为此,1960年秋进入试教中学初一的学生,利用暑假补习正负数等内容。据试点学校试用"革新教材"后的情况反映,小学数学尚可,中学数学师生都不能接受。1961年(确切地说是1960年下半年)国家面临经济生活困难,加上受"大跃进"影响和权力下放,教育事业发展规划又高要求、多指标,学校教育中许多矛盾凸显,贯彻国家的"调整、巩固、充实、提高"八字方针自是必然。试教"革新教材"也难以为继。虽然没有看到市里明文通知"停止试教",但连干劲很足的复兴中学校长姚晶同志也刹车了。好在"革新教材"是关门编写,只是在几所学校试教,特别是有的试教学校老师对原来的代数、几何、三角教材内容体系太熟悉了,在试教中自觉不自觉地添加了内容,于是试教"革新教材"徒有其名,最后不了了之。回顾这场"中小学数学课程革新",应该说有一定收获,教训深刻,损失不大。总之,教育必须改革,但必须以科学态度,按规律办事,头脑不能发热,千万不能冒进。

1962年7月,杨西光同志会同常溪萍和上海市教育局领导同志在师大工会俱乐部召开会议,除实验小学蒋卓慕同志外,"革新委员会"原班人马都到会。会上,杨西光同志没提"革新"两字,而是布置编一套上海市中学数学教材。明确以华东师大为基地,由华东师大和教育局联名邀请苏步青教授为主编成立编委会,成员是除蒋卓慕同志外的原"革新委员",数学系除了我和余元希先生外,还请吴卓荣同志承担编委会秘书工作。上海市财政拨专款给华东师大财务处,专款专用,专账处理。编委会下设编写组,编写组抽调市里几位中学数学老师和分配两位师大数学系毕业生(编制属市教育局)组成。数学老师有夏明德(川沙中学)、史老师(长宁中学)等,数学系分配的毕业生为张福生和周玉刚,编写教材是他们专职任务。编委会负责出思想,议定编写大纲,具体到教材的小节,不妨称"细纲"。确定每周二为编委会的活动日,雷打不动。活动地点选在南昌路科学会堂。这次会议后,开始了中学数学教材的编写工作。

编写这套教材吸取了编"革新教材"中的经验教训。学制回到初中三年、高中三年。内容方面,删除了那些高而无当的东西,概率、统计、数据处理、测量、视图等保留下来,最高点是积分初步。体系上,坚持"一条龙"。对此编委们意见比较一致。但在讨论具体内容时,对形数如何结合、几何推理论证如何安排等问题的讨论反复多次。每次讨论了一天,似乎一致了,结果在下次会上又推翻了原议,重新议论。这可苦了吴卓荣同志,花了力气整理出细纲,甚至抄了好几张大字海报挂在黑板上,推翻重议意味着他的力气白花了。事实上,几何中确实有一部分内容难以与"数"结合;几何中也确实要有推理论证。议论中谁也没有否定这一点,问题在于如何把握,稍有不慎便会堕入欧几里德壳中。苏老对几位上海中学数学界前辈很尊重,只能说"议定的事要记录在案,不许反悔",但大家还是反复争论。一个学期过去了,竟定不出来一个编写细纲。直到1962年农历大年夜(星期二),我与谷超豪同志事先商议,有了初步考虑,在会上发表了以下看法:一是几何内容可分为定性与定量,后者完全可以形数结合;前者难以形数结合,教材里不妨编上一大块,这样虽然不理想,但也无大碍。二是这块几何定性问题中,可以放弃公理系的"独立性",将显而易见的定理变成公理;或出定理而不证,有的性质定理可以编在习题里。三是推理论证还是需要的,可以放在若干"内容和证明方法上有代表性的定理上",并给学生以训练。对此,苏老首先表示赞成,大家也都同意,编写细纲就此敲定。

这套教材的编写和5所试教中学的准备工作都比较充分。编者除参加每周二的编委会外,注重调查研究,他们不辞辛苦,深入工厂、农村和中学进行调查,搜集积累了许多宝贵资料;编写中注重例题、习题的选配,且有专人负责;注意了解国外动态,设法取得国外中学数学教材,以资参考,如除已有英国的SMP外,还有日本河口商次编的教材和德国教材等;尤其重视编与教的结合,不仅让5所试教学校老师了解编写意图,还听取试教老师对教材的意见,而且有些章节编者也上台开讲,彼此打成一片。由于稳扎稳打,又抓紧编印,至1965年初中6本教材出齐,试教效果很好。除了上海试教外,北京景山学校也试教,一些省市还来上海订购试用。苏老致函关肇直先生并送去6册初中教材。关先生阅后很快回复，对这套教材称赞不已。接着编高中部分，可惜"文革"开始，有的虽编出来了，但无法付印，工作停顿了10年之久。"文革"后继续编完了高中部分。

1977年，北京人民教育出版社集中在香山编教材，我去看望余元庆、吕学礼等先生，他们对这套教材予以充分肯定，并在编教材中将它作为主要参考。

总之，改革是一个长期的不断积累的过程。"失败是成功之母"，20世纪60年代的教学教材改革虽然没有成功，但其中的积极因素对后续的改革仍有积极作用。

留痕篇

岁 月 留 痕

——数学系 1965 年之前的毕业照片

郑英元

华东师大数学系从1951年建系到现在,哺育出一批又一批为祖国数学教育事业献身的优秀人才。当学生毕业的时候,无不要求在数学馆前和尊敬的老师们一起拍照留念。这些照片留下了学子们的青春风貌和深厚的师生之情、同学之情,使数学馆的学习生活成为学子们终生难忘的珍贵记忆。

本文将以学生的毕业照片为线索,介绍数学系开办初期到"文革"开始的历届毕业生以及他们的老师,其中包括本科生、专科生和研究班的毕业照片。遗憾的是,仍有部分毕业照片未能搜集到,如1955届专科生毕业照片,1959届本科生毕业照片,1962年和1963年三年制研究生的毕业照片,1960届和1961届本科生也只搜集到部分班级的毕业照片。

1953年数学系毕业生

1952年,全国大专院校进行院系调整,圣约翰大学数学系师生并入华东师大数学系,有三位同学在圣约翰大学读完二年级后来到我们数学系继续读三年级。根据上级通知,他们修完三年课程即可毕业。这三位同学成了华东师大数学系首批本科毕业生。

这三位同学是王慧怡、朱金乐和杨惠南。

1953年暑期毕业以后,王慧怡和朱金乐留校担任助教,杨惠南进入第一届数学分析研究班学习（她的影像见插页图3第一届数学分析研究班毕业照片第一排居中）。

1954年数学系毕业生

为适应新中国教育事业发展的紧急需要，1952年数学系招收了第一届42名两年制专科生，其中41位于1954年毕业。毕业照片见插页图1。

在这一届学生中，潘洁明于1953年奉调工作，最初担任数学系团总支书记，后来长期在人事处担任领导工作。现已离休。

这一届毕业生留系担任助教工作的有6位：滕伟石（第二排右二）、王鸿仁（第二排左八）、郑启明（第二排右九）、朱念先（第一排左二）、赖助进（第三排左九）、潘曾挺（第一排右二）。

1954年的毕业生中，有4位是数学系1951级的学生，他们经学校申报，教育部核准，予以提前毕业。其中郑英元和林忠民留校担任数学系助教；丁少华考取本校数学分析研究班；方逸仙参加俄语班学习，准备为数学系以后邀请苏联专家做翻译，但后来没有邀请到苏联专家，方逸仙另行分配工作，前往曲阜师范学院（现曲阜师范大学）数学系任教。

参加1954年拍毕业照的老师按插页图1的顺序介绍如下（前面《人物篇》介绍过的不再重复）：

赖英华（1926—1989），1951年交通大学数学系毕业分配到华东师大数学系数学分析、函数论教研室。1962年调往江西大学（今南昌大学）。

周彭年（1925—1997），1949年毕业于交通大学数学系。1952年院系调整时，从交通大学数学系来到华东师大数学系，先后在数学分析教研室和微分方程教研室工作。

高本义（1925— ），时任数学系总支书记，1955年调离数学系到业余教育处工作。

吕海屿（1922— ），1946年考进南京中央大学数学系。1950年调到华东军政委员会工作。1952年调到华东师大数学系,曾担任数学、物理、化学三系联合党支部书记。1958年调到山东淄博工作,1982年离休。

孙烈武(1929—),1953年东北师大数学系毕业分配到华东师大数学系数学分析教研室工作。1956年调往湖南师范学院。

王占瀛(1929—1966),1953年东北师大数学系毕业分配到华东师大数学系数学分析教研室工作。1956年调往哈尔滨师范学院。

刘景德(1924—),1951年山东大学数学系毕业分配到华东师大数学系数学分析教研室工作。1958年调往上海交通大学。

朱金乐(1932—2017),1950年进入圣约翰大学数学系学习,1952年院系调整并入华东师大数学系就读三年级。1953年毕业留在数学系代数教研室工作。1962年调往光华补习学校。

1955年数学系毕业生

1951年华东师大数学系招收的第一届本科生原有25名,1953年安徽大学数学系有6名二年级学生并入华东师大数学系,使这个年级学生增加到31名。除4名提前一年毕业外,余下27名学生于1955年毕业。其中俞妙龄(俞凡)考取本校数学分析研究班,芮泽民考取北京师范大学代数研究班。

这届学生于1955年7月16日拍摄了毕业照片(见插页图2)。

数学分析是数学专业最重要的基础课之一,华东师大数学系按照教育部的部署,率先于1953年招收第一届数学分析研究班。该研究班有14名学生,学制两年。课程有程其襄的数学分析选论、实变函数,李锐夫的复变函数,孙泽瀛的微分几何和雷垣的线性代数。他们的毕业照拍摄于1955年7月8日(见插页图3)。

1953年数学系招收第二届两年制专科生61名,其中60名于1955年如期毕业。华东师大数学系专科生只招了两届,第二届专科生的毕业照片至今没有找到。他们班毕业后在数学系有工作经历的有叶丽蓉和林文添两位。

在1955年毕业照片中的老师介绍如下（前面介绍过的不再重复）：

徐春霆（1906—2002），1930年毕业于光华大学数学系，抗战时期曾在光华大学成都分部担任助教、讲师，同时在四川大学担任讲师、副教授。还先后在常州工艺专科学校、无锡中学等学校担任数学教员。1947年起，担任光华大学理学院专任副教授。1951年转为华东师大数学系副教授。曾担任华东师大校工会委员、数学系副主任、数学教学法教研室主任。

林忠民（1931—　　），1954年华东师大数学系本科毕业，留在数学分析教研室工作。曾任概率论教研室副主任。1973年调往福建师范大学数学系，教授。20世纪80—90年代，曾担任福建师范大学副校长。

雷垣（1912—2002），上海大同大学数学系毕业，1935年进入美国密歇根大学研究院数学系学习，1939年获美国密歇根大学数学博士。回国后，相继在沪江大学、大同大学、上海交通大学担任数学教授。1952年院系调整时，从交通大学来到华东师大数学系，任代数教研室主任，教授。曾担任工会数学系部门委员会主席。1958年调往安徽师范学院（1972年改名安徽师范大学），担任数学系主任，教授。

1956年数学系毕业生

1952年数学系招收了55名本科生，由于各种原因，有几名同学休学、退学，最后43名同学于1956年毕业。

1954年数学系招收第二届数学分析研究班学生15名，也在1956年毕业。他们与当年的本科毕业生一起拍了毕业照（见插页图4）。这张照片出现了当时许多年轻教师的身影。

1956年毕业留在数学系工作的数学分析研究班的张奠宙（第三排左九）。

该届本科毕业留在数学系工作的有18位：唐瑞芬（第三排左三）、陈信漪（第四排左七）、何福昇（第五排右二）、黄云鹏（第五排左一）、吴珠卿（第一排左五）、陈淑（第三排右二）、吕法川（提前调出工作，没有参加拍照）、许明（第一排右二)、钱奇生(第五排左五)、庄菊林(第五排左七)、俞俊善(第四排右七)、柯寿仁(第五排左六)、张佩蓓(第一排右三)、荣丽珍(第一排左七)、王德玉(第四排右六)、周礼聪(第一排左一)、陈兆钦(第四排右一)、戴耀宗(第四排右二)。

该届本科毕业生中有冯慈璜等4人考取本校第四届数学分析研究班,杨芹等2人考取本校几何研究班,朱金嘉等2人考取本校代数研究班。

下面依次介绍参加1956年拍毕业照的老师(前面介绍过的不再重复)。

陈美廉(1929—　　),1950年毕业于圣约翰大学化学系,后任圣约翰大学数学系助教。1952年院系调整时,从圣约翰大学来到华东师大数学系,先后在数学分析教研室、微分方程教研室工作,教授。

郑英元(1932—　　),1954年数学系本科毕业留校,先后在代数教研室、数学分析教研室、函数论教研室、概率论教研室、运筹学教研室工作,教授。

郑锡兆(1912—2001),1941年就读于浙江大学数学系。1954年从华东师大一附中调入华东师大数学系数学教学法教研室。1958年调往华东师大二附中。

王鸿仁(1928—2017),1954年华东师大数学专修科毕业留校,在代数教研室工作。1964年调往华东师大二附中,先后担任副校长、校长。

郑启明(1931—2020),1954年本校数学专修科毕业,留在数学教学法教研室工作。1960年起,先后担任数学系总支副书记、副主任。是"文革"后华东师大第一任教务处处长,后来调到国家教委,担任督导司司长,直至离休。

王慧怡(1932—　　),1950年进入圣约翰大学数学系学习,1952年院系调整时并入华东师大数学系就读三年级。1953年毕业留系,在几何教研室工作。1962年去香港,后定居英国。

叶丽蓉[①],1955年本校数学专修科毕业留系工作,曾担任数学系总支副书记、总支书记。1958年调往长春电影制片厂。

---

① 没注明生卒年份是因为相关信息不全。下文同。

1957年数学系毕业生

1953年数学系有154名本科新生入学，由此看到国家教育事业正在蓬勃发展，数学系的本科规模逐年扩大。由于前届有些休学的学生复学到这一届，而本届又有个别学生因某种原因休学等，使1957届的本科毕业生为130名（以后各届也都存在入学人数与毕业人数之间的差别，同此原因，不再说明）。他们的毕业照片（见插页图5）拍摄于1957年8月21日。

其中，王邦彦为数学系办公室工作人员，郎关涛为数学系工友，他们都在20世纪的50年代末60年代初离开了数学系。

该届学生中毕业留在数学系的有4位：董纯飞（第六排左八）、鲍修德（第六排右八）、闻保坚（第六排右六）、吴光焘（第四排右十）。

后来在数学系工作过的有李绍芬（第三排右九），她毕业分配到上海师范学院数学系，1959年调入华东师大数学系，1962年调往光华补习学校。

1955年入学的第三届数学分析研究班有21名学生，他们于1957年毕业。毕业照片见插页图6。

本届研究生毕业留在数学系工作的是姚璧芸（前排左二）。

下面介绍参加1957年学生拍照的老师（前面介绍过的不再重复）。

应天翔（1928—　），1950年3—10月华东革大学习；1950年10月—1951年华东革大二部、五部干事；1951年7月—1952年1月，中共中央华东局党校干事。1952年以后，在华东师大教务处工作，后调任数学系办公室主任、数学系副主任。

陈昌平（1923—2003），1948年同济大学数学系毕业，获理学学士。1952年院系调整时，从同济大学来到华东师大数学系数学分析教研室。曾任微分方程教研室主任，教授。1988年起，担任上海市中小学课程教材改革委员会数学教材主编。

1958年数学系毕业生

1958年数学系有169名本科生毕业。毕业照片见插页图7。

1958届本科留系工作的毕业生有7位：陶增乐（第六排左十四）、吴洪来（第四排右十）、茆诗松（第六排左十二）、李惠玲（第一排左九）、熊庆露（第一排左三）、薛天祥（第五排左一）、徐振寰（第四排右九）。

第三届数学分析研究班、代数研究班和几何研究班于1956年入学，1958年毕业。三个研究班学生一起于1958年7月20日拍摄了毕业照。（见插页图8）

本届三个研究班中留系工作的仅有代数研究班的林锉云（第二排左三）。

下面介绍1958年学生毕业照中的老师（前面介绍过的不再重复）。

陈淑（1934—   ），1956年华东师大数学系毕业留校，先后在数学分析教研室、控制论教研室工作。1983年调往校部担任党委组织部副部长等职务。

吴珠卿（1932—   ），1956年华东师大数学系毕业留校，在数学教学法教研室工作，曾任政治辅导员、数学系副主任。1984年调往校部机关工作，1987年担任机关党总支书记。

陈信漪（1933—   ），1956年华东师大数学系毕业留校，在几何教研室工作，曾任代数几何教研室副主任、力学教研室主任。

刘维南（1920—1998），原水电部处长，1958年调到华东师大数学系担任党总支书记。

朱树卓（1902—1982），1922—1924年在圣约翰大学理学院专修数学结业，1937年交通大学数学进修班毕业。1956年调入华东师大数学系数学教学法教研室。1959年调往华东师大二附中。

吴光焘（1931—   ），1957年华东师大数学系毕业留校，在数学教学法教研室工作。1958年调往华东师大二附中。

曹伟杰（1929—2018），1954年毕业于北京师大数学系，分配到华东师大数学系，在数学分析教研室、函数论教研室工作，教授。

唐瑞芬(1935—　)，1956年华东师大数学系毕业留校，在几何教研室工作。曾任教育部中学校长培训中心副主任、数学教育研究室主任、数学系副主任，教授。

1959年数学系毕业生

1955年数学系招收188名本科新生，分成6个小班，四年后的1959年，有151名学生毕业。但他们的毕业照片没有找到。

这个年级有10位同学分配在本校数学系工作，他们是黄丽萍、王辅俊、王西靖、邹一心、徐元钟、陈杏菊、陈贵瑶、何平生、詹令甲、许鑫铜。

这个年级有5位同学考取本系三年制研究生，其中黄馥林等3位为泛函分析研究生，王学锋等2位为微分方程研究生，他们于1962年毕业，没有留下毕业照。李绍疆考取西安交大研究生。

1960年数学系毕业生

1960年毕业的学生是1956年入学的，一年级时共有219位，分成6个小班。在"大跃进"的1958年，他们改为连队编制，原1、2班改编成"红旗连"，原4、5班改编成"五四连"，原3、6班改编成"先锋连"。到1960年毕业时共有194位学生。

下面是"五四连"的毕业生和老师的合影(照片由毛羽辉提供)。

照片中老师在第二排，从左边第六位开始依次是：陈信漪、郑启明、徐振寰、余元希、张奠宙、李汉佩、董纯飞，右边第四位是鲍修德。

学生中后来在数学系工作过的有：陈月珍（第一排左一）、胡之玡（第一排右一）、杨庆中（第二排左二）、毛羽辉（第三排右三）、袁震东（第四排左一）、徐钧涛（第四排左六）、吴卓荣（第四排左七）、俞钟铭（第四排右十）。

我们未能找到"先锋连"和"红旗连"的毕业照。这两个连的学生毕业后曾在数学系工作过的有：王守根、田万海、王玲玲、刘淦澄、章小英、陈自安、杨曜锠。

1960年"五四连"拍毕业生照片中的老师有（前面介绍过的不再重复）。

徐振寰（1932—1988），1958年华东师大数学系毕业留校，曾担任政治辅导员、数学系党总支书记等职务。

李汉佩（1923—　　），1946年获同济大学数理学系学士，同济大学数学系讲师。1952年院系调整时，从同济大学数学系来到华东师大数学系，曾任代数教研室副主任。

董纯飞（1936—　　），1957年华东师大数学系毕业。先后在代数教研室、运筹学教研室工作。曾担任数学系常务副主任。

鲍修德（1936—　　），1957年华东师大数学系毕业。留在代数教研室工作。1984年调往上海市教卫党委。1990年调往上海教育学院担任副院长。1998年随上海教育学院进入华东师大。

1961年数学系毕业生

1957年数学系入学的新生共有178人，分成6个班。和上一届一样，在1958年的时候，6个班改编成3个分队：1、2班改编成第一分队，3、4班改编成第二分队，5、6班改编成第三分队。至1961年，除11位作为本科五年制实验教学的同学外，156人毕业。

下面是第一分队毕业同学和老师的合影（张维敏提供）。

照片中老师们坐在第三排，左起第六位开始依次是：郑启明、滕伟石、刘

维南、许鑫铜、陈信漪。

在第一分队学生中,以后在数学系工作过的有张维敏(第一排左六)、冯准(第一排左七)、洪渊(第四排左三)、王家勇(第四排左六);分配到华东师大物理系工作的有钱菊娣(第一排左八)和张汝杰(第四排右六)。第一分队还有一些同学毕业后留在数学系工作,但没有参加拍毕业照,他们是胡启迪、俞华英、顾鹤荣、陈永林、王永利。

下面是第三分队毕业同学和老师的合影(本年级以下照片和资料摘自校友傅伯华、罗健雄、陈辉佳、陆善镇等2017年12月15日的网文《1957级的毕业照》)。

许鑫铜老师(第二排右七)参加了拍照。

第三分队同学中以后在数学系工作过的有:宋国栋(第一排左四)、周予(第一排右三)、周延昆(第二排右六)、傅伯华(第三排左三)。毕业后在华东师大物理系工

作的有王成道。没有参加拍照但以后在数学系工作过的同学有林武忠和张起云。

由于当时同学们已提前到电大、科大等学校上课，或到外地院校学习专业课程，因此拍毕业照时同学不全，只有40多位。

1961届第二分队的毕业照至今未能找到，但有些班级的毕业照可以从一定程度上弥补缺少第二分队毕业照和第三分队毕业照中同学不全的遗憾。

以下是1957级3班同学的毕业照片。

照片中曾在数学系工作过的同学有李永焆（第二排左四），该班没有参加拍照但以后在数学系工作过的有华煜铣和刘宗海。

以下是1957级4班同学的毕业照片。

照片中在数学系工作过的有陈效鼎（第二排左四）、葛金虎（第三排左二）、陈坤荣（第三排左三）、陆大绚（第三排右四）和史树中（第三排右三）。

以下是1957级5班同学的毕业照片。

其中在数学系工作过的同学有宋国栋（第二排左二）、张起云（第二排左四）和周延昆（第二排右三），在物理系工作的有王成道（第二排左三）。

以下是1957级6班同学的毕业照片。

其中在数学系工作过的有傅伯华(第一排右四)和周予(第三排右二)。6班同学中没有参加拍照但在数学系工作过的有林武忠。

1957级6班部分同学在文史楼前拍照时遇见校党委常溪萍书记,同学们请他一起合影。下面就是这张珍贵的合影(中间站立者为常溪萍书记)。

参加1961届毕业生拍照的老师介绍如下(前面已经介绍过的不再重复)。

滕伟石(1928—2010),1954年华东师大数学专修科毕业,留在数学系数学教学法教研室。曾担任数学系党总支副书记、华东师大二附中支部书记、上海市松江二中校长、绍兴师范专科学校校长、绍兴市教育局局长等职务。

许鑫铜(1936—   ),1959年华东师大数学系毕业,曾在数学教学法教研室工作,担任过政治辅导员、数学系党总支书记。

数学系1962年毕业生

1958年数学系招收了294名新生,分成8个班。1962年,有257位毕业生。由于当年通知拍毕业照的时间比较仓促,许多同学没有通知到,因此缺席很多。

这张毕业照片（见插页图9）历经劫难，尚能幸存，真是奇迹。照片上四个涂在老师脸上的黑点便是后来经历"文革"的见证。

本届毕业生中留在数学系工作有陈志杰和梁小筠，他们当时都没有参加拍照。

1957级学生中有11位实行五年制实验教学，他们也是1962年的毕业生。其中毕业后在数学系工作过的有宋国栋和张起云。

参加1962年毕业生拍照的老师介绍如下（前面已经介绍过的不再重复）。

薛天祥（1935—　），1958年华东师大数学系毕业留校，在微分方程教研室工作。曾担任数学系总支副书记。1972年调往校部机关工作，高等教育学教授。

何平生，1936年出生，1959年华东师大数学系毕业，留在函数论教研室工作。1964年调往上海市高教局。

陈自安（1938—　），1960年华东师大数学系毕业，留在微分方程教研室工作。1965年调往上海市公用事业学校。

王家勇（1937—　），1961年华东师大数学系毕业，留在函数论教研室工作。后调往天津师范学院，又调往浙江水产学院工作。

李惠玲（1936—2011），1958年华东师大数学系毕业，留在函数论教研室工作。1964年先调往河北昌河，后随企业辗转至景德镇工作。

黄淑芳（1926—2018），1952年院系调整时，从上海工业专科学校来到华东师大数学系，先后在数学分析教研室、函数论教研室工作。1965年调往上海市电力专科学校（今上海电力大学）。

林克伦（1927—2002），1951年交通大学数学系毕业，曾在上海市工农速成中学任教。1956年调入华东师大数学系，先后在数学分析教研室和微分方程教研室工作，任微分方程教研室副主任。

王辅俊（1937—　），1959年毕业于华东师大数学系，先后在代数几何教研室和微分方程教研室工作,教授。

吕法川(1929—2009),1955年毕业于华东师大数学系,曾在数学分析教研组工作,1961年起担任数学系党总支副书记。后调往校部工作。

徐元钟(1937—　　),1959年毕业于华东师大数学系,先后在数学分析教研室和微分方程教研室工作。1985年去美国工作并定居。

胡启迪(1939—　　),1961年华东师大数学系毕业,先后在微分方程教研室和控制论教研室工作,教授。曾担任华东师大数学系主任、上海市教育考试院院长。

徐钧涛(1939—　　),1960年华东师大数学系毕业,留在微分方程教研室工作。1993年调往本校研究生院工作。

陆宝华(1933—　　),华东师大数学系办公室工作人员。"文革"中调往本校其他单位工作。

林锉云(1934—　　),1956年毕业于华南师范学院数学系,1958年毕业于华东师范大学数学系代数研究班,留在代数教研室工作。1962年调往江西大学(今南昌大学)数学系,曾担任该校数学系主任,教授。20世纪90年代调往杭州工作。

1964年数学系毕业生

1959年数学系招收了170名本科新生,分成6个小班。他们正式实行五年制学制。五年级时分成4个专门化班和一个基础班,他们于1964年毕业,按专门化班分别拍摄了毕业照。

以下照片取自1959级毕业纪念册《走过半个世纪》,并请周纪芗老师协助说明。

以下是函数论班毕业照片(见下页)。

参加拍照的老师坐在第二排,左起依次为吴珠卿、陈效鼎、史树中、黄馥林、邹一心、程其襄、李锐夫、曹伟杰、宋国栋。

函数论班学生毕业后留在数学系工作的有张雪野（第一排右三）、黄玉玲（第三排右二）和刘明轩（第四排左六，他是作为出国师资在复旦大学学习外语，后回到华东师大，调至外办工作）。

以下是微分方程班毕业照片。

参加拍照的老师坐在第二排，左四开始依次是林武忠、陈昌平、徐元钟、王成名（王学锋）、吴珠卿。

微分方程班学生毕业后留校工作的是王人生（第三排左三）。

以下是概率论班毕业照片。

参加拍照的老师坐在第二排，左起依次是吴珠卿、应天翔、徐春霆、魏宗舒、吕法川、周延昆、陈淑、林忠民。

概率论班学生毕业后在数学系工作过的有汤羡祥（第四排右一）、周纪芗（第一排右一）和计惠康（第三排右一）。

代数班没有全体同学的毕业照，以下是该班团员拍的毕业照片（见下页）。

其中老师坐在第二排，左三起为董纯飞、许鑫铜、田禾文、吴珠卿、陈信漪。

代数班学生毕业在数学系工作过的有刘昌堃（第三排右五）、王吉庆（第一排右一）和周国华（第一排左一）。

下面是代数班部分同学在学校大门口拍照留影，其中第一排左二是毕业后在数学系工作的邱森。

参加1964届毕业同学拍照的老师介绍如下（前面介绍过的不再重复）。

陈效鼎（1939—2019），1961年华东师大数学系毕业，先后在函数论教研室、控制论教研室和数学系计算机房工作。

史树中（1940—2008），1961年华东师大数学系毕业，留在函数论教研室工作。1976年调往天津南开大学数学系，教授。1997年调往北京大学光华管理学院。

黄馥林（1938—   ），1959年数学系本科毕业，1962年函数论研究生毕业留校，在函数论教研室工作。1978年转入本校新成立的计算机系工作。

邹一心（1936—   ），1959年华东师大数学系毕业，先后在微分方程教研室和数学教学法教研室工作。曾担任数学系办公室副主任、《数学教学》常务副主编。

宋国栋（1940—   ），1962年华东师大数学系五年制毕业，留在函数论教研室工作，教授。曾担任数学系副主任。

林武忠（1938—   ），1961年华东师大数学系毕业，留在微分方程教研室工作，教授。

王成名（1938—   ），现名王学锋，1959年华东师大数学系本科毕业，1962年微分方程研究生毕业，留在微分方程教研室工作。教授。

周延昆（1939—   ），1961年华东师大数学系毕业，留在概率论教研室工作。1984年转入新成立的数理统计系（后改名为统计系）。现定居美国。

田禾文（1930—   ），1958年华东师大历史系毕业。1963年起担任数学系党总支副书记，1965年起主持总支工作。

1965年数学系毕业生

1960年数学系招收210本科生，他们也实行五年制学制。五年级设四个方向的专门化班和一个基础班，共189位同学于1965年毕业。插页图10是他们全年级的毕业照片。

本年级当年留校有五位：李春和（第四排左十五）、蒋鲁敏（第四排右二）、姚鸿滨（第五排左一）、凌永明（第五排左四）和吴允升（第六排左七）。后来增加半工半读师院合并进来的四位：周玉丽（第二排左十）、汪礼礽（第四排右五）、蒋国芳（第六排左十一）和郑毓蕃（未参加拍照）。

参加1965届毕业同学拍照的老师介绍如下（前面介绍过的不再重复）。

黄丽萍（1940—　），1959年华东师大数学系毕业，留在计算数学教研室工作。曾担任数学系副主任。

葛金虎（1938—　），1961年华东师大数学系毕业，先在电视大学数学组，后来调到校部机关。20世纪70年代初调往合肥工作。

陶增乐（1937—　），1958年华东师大数学系毕业，先后在数学分析教研室和微分方程教研室工作。1978年进入本校新成立的计算机科学系，教授。曾担任华东师范大学副校长。

华煜铣（1939—　），1961年华东师大数学系毕业，先后在函数论教研室和运筹学教研室工作。曾任数学系副主任。1982年调往校部担任外事办主任、人事处副处长、华东师大秘书长、副校长等职。

杨庆中（1937—　），1960年华东师大数学系毕业，先后在微分方程教研室和控制论教研室工作。

庄秀娟（1940—　），1964年华东师大教育系毕业，分配到数学系担任政治辅导员。1978年调往本校现代教育技术研究所，1982年调到本校教育信息技术系工作。

陈月珍（1937—　），1960年华东师大数学系毕业，留在数学系任政治辅导员。1980年调离数学系，先后在本校夜大学和教育管理学院工作。

1970—1976级数学系毕业照片

赵小平

1966年"文革"开始,当时在校就读的五届学生的学习和毕业分配都受到影响,1961级学生于1967年11月毕业分配,1962级和1963级的学生分别于1968年的8月和12月毕业分配,1964级和1965级的学生于1970年8月毕业分配。遗憾的是,我们没有搜集到这五届学生的毕业照片。

1970年学校开始招收工农兵大学生,学制三年,数学系共招过五届,842名学生(包括外系转入的8名),毕业841名。下面介绍这五届学生的毕业照片。

由于在70年代学校经历过先五校合并后又分校两次大动作,校名也更改过两次,因此要说明在本篇文字和照片中所提到的"上海师范大学"校名涵盖两个阶段:第一段是从1972年到1978年的五校合并时期,第二段是从1978年分校到1980年恢复"华东师范大学"校名之间的一个时期。现在的"上海师范大学"是1984年被命名的,本文提到的"上海师范学院"是她的前身。

数学系1970级毕业生

这是数学系首届工农兵大学生,他们于1970年冬季入学,1974年4月毕业。共70名学生,其中1人退学,其他都毕业。他们年级的毕业照片见插页图11。

该年级毕业生留在数学系工作的有6位:王仁义(第五排左三)、胡应平

（第四排右一）、祝杜林（第四排左八）、祝智庭（第五排右三）、黄国兴（第三排右六）和张新国（第四排左七）。王秀梅（第一排右四）留在校办厂工作。

其中，祝智庭和黄国兴于1979年调往学校新建的计算机系[①]，张新国于1978年分校时调往上海教育学院，祝杜林1980年调离华东师大。

数学系1973级毕业生

第二届工农兵大学生是1973年入学，1977年2月毕业的，共181名学生，全部毕业。根据当时"数学与生产实践相结合"的教学要求，该年级分成四个班，其中1班和4班是计算班，2班是数控班，3班是应用班。以后的三届工农兵大学生也是这样分班的，只是把3班改为概率统计班。

1. 1973级1班的毕业照片（吴文娟提供）

---

① 本文所涉及数学系教师的调离信息仅到1980年止。

照片中第一排是教师，左起依次是：郑英元、沈世明、蒋伟成、王西靖、蒋师傅（工宣队）、朱师傅（工宣队）、林火土、周信尧（工宣队）、陈金干、○、徐国定、王国荣、陈德辉、洪渊和谢天维。照片中的教师还有：陈月珍（第三排左四）、苏泳絮（第三排左五）、黄丽萍（第三排左六）、赵金凤（第三排右五）、张雪野（第三排右六）、祝杜林（第四排左八）。

1973级1班毕业生留在数学系工作的有陈汶远（第四排右三）和徐庆璋（第四排右一）。徐庆璋于1978年分校时调往上海师范学院。

2. 1973级2班的毕业照片（沈霄凤提供）

照片中教师在第一排，左起依次是：张文琴、黄国兴、顾云南、沈明刚、阮荣耀、徐春霆、徐红兵（徐怀方）、朱师傅（工宣队）、陈金干、林火土、周信尧（工宣队）、胡启迪、○、徐振寰、袁震东、毛羽辉、陈淑。

1973级2班毕业生留在数学系工作的有宁鲁生（第三排左七）和鲍洪良（第三排左三）。宁鲁生于1979年调往计算机系，鲍洪良1980年调往宝钢。

3. 1973级3班的毕业照片（瞿森荣提供）

　　照片中教师在第一排，左起依次是：丁元、吕乃刚、林举干、朱师傅（工宣队）、林火土、周信尧（工宣队）、陈金干、祁师傅（工宣队）、曹锡华、魏宗舒、茆诗松、周纪芗。

　　1973级3班毕业生留在数学系工作的有罗威（第三排左四）和李安澜（第二排左七）。罗威在分校时调往上海教育学院，李安澜1980年调去中学工作。

4. 1973级4班的毕业照片（陈俊英提供）

照片中第一排是教师，左起依次是：王学锋、王国荣、蒋伟成、蒋国芳、蒋师傅（工宣队）、朱师傅（工宣队）、林火土、周信尧（工宣队）、陈金干、万一心、王西靖、陈德辉、束继鑫、张芳盛、黄馥林、苏泳絮。

1973级4班毕业生留在数学系工作的有陈俊英（第二排右五）、颜梅珍（第三排左一）和潘立明（第四排右七）。他们三位都在分校时调往上海教育学院。

5. 1973级研究班毕业照

1973级有8位毕业生读研究班，右面是他们的合影（瞿森荣提供）。

前排左起：沈霄凤、吴文娟、张琴珠。后排左起：王新伟、卢立铭、喻志德、周建中、瞿森荣。

他们于1979年2月研究班毕业分配,其中瞿森荣和王新伟留在数学系,张琴珠和沈霄凤分配到现代教育信息技术研究所,吴文娟和周建中分配到计算机系,喻志德分配到上海师范学院,卢立铭分配到宝钢。这届研究班是我们学校"文革"后第一次试办,他们毕业时,校党委书记施平、校长刘佛年(第一排左八、左七)等校领导、各系领导和研究生导师与他们在办公楼前合影留念(照片由瞿森荣提供)。

照片中与数学系有关的教师有:朱福祖、曹锡华、薛天祥(第一排的左四、右三、右一),王吉庆(第三排左一),黄玉玲、王西靖(第四排的左一、左二)。

照片中数学系学生有:张琴珠、吴文娟(第二排的左四、左五),王新伟(第三排左二),瞿森荣、周建中、喻志德(第四排的左三、左四、左五)。

6. 1972级插班生

学校曾在1972年5月招收了20名工农兵大学生,准备援外当中学教师,后因计划改变,8名数学专业的学生插到数学系1973级学习,于1975年暑期毕业。其中,汤义仁和顾云南(1973级2班毕业照第一排左三)留在数学系工作。

数学系1974级毕业生

1974级工农兵大学生共180名，其中有6人因故转到下届继续学习至毕业，其他都是1977年8月按时毕业。

1. 1974级1班的毕业照片（马继锋提供）

教师在第一排，左起：王芷娟、卢娟、徐小伯、陈德辉、徐锦龙、郑启明、林火土、张波、周彭年、王守根、蒋国芳、顾鹤荣、杨有锟、沈世明、林克伦和马继锋。第二排右一、右二是邵存蓓、吴文雅两位老师。

1974级1班的毕业生留在数学系工作的有陈果良（第四排右四）和胡承列（第二排左八）。

2. 1974级2班的毕业照片（李宜春提供）

照片中第一排是教师，左起：周玉丽、祝杜林、郑毓蕃、胡启迪、林火土、张波、陈金干、胡桂友、徐红兵、徐振寰、袁震东、毛羽辉、黄国兴、陈淑。

1974级2班毕业生留在数学系工作的有季康财（第二排右五）和孙伟英（第三排左五）。孙伟英后来调往计算机系工作。

3. 1974级3班的毕业照片（张珊囡提供）

照片中第一排是教师，左起：严仲德、费鹤良、林火土、陈金干、张波、魏宗舒、童师傅（工宣队）、梁小筠、吴美娟、虞佩珍。

1974级3班的毕业生留在数学系工作的有周锡祥（第四排右一）和杨宗元（第四排左一）。他们两位在分校时都调往上海师范学院。

4. 1974级4班的毕业照片（车崇龙提供）

照片中第一排是教师，左起：束继鑫、顾鹤荣、蒋鲁敏、姚钟琪、徐锦龙、周彭年、林火土、张波、郑启明、陈志杰、蒋国芳、金钧、林克伦、李汉佩、马继锋。第二排左一和右一分别是张九超和汪礼礽两位老师。

1974级4班毕业生留在数学系工作的有顾志敏（第四排右二）和车崇龙（第二排左五）。车崇龙在分校时调往上海师范学院。

该年级毕业时有11名学生读研究班，但由于学校计划改变，1978年他们都被重新分配工作：其中潘仁良（2班，第四排左六）、李宜春（2班，第二排右四）、高占飞（3班，第四排左四）、黄英娥（4班，第三排左五）、於森虎（4班，第四排右三）五位留在数学系工作。其中，李宜春后来调往计算机系，高占飞和於森虎调往现代教育信息技术研究所。研究班的其他学生：虞正秀（1班，第二排右四）分配到上海教育学院，张晓云（3班，第四排左二）、张珊囡（3班，第二排左一）分配到上海师范学院，周大恩（1

班,第二排左五)、吴光宇(1班,第四排左八)、马亚平(2班,第四排左一)三位分配到宝钢。

数学系1975级毕业生

1975级工农兵大学生共212名,其中有3人因故转入下届继续学习至毕业,其他于1978年8月按时毕业。

1. 1975级1班的毕业照片(郑稼华提供)

照片中第一排主要是教师,从左二起依次是:林举干、蒋国芳、张建亚、郑英元、刘鸿坤、徐振寰、曹锡华、林火土、郑启明、郑忆年、卢娟、丁元、陈美芳、周纪芗。第四排左9是祝杜林。

该班赵小平(第三排右二)毕业后留在数学系工作。

2. 1975级2班的毕业照片（盛莱华提供）

　　照片中的教师在第一排，左起：秦行健、张仁生、毛羽辉、杨庆中、卢娟、曹伟杰、俞德勇、徐振寰、曹锡华、林火土、徐春霆、郑启明、魏国强、李承福、陈淑、张维敏、周玉丽、马继锋。第四排左七是祝杜林老师。

　　该班盛莱华（第四排右七）和俞建新（第四排左八）毕业后留在数学系工作。

3. 1975级3班的毕业照片（程依明提供）

　　照片中教师大多在第二排，左起：赵金凤、马继锋、李汉佩、黄云鹏、魏国强、茚诗松、徐振寰、曹锡华、林火土、郑启明、秦行健、何福昇、刘昌堃、吴良森、姚福丽、林克伦、孔保定。还有部分教师在第三排，左八起：张维敏、梁小筠、陈美芳、卢娟、吴美娟、黄丽萍。第四排左九是公共体育的蔡老师。第五排左九和右八是祝杜林和郑忆年。

　　该班毕业生李妮妮（第四排右二）和程依明（第五排左三）留在数学系工作。李妮妮于1980年调往上海财经学院。

4. 1975级4班的毕业照片（汪志鸣提供）

照片中的教师大多在第一排，左起：卢娟、周纪芗、丁元、林举干、蒋国芳、张建亚、王国荣、魏国强、郑启明、曹锡华、林火土、陈昌平、徐振寰、沈世明、王学锋、匡蛟勋、郑忆年和纽诚诚。其他教师还有陈美芳（第二排左一）、刘鸿坤（第三排左一）、杨曜锟（第三排右一）、顾志敏（第四排左七）、祝杜林（第四排左十）。

该班汪志鸣（第四排右三）和孙丹薇（第二排右一）毕业后留在数学系工作。

数学系1976级毕业生

1976级工农兵大学生于1980年1月按时毕业,共191名。

1. 1976级的全年级毕业照片(见插页图12)

除了全年级毕业照,我们还搜集到1976级1班和4班的毕业照片。

2. 1976级1班的毕业照片(杨宗源提供)

　　照片中的教师在第一排的左三起,依次是:陈果良、金钧、万一心、陈汶远。

　　该班毕业生林华新(第四排右一)留在数学系工作,杨宗源(第四排右三)分配到计算机系,张华华(第四排左三)分配到现代教育信息技术研究所。

3. 1976级4班的毕业照片（李士锜提供）

照片中的教师有陈汶远（第一排左五）和陈果良（第一排右五）。

该班李士锜（第四排左四）毕业后留在数学系工作。

1976级是最后一届工农兵大学生，从1977年开始，国家停止从工人、农民、解放军战士和青年干部中推荐大学生入学的招生办法，恢复了高考制度，一大批热爱数学、善长数学的优秀人才进入华东师大数学系，成为日后数学系腾飞的强劲生力军。

在结束本文前还要补充一点，数学系在培养上述五届工农兵大学生的同时，还在1972年、1974年、1976年和1977年招收过四届培训班，总共1233名学生。其中1972级培训班的虞佩珍和郭大华毕业后留在数学系工作。这些培训班的学生在一定程度上缓解了当时数学教师紧缺的情况。但遗憾的是，我们没搜集到他们的毕业照片。

毕业证书的故事

郑英元

毕业证书几乎人人都有，或小学毕业证书，或中学毕业证书，或大学毕业证书，它是个人学历的证明文件，记录人生文化学习的一个历程，也是社会历史的一个印记。

本文主要叙说华东师范大学数学系学生的毕业证书。

一、1950年的毕业证书

华东师范大学是在原大夏大学和光华大学基础上建立的，因此大夏大学理学院数理系可以说是华东师范大学数学系的前身。在叙说华东师大数学系毕业证书前，不妨先看一下1950年毕业于大夏大学的胡和生院士的毕业证书（摘自百度百科）。

这张证书有几个看点：

（1）早期毕业证书是一张纸，填上姓名、籍贯、年龄和就读的院系。

（2）落款处填上校长和院长姓名并盖章。

（3）贴上戴有学士帽的照片并盖上学校钢印。

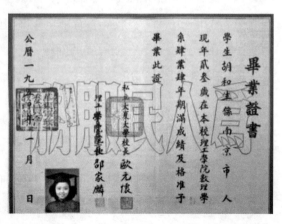

（4）胡院士是新中国成立之后的1950年1月毕业的，毕业证书按竖式用繁体字书写，淡黄色纸加红边，背景有"为人民服务"五个大字。

（5）除了盖有大学公章，还有"华东军政委员会教育部"的钤印。

（6）本证书有个瑕疵，在书写胡院士年龄"贰拾叁"岁时少写了"拾"字，不够规范。

二、1954年的毕业证书

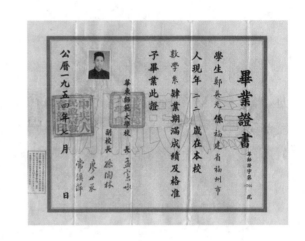

我是华东师大数学系的首届本科毕业生，1954年7月毕业，毕业证书的格式与胡院士的证书差不多，也是一张纸，背景也是"为人民服务"五个大字。

下面说说差别：

（1）我的毕业证书是华东师范大学发放的，盖华东师范大学方形公章。

（2）盖校长和三位副校长的签名章。

（3）没有学位，贴证件照，盖学校钢印。

（4）没有说明几年制本科学习，只说"肄业期满成绩及格"。

（5）证书送中央人民政府教育部审核并盖教育部钤印。

（6）在年龄表述上存在同样的问题，应该写"贰拾贰"或者"廿二"，写成"二二"是不规范的。

三、1958年的毕业文凭

华东师大从1957届毕业生开始改称"毕业证书"为"毕业文凭"，改一张纸为红硬外壳、加贴内页式的证书，文字改竖写为横写。这里展示的是1954

年入学、1958年毕业的茆诗松老师的毕业文凭。

这份毕业文凭的特点是：

（1）红硬外壳上印有"华东师范大学毕业文凭"的金字。

（2）内页左侧贴毕业生照片加盖学校钢印。

（3）内页右侧在固定格式文本内填写毕业生的姓名、籍贯、年龄等，注明是"四年制本科学习"。

（4）盖校长的签名章和学校的圆形公章。

（5）文凭编号在右侧下方。

四、1962年的五年制毕业文凭

1961年学校试行五年制本科教育。1957年入学的新生按四年制教育计划本应1961年毕业，他们的毕业文凭与前面说到的茆诗松的文凭差不多。但这一年级中有11位同学留下多进行一年的专门化教育，算是五年制教育的试点。

下面是程丽明老师的五年制毕业文凭。

这份文凭与前者的区别是：

（1）改"在本校数学系四年制本科学习"为"在本校数学系数学专业五年

制本科学习"。

（2）在表述年龄时数字用中文大写数字"弍拾叁"（前面茆诗松的毕业证书上年龄用阿拉伯数字表示）。

五、1964年的五年制毕业文凭

从1959年入学的新生开始，本科学制正式改为五年制，首批五年制本科生是1964年毕业。下面是周纪芗老师的毕业文凭，与前面程丽明老师的毕业文凭没有什么区别。

六、研究班毕业证书

数学系早在1953年至1956年招收过四届两年制"数学分析研究班",在1956年招收两年制"代数研究班"和"几何研究班"各一届,遗憾的是,他们的毕业文凭我都没见过。数学系在1959届和1960届毕业生中各挑选几位进行三年制的研究生学习,其中从1959届选出6位读研(3人攻读函数论方向,3人攻读微分方程方向),从1960届选出5位攻读概率统计方向。这里展示的是1960—1963年攻读概率统计方向的阮荣耀老师的研究班毕业证书。

这份证书在格式上与本科生的文凭差不多。区别是:

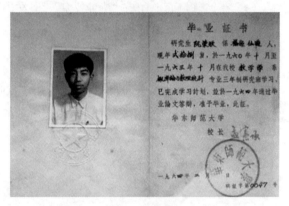

（1）从"毕业文凭"改回"毕业证书"。

（2）注明学习年限为"一九六〇年十月至一九六三年十月"。

（3）注明"我校数学学系概率论与数理统计专业三年制研究班学习",表述很完整,很正规,如"数学学系"的写法。

（4）注明"于一九六四年通过毕业论文答辩"。

（5）在证书上出现两处不规范的简体字:阮荣耀的"耀"字和福建的"建"字。

七、1966届的毕业文凭

1966年到1970年的五届学生正值"文化大革命"时期毕业,学生参加运动,延迟毕业。毕业文凭也带有那个时期的印记。这里先展示1966届毕业生庞珊珊老师的文凭。

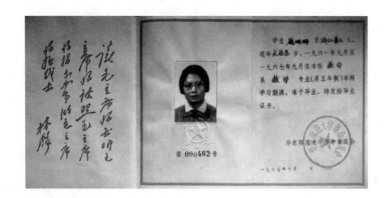

这份文凭的特点是：

（1）在红色封面上印有"毕业文凭"，但在内页上没有毕业文凭四个字。

（2）在红色硬封面的背面，印有林彪语录。

（3）注明"一九六一年九月至一九六七年九月在本校数学系数学专业（原五年制）本科学习期满"。事实上，不仅是期满，而且超期一年。

（4）当时没有校长，落款是"华东师范大学革命委员会"，并盖相应的公章。

八、1967届的毕业证书

1967届学生的毕业证书是我所见到的最豪华的毕业证书（或者毕业文凭）。这是王继延老师的毕业证书。

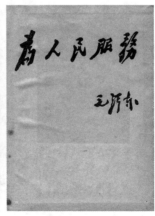

证书所具有的时代特征看图已经明白很多,不过还可以说几点:

(1)红封面上多了一个五角星图标,校名写在封面下端。

（2）内页中除了《最高指示》和林彪语录印正反面外，其他都是各占一页，背面空白，有些页面还加一层透明纸保护，整本证书共有37个内页页面。

（3）最后的内页是证书的主要部分，是折叠式，毕业证书四个字印在当中，左侧仍旧是照片、钢印和证书编号。

（4）在右侧内容的开头处，过去是"学生（或者研究生）某某某"，现在改为"某某某同志"。

（5）其余信息，如籍贯、年龄、在校学习年限和专业等与1966届相仿，但增加了一句"在毛泽东思想哺育下锻炼成长"。

九、1968届的毕业证书

1968届的毕业证书与1967届相仿，也是厚厚的一本。我通过1968届刘彬清老师的帮助，他们班的两位同学应春林和张梅钦（在四川成都）都发来他们的毕业证书。与1967届的毕业证书对照，1968届的证书多了一页《最高指示》如下，其他内容表述相仿。

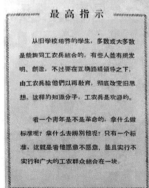 

十、1970届的毕业文凭

1969届和1970届的毕业文凭相仿。

下面是1970届陈金干老师的毕业文凭,其特点是:

(1)红色封面上校名为"上海师范大学"。这两届毕业生虽然都是1970年8月毕业分配的,但因"文革"的原因,毕业文凭上的签署日期都是"一九七九年十二月",此时刚结束五校合并,但华东师范大学校名还未恢复,所以签署毕业文凭时的校名仍然是"上海师范大学"。

(2)毕业文凭上的校领导署名是"上海师范大学校长 刘佛年(签名章)"。

(3)在学习年限方面的表述"自一九六五年九月至一九七〇年九月"(1969届的毕业文凭上是"自一九六四年九月至一九六九年八月",见小截图),接下去都是"华东师范大学(现名上海师范大学)数学系数学专业(原五年制)本科学习期满",说明这两届学生是在"华东师范大学"阶段完成学业,在"上海师范大学"阶段获得毕业文凭的。

我们还注意到一个细节:

(4)内页右侧将"某某某同志"的称呼恢复为"学生某某某"。

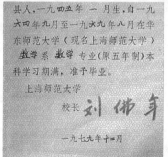

十一、1975级工农兵大学生的毕业证书①

由于"文革",从1966年开始大学停止招生,直到1970年,国家试行从工人、农民、解放军战士和青年干部中推荐大学生的招生办法,以这种办法招收的大学生被称为"工农兵大学生",学制为三年。由于采用推荐办法,容易产生弊端,而且入学新生的水平参差不齐影响教学效果,至1976年终止,恢复高考招生制度。

1970—1976年,数学系共招了五届工农兵大学生。下面是1975级学生赵小平的毕业证书,形式比较简练:

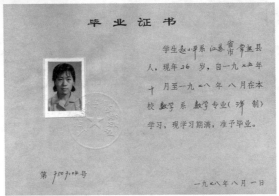

---

① 本文十一和十二两部分是赵小平续写的。

（1）红色封面上没有校名，只有"毕业证书"四个字和一个代表"工农兵"的图标。

（2）第一个大内页上是毛泽东的手迹"为人民服务"。

（3）第二个大内页上方是"毕业证书"四个字；左侧是毕业生照片和证书编号，照片上盖"上海师范大学革命委员会"的钢印；右侧是毕业生信息，包括姓名、籍贯、年龄、学习年限和专业等。

（4）证书的落款处没有署名，既没有"上海师范大学"或"上海师范大学革命委员会"，也没有当时校领导的署名（"文革"后第一任校长刘佛年是1978年8月上任的，签发这一届毕业证书的日期是8月1日，估计此时刘校长尚未正式上任。到下一届学生毕业时，即1980年2月毕业的1976级工农兵大学生，在他们的毕业证书上其他内容都与前几届的相仿，明显的变化就是有了刘佛年校长的签名章）。

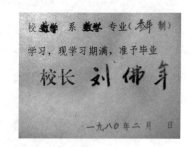

十二、1977级研究生的毕业证书

在20世纪70年代，数学系按照学校的计划，试办过一届研究班，学生是从1973年入学、1977年2月毕业的大学生中选拔的，共8名。他们的毕业证书的内页如下（瞿森荣提供的证书复印件）：

（1）在"毕业证书"四个字上方有"上海市试办研究班"字样，据

此可以认为这届研究生培养项目是上海市主持的。

（2）左边是毕业生的照片、校名的钢印和证件编号。

（3）右边是毕业生的姓名、籍贯、年龄、学习年限等信息，其中专业栏填"数学系代数专业（式年制）"。

（4）毕业证书的落款处没有学校名和校领导的署名，只有证书的签发日期"一九七九年二月廿八日"。

（5）十年以后的一九八九年五月九日，学校为这批研究生补发了一份毕业证书，其他内容基本不变，"上海市试办研究班"的字样还在，但在落款处增加了"华东师范大学"的校名、印章和校长袁运开的签名章，在签发日期后面加了一个"补"字（补发的研究班毕业证书由瞿森荣提供）。

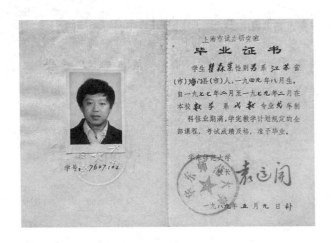

细细鉴赏，不难发现薄薄的毕业证书上留下了不少时代的特殊印记。

最后，感谢各位老师、老朋友、老同事、老校友在搜集上述资料中给予我们的帮助。

20世纪50年代数学系教师队伍的变化

郑英元

1951年10月，以大夏大学和光华大学为基础组建了华东师范大学，由于这两所大学的数理系规模都较小，有些教师是从其他大学请来兼职的，如光华大学数理系主任由同济大学吴逸民副教授兼任，交通大学朱公瑾教授兼任数学教授。在华东师范大学成立时，大夏大学数理系只有一位专任教授施孔成，光华大学数理系也只有一位专任副教授徐春霆，再加上1951年新分配来的三位应届毕业生，新组建的华东师大数学系总共只有五位教师，是全校教师最少的系之一。

1952年教育部对我国高等教育进行重新调整（简称院系调整），仿照苏联的模式，新成立的综合性大学设置文理各系，工科按专业独立成立大学（或者学院），师范院校按中学课程成立各系。以华东地区为例，交通大学、同济大学和浙江大学原是综合性多学科大学，调整后成为工科大学，原有的文理各系教师除留少部分为工科学生上课（如高等数学）外，大部分教师调到综合性大学或者师范大学。在这次院系调整中，一批数学精英来到华东师大数学系，对华东师大数学系的学科布局和师资队伍建设起到奠基性的作用。

一、调入数学系的教师[①]

数学系成立时的五位教师是施孔成教授、徐春霆副教授和刘景德、赖英

---

① 在《岁月留痕——数学系1965年之前的毕业照片》一文中介绍过部分教师简历，本文不再重复。

华、郭祊柏三位助教。

施孔成1920年毕业于北京大学数学系并留校担任助教、讲师，随后在北京文理学院、沈阳东北大学担任数学教授。九一八事变后，他返回老家崇明，曾担任中学教员。1948年被上海大夏大学聘为数学教授，1951年转为华东师大数学系教授，并代理系主任。1956年被评定为3级教授。

徐春霆是原光华大学副教授。

刘景德、赖英华和郭祊柏分别是山东大学、交通大学和浙江大学1951年毕业分配到华东师大数学系的青年教师。

1951年毕业于金陵大学的李伯藩在南京工作半年后，于1952年2月来华东师大数学系报到。

1952年暑假，从华东军政委员会教育部调来吕海屿。

施孔成　　　　　　徐春霆　　　　　　刘景德

赖英华　　　　　　李伯藩　　　　　　吕海屿

吕海屿1946年考入南京中央大学数学系，同年加入地下党的外围组织"自然科学研究社"，并担任常务理事。1948年加入中国共产党，1950年调入华东军政委员会工作。1952年7月，他响应国家关于"在机关工作的理工医农专业的大学生归队"的号召，调来华东师大数学系。他是数学系第一位共产党员。1952年学校数学、物理、化学三个系搬迁到华东师大分部（原圣约翰大学西门堂），三个系的教师党员和学生党员成立联合党支部，吕海屿担任支部书记。

学校档案馆保留的1952年暑假的数学系教师名册

　　在1952年的院系调整中，调入华东师大数学系的教师如下：

　　从交通大学数学系调来武崇林教授、孙泽瀛教授、雷垣教授和周彭年讲师。

　　从同济大学数学系调来程其襄教授、吴逸民副教授、陈昌平讲师和李汉佩讲师。

　　吴逸民毕业于光华大学数理系，师从朱公瑾教授（朱公瑾1921年毕业于清华大学。1927年获德国哥廷根大学数学博士。曾是光华大学、大同大学、中央大学、交通大学教授，同济大学兼任教授，是中国数学学会创建人之一，一级教授）。吴逸民调来前是同济大学数学系副教授。

光华大学数理系部分教师的合影，朱公瑾（前右），王福山（前左），吴逸民（后右），章启馥（后左）

从复旦大学数学系调来李锐夫教授和范际平副教授。

从圣约翰大学数学系调来魏宗舒教授和陈美廉助教。

从山西大学数学系调来钱端壮教授。

从浙江大学数学系调来曹锡华副教授。

院系调整在1952年没有全部完成，有些教师迟了一两年才调入。如杭州之江大学的周正教授，当时他还是之江大学的代理校长，需要处理该校的结束工作，直到1954年才来到华东师大数学系。

周正

周正1929年毕业于金陵大学数学系，1930年出国深造，先后在美国加州大学研究院和密歇根大学研究院学习，1933年获科学博士学位。后转赴欧洲，先后在德国哥廷根大学、柏林大学研修数学。1936年回国后，先后担任南京成美中学校长、之江大学和震旦大学教授。新中国成立后，担任之江大学代理校长，是上海市第五届人大代表、上海市第五届政协委员。

同济大学的朱福祖副教授是先调到安徽大学工作一年,1953年才调来华东师大数学系。

在整个院系调整过程中,从外校共调进数学系武崇林、孙泽瀛、程其襄、李锐夫、钱端壮、魏宗舒、雷垣、周正8位教授,曹锡华、吴逸民、朱福祖和范际平4位副教授,还有陈昌平、周彭年、李汉佩等青年骨干教师。

陈昌平　　　　　　　周彭年　　　　　　　李汉佩

当年院系调整时的部分调函(调函中所说的人数是指调整到华东师大各系的总人数)

1952—1957年，还有一些从其他院校毕业分配来的大学生，或从其他院校、中学调来的教师：

1952年从上海工业专科学校调来黄淑芳助教（毕业于厦门大学数理系）。

1953年从东北师范大学数学系分配来两位应届毕业生孙烈武和王占瀛。

1954年从北京师范大学数学系分配来两位应届毕业生曹伟杰和王绍。

1954年从华东师大一附中调来郑锡兆老师。

1954年孙志绥调来华东师大数学系（1941年毕业于交通大学，曾在浙江大学、复旦大学任助教五年，当过四年中学教师）。

1955年陆慧英调来华东师大数学系（曾就读于浙江大学数学系）。

1956年林克伦从工农速成中学调来华东师大数学系（1951年毕业于交通大学数学系）。

1956年余元希、朱树卓分别从上海中学、上海第五十八中学调来华东师大数学系。

1957年陈仲谦调来华东师大数学系（曾就读于浙江大学数学系）。

1957年倪若水从华东师大一附中调来华东师大数学系（曾就读于北京大学数学系）。

1952年至1957年这六年间，从校外调来或分配来数学系的教师有30余名，再加上本系毕业留校的本科生和研究生，数学系的代数、几何、函数论、微分方程、概率统计和数学教育等学科方向都有了学术队伍的雏形。

二、离开数学系的教师

从1953年开始，为支援其他大学、中学和专科学校，或者为解决夫妻分居两地等，也有一些教师陆续离开了数学系。

1953年，武崇林教授因脑溢血去世，时年53岁。范际平副教授调往上海师范专科学校（今上海师范大学）。郭祊柏调往新疆八一农学院。

1956年，周正教授调往上海第二师范学院（今上海师范大学）担任数学系主任，孙烈武调往湖南师范学院，王占瀛调往黑龙江师范学院，孙志绥调往长春师范专科学校。

1958年，调离数学系的教师比较多：

孙泽瀛教授调往江西大学（今南昌大学），担任数学系主任。

雷垣教授调往安徽师范学院（今安徽师范大学），担任数学系主任。

李伯藩和陆慧英两位老师调往安徽师范学院。

姚璧芸（1955年毕业于浙江师范学院，当年考取华东师大数学系数学分析研究班，1957年毕业留校工作）调往杭州大学（现并入浙江大学）。

潘曾挺（1954年华师大数学系专科毕业留校工作）调往哈尔滨师范学院数学系。

陈仲谦调往北京中等专业教师进修学院。

刘景德和俞俊善（1956年华东师大数学系本科毕业留校工作）调往上海交通大学。

吕海屿调到山东淄博。

赖助进（华东师大数学系1954届专科毕业留校工作）调往苏州铁路师范专科学校。

朱念先（华东师大数学系1954届专科毕业留校）先调到曹杨二中，后调到苏州铁路师范专科学校。

1958年以后，郑锡兆、倪若水、朱树卓以及青年教师荣丽珍、吴光焘等先后调到华东师大二附中。

1960年年初，施孔成教授去世；1960年夏吴逸民副教授调往上海工学院（后并入上海大学）。

粗略地统计，20世纪50年代有20多位教师离开数学系。

至此，数学系还有教授4位，即程其襄、李锐夫、魏宗舒和钱端壮；副教授3位，即曹锡华、徐春霆和朱福祖。数学系骨干教师的密集调动基本结束，进入一个相对稳定的阶段。

三、1958年的一张留念照

1958年，由于有较多的同事要离开数学系，数学系工会部门委员会组织欢送，并留影纪念（见插页图13）。这张照片中包含当时数学系大部分员工。有11位教师因上课、进修或出差未参加拍照。

照片中被欢送的老师坐在第一排左起第二位至第十一位，另有刘景德、陈忠谦、陈兆钦三位因故缺席。

本文最后，作者提供2009年与刘景德、吕海屿两位老同事的合影作为这段回忆的结束。

吕海屿（左）、刘景德（中）、郑英元（右）合影

数学馆：我们心中抹不去的记忆

郑英元

华东师范大学数学系成立于1951年。

第一年（1951—1952学年）数学系有五位教师，25位学生。教师办公室在校门南面一幢两层小楼的二楼，一个大约20平方米的房间（后

最初数学系办公室在此楼二楼的一个小房间

来这幢楼划拨给华东师大附属小学，现已被拆了）。当时每一位入学的学生，都由代理系主任施孔成教授预约在办公室里进行一次面谈，谈话内容主要是专业思想教育以及询问有什么问题和困难。学生上课在群贤堂（曾被称为文史楼），宿舍在群策斋（后来改称第一学生宿舍，现已拆除，原址就在现在伸大厦的位置）。

第二年（1952—1953学年）全国高校进行院系调整，学校各系科人数剧增，中山北路校区（当时只有河东部分）已经容纳不下了，学校随即决定把数学、物理和化学三个系临时搬到原圣约翰大学（现华东政法大学万航渡路校区）的西门堂（当时被称为华东师大分部）进行教学。

这时数学系教师增加到21位（教授8位，副教授3位，讲师3位，助教7位），工友1位。学生有4个班级（本科一、二、三年级，专科一年级），人数约125位。数学系办公室在西门堂入口处左边的一个大房间，约40平方米，房间

西门堂现改称东风楼（作者摄）

内两面贴墙摆放着书橱，其他地方散放着几张书桌。西门堂二楼是学生宿舍，一楼是教室以及厨房、饭厅。

第三年（1953—1954学年）数学系从西门堂搬回中山北路校本部。这时数学系教师增加到26位（教授7位，副教授5位，讲师3位，助教11位），政工干部1位，工友1位，学生350位左右（本科一、二、三年级，专科一、二年级，数学分析研究班一年级）。数学系办公室在群贤堂后面三排平房第三排最东面的两个大间。学生上课在化学馆后面丽娃河畔临时搭建的草房教室里，学生住在第二、第三学生宿舍。

数学系1953级同学泛舟河上，远处为草棚教室（李绍芬提供）

第四年（1954—1955学年）数学馆落成了，数学系有了自己的家。

数学馆是1953年10月奠基，1954年2月落成的。1954年夏天，数学系搬了进来，大楼东部的两层楼是办公区，数学系教师的办公室在二楼,一楼是外语系教师的办公室。大楼西部的三层楼是教学区。与数学馆同时落成的还有化学馆。据说当时全国各大学数学系,只有我们华东师范大学数学系有一幢专用大楼(指数学系教师的办公室和数学系学生的教室在同一幢大楼里)。

建设中的数学馆(学校档案馆藏)

1954年上半年同学们教育实习回校在大桥上拍照留念,背景是尚未启用的数学馆

这一学年,数学系学生上课都在数学馆,住宿在第五、第六学生宿舍。

1955年暑期,数学系自己培养的首届四年制本科生毕业了,他们在数学馆门前拍毕业照,同时毕业的还有两年制的数学分析研究班和两年制的数学专科班(照片参见插页图2)。我们注意到,照片上数学馆的门楣上有李锐夫先生书写的"数学馆"三个大字,历届数学系毕业生都会在数学馆门前拍照留影。

时间来到1990年,数学系的首届本科生在毕业35年后回到数学馆相聚,来看望老师,同样在数学馆门前拍照留念。此时,数学馆门楣上"数学馆"三个大字已经没有了("文革"期间被取下来了)。

1990年8月15日,数学系首届本科生在毕业35年后回到母校,在数学馆前合影

时间又跨到2014年,也就是数学馆落成60年,当年风华正茂的年轻学生已进入耄耋之年,当年的老师大多已驾鹤西去,数学系搬到闵行新校区的数学楼,但那些老学生仍然怀念中山北路校区里的数学馆。无论他们来自北京还是福建,定居在北美还是上海,回到母校时,他们依然会聚集到数学馆门前。虽然当年的老师不在了,数学馆的招牌换了,但大楼还在,大门上有电子锁,不能随便入内,但他们还是要在门口留恋地张望、留影,因为数学馆对他们来说,有着太多抹不去的记忆,这里是他们心中的圣殿。

福建的林忠民和北京的陆佩英　　　北美的游若云和本校的张寞宙
　　　（2014年6月6日）　　　　　　　（2014年10月27日）

　　2008年数学系1958届学生毕业50周年聚会，专门选择过去上课的教室——数学馆201教室——作为聚会地点。有些同学还找到原来上课时的座位坐下来，回味那青春年代难忘的时光。

　　到了2019年，数学馆正好建成65周年，一群1957届学生回到母校相聚。

2019年数学系1957届同学在数学馆大厅拍照留影
前排左起：李绍芬、刘德珍、徐玉芬、刘镇国、吴光焘、管梅谷
后排左起：金志华、薛喜元、鲍修德、曹春荣、闻保坚

他们执意来到数学馆，看望曾经上课的113教室，并在数学馆大厅拍照留影（吴光焘老师提供）。

陈省身先生题写的"数学馆"

现在数学馆的门上挂着"软件学院"的牌子，门口西墙上的建筑铭牌（它记录本大楼奠基和落成时间，设计和承建单位以及有关设计数据）不见了，但东墙上陈省身先生书写的"数学馆"铭牌还嵌在墙上，被这些回望人生踪迹的老学生视如珍宝。

最后，挑选两幅数学馆的全景照留作纪念。

1963年的数学馆（学校档案馆藏）

2014年的数学馆（作者摄）

难忘的四年

——数学系 1951 级（第一届）大学生活回顾

郑英元

老年人大多健忘，常常昨天讲的事情今天就忘记了。但老年人都有怀旧思想，50 年前的事情却能时常铭记在心。

60 多年前我们大学毕业的时候，大家都还是二十来岁的小伙子、小姑娘，而现在头发白了，牙齿脱落了，背也有点驼了，有的人还患上这样那样的老年性疾病。不管怎么说，我们都已经是八十多岁的老头老太了。

四年的大学生活在我们一生中只占去短暂的时光，但我们却无法忘怀。那时，我们大家在一起学习，一起生活，一起游玩，像兄弟姐妹一样亲密无间。至今我还清晰地记得每位同学的音容笑貌和他们的名字，记得每学期的课程和各种活动，记得给我们授课的每位老师，四年的大学生活历历在目。

一年级（1951—1952 学年）

1951 年 7 月 24 日，华东师范大学筹备委员会成立，当年开始招生。

9 月底新生报到，来数学系的有 20 名学生，他（她）们是：

7 名男生：陈敏儒、李寿萱、王大成、屠增乾、张鸣歧、叶孟骏、言志航；

13 名女生：潘曼丽、陆佩英、杨碧仙、杨传弟、顾莉蕾、顾安娜、庄丽珠、郑文珍、方逸仙、顾文琪、张定国、俞妙龄、林希蓬。

这就是我们年级的最初成员。

1951年10月16日，华东师范大学正式成立，我们是华东师范大学第一批学生，也是数学系第一届学生。当时系里有5位老师，他们是：施孔成教授、徐春霆副教授和大学刚毕业的三位青年助教（来自交通大学的赖英华、浙江大学的郭祊柏和山东大学的刘景德）。

1951年10月17日起，全校师生进行土改政策学习。11月5日，数学系全体师生（除年老体弱的施孔成老师和学生杨传弟、顾安娜）都到安徽淮南市官塘乡参加土改工作，至12月底返校。

1951年12月12日，学校任命施孔成教授为数学系代理系主任，随后又聘请交通大学孙泽瀛教授为数学系主任。

1952年年初，金陵大学毕业的李伯藩来系里担任助教。

1952年2月，福建先后向我们学校保送两批学生，来数学系的有5位，他（她）们是：郑英元、林忠民、杨敏育（女）、蔡乌厉、柳龙泉。这时我们年级的人数增加到25位。

我们宿舍在群策斋（后来叫第一学生宿舍，现已拆除），男生住在二楼的一个小房间，女生住在一楼的一个大房间。有时全系学生开会就在女生宿舍，有时老师，甚至系主任也到宿舍里和我们一起开会。上课在群贤堂（一度改称文史楼），但没有固定的教室。

1952年2月中旬开始正式上课，主要课程是解析几何与初等微积分，分甲乙两班，分别由施孔成老师和徐春霆老师上课，赖英华老师和郭祊柏老师担任辅导；普通物理课由物理系的蔡宾牟教授上课，田士慧老师辅导。此外还有公共必修课教育学、共产主义与共产党问题、体育、俄语等。

这一年我们的班长是方逸仙同学，她也是数学系第一任学生会主席。我们和物理系同学联合成立一个团支部，由我们班级的潘曼丽同学担任团支部书记。

1952年7月，吕海屿老师调到数学系工作。

这一年全校师生都参加了"三反""五反"和思想改造运动，同学们还积极参与建校劳动。

二年级（1952—1953学年）

1952年夏天，全国院系大调整，数学系来了好多教师，如交通大学的武崇林教授、孙泽瀛教授（系主任）、周彭年，同济大学的程其襄教授、吴逸民、陈昌平和李汉佩，山西大学的钱端壮教授（系副主任），浙江大学的曹锡华等。

1952年夏天，数学系搬到华东师范大学分部（原圣约翰大学西门堂）。二楼是学生宿舍，一楼有我们固定的上课教室。

二年级时的班长是林忠民同学。从二年级开始，学校上课比较正常，程其襄老师教高等微积分，曹锡华老师教高等代数，徐春霆老师教初等数学复习与研究，周彭年老师教制图学，普通物理由物理系姚启钧老师主讲。此外，还有许多公共必修课，如新民主主义、心理学、俄语、体育等。

1953年青年节，全体同学在西门堂前草坪上举行团日活动

三年级（1953—1954学年）

1953年夏天，我们搬回校本部，女生住在新盖的第二宿舍的二楼，男生在第三宿舍的二楼，在临时教室（在丽娃河边临时搭的草房）里上课。

这一年，我们年级又增加了从安徽大学院系调整来的6位同学，他们是胡大受、陈荣庭、丁少华、芮泽民、胡玉馨（女）、张延芬（女）。我们年级的人数增加到31位。

三年级的课程有：程其襄老师的数学分析（包括微分方程和复变函数论）、曹锡华老师的高等代数与数论、徐春霆老师的初等数学复习与研究、范际平老师的数学教学法。此外，还有公共课政治经济学、教育学复习、俄语等。

1954年5月30日，部分同学与华东师大一附中指导老师合影

在钱端壮、徐春霆和范际平等老师的带领下，我们分别去华东师大一附中和新沪中学教育实习。

这一年我们的团支部书记是林忠民同学，班长是叶孟骏同学。

四年级（1954—1955学年）

这一学年我们班级男女同学都搬到新盖的第五学生宿舍一楼，而且相距很近。这时"数学馆"也落成了，上课有了漂亮的教室。

这学年一开学就有4位同学离开我们班级：丁少华去数学分析研究班读书；林忠民和郑英元到系里担任助教工作；方逸仙留校读俄语，准备做苏联专家的翻译（后来苏联专家没来，方逸仙调到山东曲阜师范学院）。我们年级同学人数减少到27位。

这一年开设的课程有：孙泽瀛老师的高等几何、钱端壮老师的几何基础、朱福祖老师的数的概念、物理系章元石教授的理论力学。当然，还有一些公共课。

全体同学在新落成的数学馆前合影

　　我们全体同学在老师的带领下分别去育才中学和晋元中学进行第二次教育实习。

　　这一年的团支部书记是张定国同学，班长是陈敏儒同学。

　　我们这一级毕业的时候正值全国开展"肃反"运动，全班27个人几乎分配在全国各地，西部地区比较多。

回忆1958级的学习生活

陈志杰　梁小筠

1958年9月我们入学时，共有8个班，每班大约38人，共300余名学生。幸好在1992年举行毕业30周年校友活动时复印了一份当时系里存档的名单，可以看到当时的分班情况，帮助回忆。后来这份名单大概也和系里的许多档案一样被毁损了。从这份名单可以看出，整个年级分成两个大班，每个大班各含4个小班。第一～四小班的政治辅导员是李惠玲老师，第五～八小班的政治辅导员是薛天祥老师，年级主任为林锉云老师。当时的同学除高考录取的应届生外，还有福建省来培训的小学教师以及从工农速成中学保送的学生，因此同学年龄参差不齐，有的甚至相差10岁以上。

进校后我们没有马上上课，参加过几次游行，还忙于通过劳卫制（当年国家有关部门颁布的一种体育锻炼标准）二级，天天锻炼。此外，还有过大家畅想共产主义的活动，"楼上楼下，电灯电话"就是当时的代表性语言。还讨论如何"大跃进"，搞改革，实际上从1958年秋天就开始了教育革命，口号是"教育为无产阶级政治服务，与生产劳动相结合"。当时党总支刘维南书记在动员报告中说要解放思想，"做减法"是我们印象里最深的名言。还糊里糊涂参与批判某教授提出的"实践——理论——理论——实践"，实际上我们自己也没有搞懂。在这样的背景下，1958年9月22日，全年级师生开赴上海县诸翟乡一边劳动，一边上课。当时按小班集体居住在农民家中或公有房屋里，老师也和学生一起住宿。我们半天上课半天农业劳动。课程是解析几何（孙泽瀛编的教材）和高等代数（张禾瑞、郝𫟹新编的教材）。第一大班的解析几何老师是何福昇,高等代数老师是林锉云、张佩蓓。第二大班的解析几何老师是黄淑芳,高等代数老师是黄云鹏。

当时正值七一人民公社成立(1958年9月21日),我们都参加了"人民公社好"的宣传活动。还有"亩产千斤""吃饭不要钱""敞开肚子吃饱饭"等口号。同学们参加秋收劳动,收获的新米煮饭好吃极了,一顿饭吃一斤毫不费劲。秋收以后又搞深耕,翻土要一铁锸深,把地下的生土都翻了上来,而且还是挑灯夜战。我们这些年轻人没有生活经验,毫无常识,以为一切都很新鲜,而在这样的学习环境里当然不可能学习好。那时候,曾组织部分学生去生产队搞线性规划,为此我们都听过曹锡华老师讲解线性规划、回路消去法等。诸翟的劳动直到12月30日才结束,我们返回华东师大。

在诸翟乡收割胡萝卜(1958年)

在诸翟乡话剧演出后留影(1958年)

到1959年形势变了,采取了调整的措施。因此我们的一年级下学期和二年级上学期是在学校认真上课的。一年级下学期时,年级被分成五个分队:小学教师和工农速中来的大部分同学因为基础差,所以抽出来组成第五分队单独上课;原第一、第四小班合成第一分队,原第二、第三小班合成第二分队,原第五、第八小班合成第三分队,原第六、第七小班合成第四分队。第一、第二分队一起上大课,先后由徐春霆、魏宗舒老师教数学分析,林锉云、张佩蓓老师教高等代数;第三、第四分队由黄淑芳老师教数学分析,黄云鹏老师教高等代数。1959年6月1日起,我们到黄渡参加夏收夏种两周。

到黄渡参加夏收夏种劳动（1959年）　　　　　　　　　大合唱（1959年）

　　1959年秋季二年级上学期，我们重新被分成6个班。这学期中间去曹安公路三号桥劳动了两周，挖出河底淤泥并抬上来，再从跳板上把石子抛下去填充，为桥梁打基础做准备。这座桥至今仍在，尽管当时看来是不小的工程，但现在看来极不起眼。这学期我们的近世几何课分别由唐瑞芬和王慧怡老师主讲。

　　自从1959年庐山会议反对右倾机会主义后，1960年气候又变了，高校里掀起"技术革命"高潮，继续"大跃进"运动。我们做过爱国卫生大扫除，甚至把双层床拆卸成一块块床板，用开水泡，以消灭臭虫（那时臭虫十分猖獗，甚至坐在床上会看到臭虫从帐子上方掉下来，现在早已灭绝）。部分学生被抽出来到工厂农村搞科研。

　　1960年6月15日，数学系成立运筹学研究室，从当时一、二、三年级中抽出40余名学生参加，我们年级有陈志杰、周俭新、高慕勤、黄彩玉、石斯理、施礼聪、李先余、富国栋、萧其兴、赵毅等同学参加。

　　同时，张志敏、陆月芳、司鸿业、陈彩娥、杨铭枢、马丽丽、李德麟等被抽到计算数学组，裘慧君、

运筹学研究室的部分二年级学生合影（1960年，闵行）

范护生、黄少煌等被抽到力学组，许品芳、孔云从、朱茂昌、蔡维中、陈淑英、曹道芳、张遴贤、吕振孝、张兴民、胡国联等被抽到电子计算机制造组。直至1961年三年级下学期，大家才返回原来的年级。1960年9月，成立计算班，到计算数学组的同学自然成为计算班的成员，但1961年9月以后这个项目就下马了，计算班虽然保存到毕业，但所学的内容与其他班没有什么差别。二年级下学期，由四年级的学生徐钧涛上第一～三小班的常微分方程课，潘用紫担任年级的政治辅导员。

　　1960年夏天，各班都有部分同学到工厂边劳动边搞科研。下面三张照片是我们在鸿祥兴船厂的留影，领队是王守根老师。

从三年级开始，徐振寰老师担任我们年级的政治辅导员。三年级上学期开设了数理逻辑课，由唐瑞芬和董纯飞老师主讲，实变函数由程其襄老师主讲；三年级下学期的概率统计课由魏宗舒和林忠民老师主讲。1960年冬天，我们去崇明参加围垦，在深没膝盖的冷水中割芦苇，睡滚地龙，十分艰苦。

四年级时，我们被分成甲、乙、丙三个班，甲班又分成三个班，丙班就是计算班。这时数理方程课由陈昌平和周彭年老师主讲，计算方法课由刘淦澄老师主讲，中学教材教法由余元希老师主讲。1961年冬天，我们到上海市区几所名牌中学教育实习。四年级下学期开设了专业选修课。

四年学业完成，在分配阶段正遇到国家经济困难时期，各单位都不需要人，结果分配方案极差，我们的同学被分配到全国各地。分配方案中，43人到内蒙，22人到新疆，36人到部队。240多个毕业生中最后只有二三十人留在上海，还有许多同学不得不转行从事其他工作，全年级只有我们两人留校工作。值得欣慰的是，我们的同学在陌生的地方，在艰苦的环境里努力工作，得到了所在单位的肯定，大多数成了所在单位的骨干，没有辜负华东师大的培养。

快毕业了，1班的女同学在寝室里聚餐

由于我们这个年级在四年中班级分分合合，变化很多，各位同学的经历互不相同，我们这个回忆只是抛砖引玉，希望其他校友一起补充资料，尤其是反

2008年我们1958级进校50周年聚会的合影

映当年生活经历的老照片，更是珍贵。这份对那个年代的记录，能让后代了解我们当年是在怎样的环境里走过来的。

20世纪50年代数学系轶事杂忆[*]

张奠宙

初见数学馆

1954年8月,我从东北师范大学数学系毕业,来华东师范大学就读数学分析研究班。那年,长江发大水,武汉至今尚有纪念碑作为铭记,我们的京沪慢车被阻在江北好几天。车到上海老北站,恰是清晨,雇三轮车到学校,车费三千元(1955年值新币3角)。车经北京路、愚园路,转入中山西路,过木质苏州河桥,即到中山北路校区。

我们这一届是幸运儿,教室是新落成的数学馆,寝室是新落成的第五宿舍,一切都是新的,欣欣向荣。数学馆由同济大学设计,新潮、漂亮,整体上是框架结构,防震,窗户大,采光好,用的是钢筋水泥。当时正值"三反""五反"运动,其中一个是反浪费,数学馆和化学馆当时被认定为浪费的典型,听说常溪萍书记为此做了检讨。后来的地理馆和生物馆就成了大屋顶砖木结构的了。

第五宿舍新落成,自然很干净好用,可是住在走廊的北边还是很冷的。我从有取暖设备的长春过来,所带的被子不厚,1954年又是个寒冬,丽娃河结了冰,记得那个冬天过得很狼狈,差不多把衣服都穿上,缩在被子里挨到天亮。

---

[*] 原稿完成于2017年12月,收入时略做修改。

两位导师

数学分析研究班为两年制。一年级是程其襄先生的分析选论和李锐夫先生的复变函数，每周各四节课，为时一年。二年级学习实变函数一年，另加微分几何（钱端壮先生授课）和线性代数（雷垣先生授课）各一学期。

分析选论最受欢迎，随班听课的各地进修教师甚多。比我们高一届的傅沛仁学兄（后任黑龙江大学教授）到处宣称程先生是数学分析的"圣人"，此课终身受益。我们这一届的学生保留了四份完整的笔记，1979年大家聚在一起整理加工成《分析选论》一书。书稿誊写在高等教育出版社的大稿纸上，只等程其襄先生定稿即可付印，但是程先生总是觉得不满意，改了几章，聚会两次也未成功，拖得大家没有信心了。高等教育出版社的文小西是万县人，和程先生是同乡，他一再等待、催稿、帮忙，最后也等不住了，终于作罢。

在新中国成立初期，能拿起来实变函数课程的学校非常少。在东北师范大学数学系时，我们学生听说有一位老师也许能够开出实变函数，觉得他很了不起，但不敢确定，只是传说。事实上，那时数学系本科课程中根本没有实变函数这门课。前不久结识了数学系师范班三年级的黄越同学，他读了实变函数，正在修泛函分析，相形之下，今天本科生的数学水平真的是提高得很多了。

李锐夫先生，高雅平和。他的讲稿是用英文写的，我看见他在自己的藏书上有签名 Sophus Lee，和大数学家 Lie 谐音。他上课常穿西装，下课后身上没有什么粉笔灰，令人称奇。

程其襄先生，博学深思。他上分析选论时没有讲稿，只在香烟盒的背面写了几行字，偶尔拿起来看看。黑板上字很小，改错时喜欢用手擦，下课之后，中山装上满是粉笔灰。

不过，穿中山装的程先生喜欢喝咖啡，穿西装的李先生则喜欢饮绿茶。他们出海留洋，师母均是原配夫人，别无徐志摩那类文人的浪漫韵事。

两份教学大纲

1955年，教育部组织制定高等师范院校数学系基础课各科的教学大纲，这是一项基本建设。新中国成立之初，百废待兴，打了三年的抗美援朝战争，国力远不如今日之强盛，但是中央人民政府预见文化教育高潮的到来，在有限的财力之下，运筹帷幄，陆续成立一批新的师范大学，组建研究班培养高师师资，又组织编写教学大纲。工作既有前瞻性，又抓得很细很实。

数学分析和复变函数论是高师数学系的两门基础课，按照教育部的部署，分别由程其襄、李锐夫两位教授主持教学大纲的编写。1955年暑假，两门课程教学大纲的定稿会议在华东师大数学系召开。

每门课的定稿会议有五六位教授参加。记得复变函数组除李锐夫先生外，还有北京师大的范会国先生。我有幸作为记录员参与了全过程。由于会议内容事关教学实际，来旁听的老师很多。

会议办得非常简朴，会场就设在数学馆二楼朝南的教室里，课桌椅摆成四方形就开始讨论了。老先生们住宿在哪里已经不记得了，反正学校周围只有工厂和农田，没有宾馆酒店，无非是住在学校的招待所里。我只记得会场里有几张床，带有竹竿蚊帐。江苏师范学院的一位年轻老师陪老教授来开会，自己就住在数学馆里。

数学分析和复变函数的教学大纲很快就出版了，蓝色封面，只有薄薄的几十页。两份大纲奠定了这两门课的教学基础，至今未有大变动。

雷垣先生

雷垣先生是数学系开创时期的一位教授，1952年从上海交通大学调来华东师大。他是数学教授，也是音乐家。

1955年，他为数学分析研究班讲授线性代数课程，用的是苏联盖尔芳德的

《一次代数学》(刘亦珩翻译)。我学得很不好,那时觉得线性代数和函数论没有多大关系,没有下多少功夫去学。直到20世纪60年代学了泛函分析,才知道"算子谱论的根源正是线性代数的约当分解"。没有珍惜雷垣先生的课,悔不当初。

雷垣先生

另一次见到雷先生,是在一次联欢会上,只见他拿着一把"大锯"上台,左手握"大锯",另一端用两腿夹住,随着左手变化"大锯"的形状,右手拉动琴弓,美好的旋律流淌而出。此情此景,毕生难忘。

雷垣先生诞生于上海的书香门第,父亲是《时报》的主笔,他自幼就显示超人的音乐天赋,尤其善于演奏各种乐器。不过,思考人生道路之后,他还是不愿意以音乐为职业。

1935年,雷垣先生去美国密歇根大学留学,先修读数学硕士课程,其中包括乐理学的3个学分。1939年,以结合代数的论文获博士学位,旋即回国,相继在大同大学、上海交通大学任教,直至调入华东师范大学。

雷垣先生在社会上的影响源于他和傅雷父子的关系,他和傅雷是大同中学的同学,两人非常投缘,终成莫逆之交。1941年,傅聪7岁半时,雷垣先生发现傅聪有极高的音乐天赋,遂劝傅雷专注于傅聪的钢琴家未来,并亲做示范。

雷垣先生翻译了苏联里亚平的《高等代数教程》。

1958年,雷垣先生奉调去安徽师范大学数学系任主任。2002年在上海病逝,终年90岁。

二进"文化俱乐部"

上海市政协的文化俱乐部,眼下坐落在南京西路泰兴路口,我所说的是它早期的位置——茂名南路58号,那是一幢美轮美奂的法式建筑,和锦江饭店隔街相望,是现在花园饭店的位置。

1954年，上海政协在此成立文化俱乐部，目的是为中国共产党和高级知识分子与社会精英提供交往的场所。据说这里老底子是法国的夜总会，在上海滩曾享有休闲玩乐圣地的盛名。

我曾两次进入文化俱乐部。

第一次在1955年，那是一次外事活动，东德的数学家做报告，程其襄先生担任翻译，地点就在文化俱乐部的演讲厅。我们一群学生作为听众前去听讲，面对欧式风情的艺术装饰，正像刘姥姥进大观园，大家都惊喜不已。德国数学家没有讲数学，而是介绍德国的大学数学教育，具体内容早已记不清了，只记得程先生把德国大学的一个职称直译为"助教头"，引起一片笑声。

第二次进文化俱乐部是在1961年。有一天，接到李锐夫先生的通知，说要在文化俱乐部开会。到时进去一看有七八个人，都是数学系的同事。会议的内容是修订1958年"大跃进"以来被弄乱的数学系教学计划。与会者一定是数学系领导和教研室负责人，具体名单已经忘了。这次会议恢复了基础课的地位，同时对"1958年进城"的一些学科加以甄别，把概率统计、计算数学列为必修课，并为五年制的专门化课程做了部署。那是一次很重要的会议。

会后，就在文化俱乐部吃晚饭，李先生请客。

李先生因在上海市民盟担任领导职务，是俱乐部的正式成员。1961年，正是国家经济十分困难的时期，为了给各位成员提供一些优待，每月给成员发15张餐券，供成员和亲友使用。每人可以点一份，内容大抵相当于四个包子的内涵，好的是不收粮票，价格普通，却是大厨操勺，当然很受欢迎。

李先生在校部任职，1958年之后就没在数学系兼课了，但是他始终不忘自己是数学系的一员。

大家常常称颂数学系前辈们的团结一致努力工作，从李锐夫先生的这次请客也可见一斑。

1974年首批援藏教师回忆

沈明刚

　　1974年5月，国务院发布37号文件，为支援西藏地区发展教育事业，要求上海、北京、天津等地选派389名教师入藏工作。上海市由复旦大学、上海师范大学、交通大学、上海戏曲学院、上海音乐学院派出40名教师去西藏师范学校，筹建西藏师范学院。另有中学界派出40名教师去拉萨中学等学校支援。要求援藏教师分三期轮换，每期两年，没有休假。当时上海师范大学为五校合并期间，教师们克服家庭困难，纷纷响应国家的号召。我们数学系首批援藏教师确定为陈信漪、林武忠、沈明刚三人。

途经当金山口，首批援藏的上海师范大学团队留影
第一排左起：林武忠、冯显成、拉巴平措、〇、沈荣渭、马文驹、孙楚荣、娄文礼
第二排左起：恽才兴、皮耐安、赵继芬、韩玉莲、叶澜、李惠芬、杨国芳、张世正
第三排左起：陈信漪、吴贤忠、沈明刚、孙玉和、王记仁、陈家森、李巨廉

当时的西藏师范学校副校长拉巴平措亲自到上海接我们去拉萨。我们于1974年7月13日从上海出发，先坐火车到甘肃柳园，再坐汽车经敦煌到格尔木。格尔木地处青藏高原，隶属于青海省海西蒙古族藏族自治州，在那里，经几天高原适应性休整，再坐汽车到拉萨市西藏师范学校。

我们来到的西藏师范学校是一所中等师范学校，我们首批援藏教师的任务是将她升级为高等学校——西藏师范学院，任务很艰巨。

1974年7月29日，我们到达拉萨西藏师范学校，在校门口受到夹道欢迎

参观拉萨市大昭寺，上海师范大学援藏教师理科组在大昭寺门口合影
前排左起：恽才兴、赵继芬、韩玉莲、施根法、林武忠
后排左起：皮耐安、陈信漪、沈明刚、陈家森、张世正

首先，我们要适应学校的生活环境，在高原上水的沸点是89℃，生活用水要到拉萨河边取，草棚厕所，晚间常点蜡烛。好在大家进藏前已经做好思想准备。在学校领导和藏汉师生们的关心帮助下，我们自力更生挖井取水，建太阳灶烧开水。我们三人住一个宿舍，慢慢地大家适应了当地的生活。

在雪山上（左起：林武忠、沈明刚、陈信漪）

与数学组组长大罗朗（右一）合影

原校的数学组藏族教师较多，大罗郎是组长。上海教师到达后，他们的岗位由我们顶替，替换出一部分教师到上海的大学进修。记得由陈信漪老

藏族数学班与任课老师在布达拉宫前合影

师与组长大罗郎负责制定数学专业建设规划、数学教师队伍规划、各种管理的规章制度等；林武忠老师负责给青年教师培训讲课，考虑数学与实践相结合的项目；我顶替当时数学班的班主任及其教学任务。记得我给藏族学生上的第一课，由于我讲的普通话带有一些上海口音，因此课后主动问学生们能听懂吗，他们说能听懂，我非常高兴。原来这些孩子们从小接触很多汉人，所以藏汉两语都没有问题。我记得自己写了一份测量讲义，刻蜡纸印刷。

1975年秋，在藏汉师生艰苦奋斗共同努力下，教育部批准了西藏师范学院成立，这是西藏历史上的第一所大学，"西藏师范学院"的牌子挂在校门上。我们的愿望实现了，大家兴高采烈地庆祝。数学组的全体藏汉老师在校门口合影，我们仨也隆重地穿上了藏族盛装。

前排：林武忠（左一）、沈明刚（左四）、陈信漪（右二）、大罗朗（右一）

　　1976年，人民日报记者来采访，留下我们数学组藏汉教师备课的影像。

　　还有一段至今难忘的经历：我每天清晨7点钟要到数学班的教室去辅导学生，这时拉萨的天刚蒙蒙亮。在简陋的教室里，窗户挡不住寒风，寒气透入肌体，1975年初春，我生病了，体温39℃，晚上睡不着，十几天后开始咯血，透视后发现肺部有一个鸭蛋大的阴影，医生告知我得了球状肺炎。生病期间，使用了大量的青霉素针剂，需要卧床休息。学校领导非常关心，特批了奶粉给我；室友们无微不至地照顾我，帮我

左起：林武忠、大罗朗、陈信漪、沈明刚、王克俭、周仁

代课；我的学生们常来探望，给我送来酥油茶。我的身体很快就基本恢复了。我至今难忘领导、同事与学生的关怀与友情。

在西藏工作的两年，看到了藏族老师热情好客、虚心学习的精神，看到了藏族学生憨厚淳朴、认真学习的精神，看到了早期进藏的干部默默无闻、不忘初心、牢记使命的精神，看到了我们援藏教师响应国家号召、克服困难、无私奉献的精神，这些精神财富都成为我今后人生道路上不断进步的动力。

美丽西藏，今生难忘。

在此，我还要感谢留守家属对援藏工作的支持，感谢在沪老师们对我们家属的照顾与关心。

1976年第二批援藏教师回忆

王仁义

1976年7月，数学系周延昆、徐剑清和我三人随上海市高校第二批援藏教师团队赴西藏师范学院（现西藏大学）任教两年。时间虽然过去40多年，然而当时的许多工作生活情景仍然历历在目，难以忘怀。

进藏路程遥远坎坷

当时我们从上海北站登上火车，经过70多个小时的旅程到达甘肃柳园站，再转乘客车继续前行。车子一路上沿着青藏公路颠簸起伏，越过了巍峨的昆仑山脉，跨过了长江源头沱沱河上的小木桥，翻过了终年积雪的唐古拉山口，大家克服了缺氧、劳累、不适等困难，经过十多天才到达拉萨，受到西藏师范学院全体师生的热烈欢迎。

下面是我们部分援藏教师在经唐古拉山口时的合影。

站立者左六是徐剑清，右五、右六分别是周延昆、王仁义

生活条件简陋艰苦

在西藏师范学院工作期间,我们三位教师被安排在一间20余平方米的平房里,每人拥有一张单人床和一张用作备课批改作业的书桌。厕所是一个小棚子,需露天走几十米小路才能到达。住地没有自来水,平时洗漱、洗衣等生活用水是用水桶从深井里拎上来或直接到拉萨河去挑水。那里经常停电,晚上通常是点着蜡烛备课和批改作业。因为拉萨海拔高、气压低,水烧到摄氏80度左右就滚了,所以我们平时的主食馒头经常有小半个是半生不熟的。由于缺氧,稍微运动就会感到胸闷头痛。尽管有很多不习惯,但我们援藏教师仍以饱满的精神状态,克服身体和生活上的各种困难,投入到工作中去。

下面是藏汉老师与数学专业一班的部分藏族学生在布达拉宫前的合影。

左三是徐剑清,右三是王仁义

教学任务量大任重

　　在西藏师范学院工作期间，除担任大学生课程的教学外，培养提高当地教师的教学业务能力也是一项重要任务。我们都承担了繁重的教学工作，每人每学期均需承担多门课程的教学任务，许多老师还兼任行政和党务工作，这样可使西藏师范学院每个专业的当地骨干教师都有机会被选派到内地高校进修学习，上海师范大学（五校合并期间的校名）数学系接纳了大罗朗、次仁曲珍等藏族骨干教师。同时，对没有机会到内地进修的当地教师，我们援藏教师还要为他们加班开设各类专业提高进修课程。这些措施有效提高了当地教师的教学水平和能力。

　　下面是数学专业的藏汉老师在西藏师范学院校门口的合影。

后排左一、右二、右三分别是周延昆、徐剑清、王仁义

　　回顾两年的援藏工作，我们不仅为西藏高等教育事业做出了一份奉献，援藏经历也丰富了我们的阅历，更是一笔宝贵的人生财富。大家体验了美丽西藏的雪山和蓝天，领悟了兄弟民族的善良质朴性格，还收获了藏族师生满

满的尊重和友谊。在西藏工作期间,我们与藏族老师真诚相待、团结互助,我们还经常应邀到他们家中做客,品尝醇香的酥油茶和甜美的青稞酒,与藏族师生结下了深厚的民族情谊。直到现在,我还与西藏大学的几位藏族老师保持着联系。

下面这张照片是我们应邀在藏族老师次旦卓嘎家中做客,藏族老师向我们敬青稞酒的情景。

左一是复旦大学的华宣积,左三是交通大学的张汉正,
左四是王仁义,正在接酒的是徐剑清

为725计算机配置编译系统的回忆

徐剑清

一、白手起家研制725计算机

1972年春夏之交，我在五校合并后的数学系从事计算机软件的教学和科研。当时数学系雄心勃勃，组织了一批教师白手起家研制一台通用电子数字计算机，取名为725，因为是1972年5月开始研制的。其时我对计算机一窍不通，只是服从分配到了软件组。系里把我们安排到位于湖南路的上海计算技术研究所进修X2计算机算法语言，教师是顾鼎铭，回来就用于教学。我们常常是半夜12点钟骑自行车到湖南路上机，给我们上机的时间往往只有10分钟。艰难的上机条件促使我们早日完成自己研制的计算机。

记得数学系软件组的教师有王西靖、黄馥林、王吉庆、邵存蓓和徐剑清等，任务之一是为725计算机配置编译系统。因为计算机并不能直接接受和执行用高级语言编写的源程序，必须事先编好一个称为编译系统的机器语言程序，作为系统软件存放在计算机内，当用户用高级语言编写的源程序输入计算机后，编译系统便把源程序整个地翻译成用机器语言表示的与之等价的目标程序，然后计算机再执行该目标程序，以完成源程序要处理的运算并取得结果。每一种高级（程序设计）语言都有各自人为规定的专用符号、英文单词、语法规则和语句结构，不能随便移植。

二、天书般的八进制代码

配置编译系统的工作异常艰巨，手头上的资料是X2机的全套两本编译程序，天书一般的八进制代码。所谓八进制，实际是二进制代码的缩写。由于X2机的内存是8 192个单元，而自制的725计算机的内存是16 384个单元，因此编译系统不能原样照搬，必须读懂后至少要修改一些内存地址，才能在725计算机上正常工作。具体负责移植工作的教师是邵存蓓(编排)、黄馥林(翻译)、徐剑清(语法检查)。

下面左图是我们为725计算机配置的编译系统的局部代码图片，用电灼式打印机打印；右图是我们编写程序、调试软件时用于在输入纸带上修改代码的手工穿孔板。在今天看来不可思议的研制过程实为当初的现实。

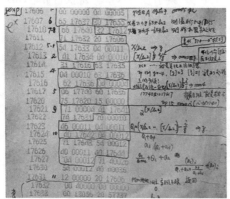

编译系统的代码片段　　　　　　　在纸带上修改代码的手工穿孔板

三、计算机通才何积丰

数学系造机组中给我印象最深的是何积丰老师。当时他是硬件运算控制组的研制成员，按理说我跟他并不熟悉，但何积丰同时自学软件部分X2机的编译系统，并且跟我们这些负责软件配置的老师一起调试。由于他既熟悉硬件又熟悉软件，因此他提出的意见比较中肯。自那以后我就认为何积丰老师能在不是自己负责的科研工作中提出合理的建议，可见水平超人，是一个计算机知识结构中"软硬兼施"的人才。运算控制是计算机硬件的核心，编译系统是当时软件的核心，何积丰成了通晓计算机的人才，这也为他今后在计算机领域取得骄人建树打下了坚实的基础。毕业于复旦大学数训班的何积丰不但精通业务，而且人品极好，有口皆碑。

四、教师间深厚的友谊

在五校合并时期的数学系，我深深感受到原华东师大数学系浓厚的学术气氛。其间我学到了计算机的一些基础，这对日后我的教学和科研活动具有决定性的作用。那时我还年轻，学到的又是计算机机器语言级的基础知识，实在是受益匪浅。教师之间的友谊也很纯洁，虽然具体负责配置软件的是三位教师，实际上一些工作是在教研组讨论的，记得教研组组长王西靖、教师王吉庆等都对软件研制工作无保留地提出过不少有益的意见。

下图是2013年华东师大和上海师大两校数学系教师在华东师大见面时与原计算数学教研室教师的合影，我们怀念那段一起工作的岁月。

左起：徐剑清、黄馥林、邵存蓓、王守根、王国荣、徐国定、王西靖、刘宗海、王吉庆

二十世纪五六十年代数学系
老照片集锦

赵小平

在数学系的学习、工作和生活是每个亲历者都难以忘怀的，但限于当年摄像摄影器材不普及，留下的影像资料不多。幸亏有些老师、同学和学校档案馆保存了一些与数学系有关的老照片，虽然都是黑白的，也不太清晰，但其中的人物和故事非常珍贵。特整理展示如下，供大家欣赏。

一、学习生活

课后的辅导和答疑是数学系教师的基础工作之一，上面两张照片是辅导和答疑的场景。（照片由档案馆提供）左边照片中左一是雷垣教授，雷先生旁边是1959届的徐元钟同学；右边照片中左三是李汉佩老师。

　　上面左边照片的场景正在上习题课，这是一种常见的集体授课方式，讲坛上可以是教师讲解，也可以是学生演示或交流（照片由档案馆提供）。右边照片是同学们在学习使用计算尺，从左至右依次是1958届的李惠玲、严惠萍、陈良中，最右边的男生是交通大学的（照片由郑英元提供）。

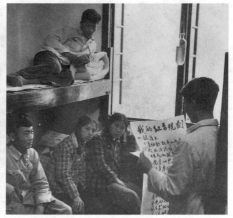

　　学生宿舍也是重要的学习场所和开小组会的地方。上面左边照片是1962届的一间男生宿舍，当时学生宿舍一般每间住八人，四个双层床，中间放两张书桌，自习时同学们团团围坐在书桌旁（照片由郑廷沂提供）。右边照片是1960届的一组学生正在宿舍讨论"红专规划"，在上铺的是王敦珊，下铺左起依次是陈良国、朱文娟和尹克锦，正在宣读《我的红专规划》的是毛羽辉（照片由档案馆提供）。

二、多种办学形式

二十世纪五六十年代，学校也在努力探索更有效的教学形式，除了课堂教学，也尝试理论联系实际，结合生产生活实践进行教学。

教育实习是师范大学学生重要的学习环节，通过教育实习，实现由大学生向教师的角色转换。上面照片是1958届学生在常州市第一初级中学实习时与中学生的合影（照片由郑英元提供）。照片中第二排右三至右五依次是数学系实习生张仁梅、叶为庆、方益民，第二排左三是实习学校的指导教师。

　　上面左边照片是1956届学生在校外进行测量实习，照片中左起依次是陈振富、张观容和唐瑞芬。右边照片是1960届和1961届的部分同学参加上海市第一次中小学数学革新教材的编写，照片是编写现场的一角。详情可见本书郑启明的文章《20世纪60年代上海市数学教材改革的回忆》（照片由档案馆提供）。

　　上面左边照片是1960届的同学在统益棉纺织厂，一边参加生产劳动，一边学习数理统计。照片中是徐钧涛同学在车间做抽样检验工作（照片由徐钧涛提供）。右边照片是1961届学生在用线性规划解决实际问题（照片由刘宗海提供）。

三、劳动锻炼

在二十世纪五六十年代，大学生到工厂、农村、社区和校园进行劳动锻炼几乎是每学期的必修课。下面是与数学系师生劳动有关的照片。

1. 在校内劳动

上面左边照片是数学系几个学生在河西食堂帮厨时的留影。右边照片是一位学生正在为其他同学打饭，那是20世纪60年代的困难时期，食堂使用的是定量饭票。（照片由郑廷沂提供）

前面左边照片是教师们自己打扫办公室,这应该是数学系的总支办公室,右上方是总支副书记田禾文,左上方是总支秘书胡之琤,正在拖地的是系副主任兼副书记郑启明(照片由田禾文提供)。右边照片是师生们正在校内"大炼钢铁"(照片由档案馆提供)。

2. 在农村公社劳动

上面左边照片是1957年青年教师鲍修德(右三)和郑英元(右一)下放虹桥公社高更浪生产队后与农民兄弟的合影(照片由鲍修德提供)。右边照片是1977年在奉贤五七干校蔬菜地,学校教师为萝卜大丰收喜笑颜开。照片中后面三个左起依次是数学系的邱森、郑英元、张胜坤,最右边的是干校的蔬菜顾问(照片由郑英元提供)。

3. 在北新泾炼焦厂劳动

北新泾炼焦厂是个土法炼焦厂,在大炼钢铁的年代,数学系师生曾经在那里劳动锻炼。其中"炼焦"是技术活,由工人师傅自己操作,"装窑"与"出焦"是我们师生的工作:"装窑"就是扛着湿煤粉踏着跳板上窑,"出焦"就是把炼好的火热焦炭从窑里一筐筐地抬出去。无论煤粉还是焦炭,每一筐都有二三百斤重,还要顶着酷暑骄阳。经过那段日子对筋骨和精神的磨练,以后再苦再累的劳动,同学们也总能顶得下来。后面几张照片是我们在北新泾炼焦厂劳动期即将结束时,学校有关部门来厂拍摄的。

照片上除了三四位工人师傅，其余黑不溜秋的几十个人全是数学系1960届"五四连"的英雄好汉（照片由毛羽辉提供）。

在炼焦厂劳动

上面左边照片是鲍修德（后排右四）和苟诗松（后排右一）两位老师带领1961届的学生干部和工人师傅合影（照片由鲍修德提供）。右边照片是1961届的几个女生，从她们的衣着来看，劳动强度挺大的。（照片由刘宗海提供）

4. 崇明围垦

1960年秋末初冬，为了兴建"高校农场"，并抢时间赶在第一次春汛之前筑堤围地,华东师大、交通大学、复旦大学的学生们都来到崇明进行围垦造地。我们数学系的学生是第一批上"战场"的。下面的照片记录了1962届和1964届学生在崇明围垦时的一些生活片段。

　　同学们在崇明住的是极其简陋的芦苇窝棚,上面照片上同学们背后的小窝棚,一般是十几位同学脚对脚地睡在里面。左边照片是1962届的学生,他们称此窝棚为"列宁小屋",借此体验和学习列宁当年流放时的革命精神与豪情(照片由郑廷沂提供,文字说明取自陈保权回忆文章)。右边照片是1964届的学生(照片由张福生提供)。从同学们的表情可见他们当年的乐观主义精神。

前面照片中，天空尚未放亮，月亮还挂在天上，同学们已经排着队，扛着铁锹，顶着凛冽的寒风出工了（照片由陆仲伟提供）。

当时同学们是在芦苇草荡里劳动，早上5点半出工，下午4点半收工，主要工作是割芦苇、搭棚、开路、取土、筑堤。有些地方水深过膝，冰冷刺骨，同学们每天都相互搀扶着淌水往返。上面这些照片记录着同学们艰苦的劳动生活和深厚的同窗友情（照片由郑廷沂提供）。

崇明围垦期间，生活条件很艰苦，后勤服务有时跟不上。记得开工第一天，在工地上"埋锅造饭"不顺利，中午时分还开不了饭。同学们继续干吧，太饿了，不干吧，太冷了，真是"饥寒交迫"啊！一直到下午2点多钟才"开粥"。前面照片就是那天同学们迎风站在泥泞的工地里，手拿饭碗，等着喝粥的情景（照片由郑廷沂提供）。

后来常溪萍书记知道了此事，惦记着大家的艰苦，专门派数学系总支书记刘维南送来香喷喷的"咸肉菜饭"，这顿晚饭在当时围垦高校中传为美谈，可把交大、复旦等学校的"围垦战士"们"馋煞"了。

崇明围垦期间，尽管大家睡不稳，吃不好，但干起活来都是生龙活虎，不甘人后。崇明滩的堤坝从无到有、渐渐隆起，这道堤坝就是后来成为可以开汽车的崇明农场大堤的雏形。

5. 社会服务

数学系学生还经常在学校驻地附近参加一些为民服务的劳动。

上面照片摄于1958年5、6月间，1959届的同学参加白玉路（原曹杨中学大门对面）治理旧河浜的劳动（照片由王学锋提供）。

后面两张照片是数学系的同学们在马路上从容地拉着粪车、垃圾车。这是城市里最脏最累的活，体现出同学们主动与劳动群众打成一片的自觉性（照片由档案馆提供）。

四、文娱活动

除了学习和劳动,同学们还有丰富的文娱活动。下面的照片记录了一些文娱活动片段。

照片上是数学系1958届的女子合唱队。第一排左起是梁照仪、裘丽娟、许珠凤,第二排左起是戴述康、蒋仁雁、董素贞,第三排左起是陈韵君、陈丽倩、赵丽娟、张仁梅。

前排：宋国栋 林景章 冯裕成 后排：陈宗靖 蒋智敏

演活报剧

上面照片上是数学系1961届学生。（照片由刘宗海提供）左边照片是学生乐队，前排是宋国栋（左一）、林景章（左二）、冯裕成（右一），后排左起是陈宗靖、蒋智敏。右边照片是同学们表演活报剧。

上面两张照片分别是校民乐队在复旦大学演出（左）和在苏州演出（右）（照片由张福生提供）。

右边照片是数学系1964届参加学校民乐队的三位同学，左起依次是张伟民、张福生和钱孝华（照片由张福生提供）。

五、体育活动

丰富的体育活动是大部分学生的课余生活内容。

上面这张照片中是数学系最早的男子篮球队（照片由郑英元提供）。1952年年初，学校组织全校学生篮球比赛，而当时数学系仅有25名学生，其中11名男生，无法组建一支男子篮球队。于是和物理系合作，组建了一支"数理篮球队"，由数学系、物理系各5名队员组成，报名参加了当年的全校篮球比赛。照片中后排左一是数学系郑英元同学。

前面左边照片是同学们在宿舍里下象棋，围观同学有一大圈；右边照片是同学们在文史楼前的篮球场打篮球（照片由郑廷沂提供）。

有单项体育特长的学生可以参加某些校级运动队。上面左边照片是田径队在共青场上训练，右边照片是航海队在丽娃河上训练（照片由刘宗海提供）。

在二十世纪五六十年代，数学系的同学们在田径、体操、球类等比赛中成绩名列前茅。至今还能寻觅到几张照片（照片由陆仲伟提供），展示他们夺冠时的风采。

上面左图是在1955年第三届全校体育运动会上，数学系1953级的李绍芬（右）获得高低杠和自由体操两项冠军，陈丽卿（左）获得跳箱和全能两项冠军（照片由李绍芬提供）。右图是在1960年第八届全校体育运动会上，数学系夺得男子4×400米接力赛冠军，四名运动员左起依次是：张梦祥（1958级）、洪

渊（1957级）、陆仲伟（1958级）、叶福义（1957级）。

上面左图是数学系1959级男子篮球队获得全校五年级联赛冠军，六名运动员左起依次是：曹希慈、王雪欣、邱森、戴家幸、冯承德、马惠生（照片由邱森提供）。右图是孟宪承校长（中）正在为参加第三届校运会的数学系运动员颁奖（照片由李绍芬提供）。

在1960年校运会上，数学系获得男子总分第一名和女子总分第二名的优异成绩，运动员们在数学馆前合影留念（照片由陆仲伟提供）。

他们来自各个年级：

1956级的陈金霞（前排左三）、王玲玲（前排右三）、洪声芝（第二排右三）、段克东（第二排右四）、马尚宏（第三排左二）、柳文杰（后排右二）、石光国（后排右四）等。

1957级的邹美琪（前排左二）、娄爱华（前排左六）、徐勇（前排左八）、洪渊（第二排左五）、宋焕德（第二排左七）、曹德镰（第二排右六）、张贵良（第三排右七）、伊亨云（第三排右八）、瞿永然（后排左二）、吕嘉陵（后排左三）、叶福义（后排左四）、曹茂良（后排右一）、方学荣（后排右四）。

1958级的姚婷婷（前排左七）、陈丽珍（前排右四）、吴荣志（第二排左一）、陈骏元（第二排左二）、朱铉道（第二排左四）、陆仲伟（第二排左八）、张梦祥（第三排左一）、喻力生（第三排左三）、司鸿业（第三排右一）、赵德茂（后排左一）、陈江中（后排左五）、刘德心（后排左六）、陈玉辉（后排左七）。

1959级的崔家华（前排左一）、丁玉如（前排左五）、曾雅施（前排左九）、沈安安（前排右一）、姚季辰（第二排右一）、邱森（第二排右二）、唐清成（第二排右四）等。

数学系有些优秀运动员是校运动队队员，他们留下了一些校运动队的珍贵照片。

前面左边照片是校田径队部分成员的合影（照片由陆仲伟提供）。照片中后排左一的张梦祥和左三的陆仲伟都是数学系1962届学生。右二是当时上海市手榴弹纪录保持者政教系的张松岫，右一是田径队辅导员邱伟光老师。

右边是校运动队暑假在华东师大一附中泳池边的合影（照片由陆仲伟提供）。照片中有数学系1962届的运动员陆仲伟（第二排左四）、最轻量级举重健将罗秉良（第二排右一）、陈宛平（第三排右一）和戴自禄（后排右一）。第二排左三是校足球队队长吴在田。

校运动队也参加了崇明围垦，上面照片是他们在崇明时的合影（照片由陆仲伟提供）。其中前排中间穿浅色风衣的是校党委卓萍同志，右一是田径队教练王天佩老师。

前面照片是校党委书记常溪萍（前排左五）和运动员在学校办公楼前的合影（照片由陆仲伟提供）。照片中数学系的同学有陆仲伟（第二排左一）、陈荣林（第二排左三）、张梦祥（第二排左四）和方长荣（第三排右一）。

六、夏令营和军训

上面左边照片是1954年上海市高等学校学生夏令营在华东师大举行，参加夏令营的学生在校门口合影（照片由李绍芬提供）。右边照片是数学系1961届学生在练习射击（照片由刘宗海提供）。

七、教师活动

1. 参加"四清"运动

1964年"四清"运动开始，数学系陈昌平等十余位教师前往安徽全椒参加运动，他们在参加运动的同时，也向农民学习农活技艺。右边照片是陈昌平老师在向农民学习捆秧（照片由档案馆提供）。

2. 函数论教研组的集体留影

上面照片是函数论教研组在初创时期（约1961年）的合影（照片由张奠宙提供）。前排左起：章小英、李惠玲、黄淑芳、程其襄、史树中、郑英元、陈坤荣、华煜铣。后排左起：何平生、黄馥林、王家勇、李锐夫、张奠宙、陈效鼎、宋国栋（曹伟杰缺席）。

上面是1962年五四青年节函数论教研组在豫园的合影（照片由张奠宙提供）。前排左起是：曹伟杰、张奠宙。第二排左起是：章小英、进修教师、史树中、陈效鼎、王家勇。后排左起是：陈坤荣、黄馥林、华煜铣、进修教师。

3. 概率论教研组的集体留影

上面是1963年概率论教研组去复兴岛春游时在复兴岛公园集体留影（照片由袁震东提供）。左起依次是：林忠民、李振芳、吕乃刚、进修生、阮荣耀、朱素秋、张逸、王玲玲、费鹤良、陈杏菊、袁震东、李陕曾、汪振鹏。

4. 学术交流

20世纪50年代（1953—1956年间），美国数学家赫伯特·豪普特曼（Herbert A. Hauptman）来数学系访问，留下几张以数学馆为背景的珍贵照片，下面是其中的两张（照片由李锐夫家属提供）。

赫伯特·豪普特曼是1985年诺贝尔化学奖得主。他早年是数学家，20世纪40年代在美国马里兰大学获得数学博士学位。

前面左边照片是李锐夫先生向豪普特曼介绍学校情况。右边照片是豪普特曼与中国数学家在数学馆前合影。其中，除豪普特曼（后排左六）外，还有中国数学家：陈建功（后排左五）、苏步青（后排右三）、谷超豪（前排左四）、夏道行（前排左六）、孙泽瀛（前排左五）、李锐夫（后排右五）、程其襄（前排右一）、白正国（后排右二）等。

5. 校外函授

1956年华东师大开办函授教育，主要培训在职中学教师。数学系函授工作由余元希老师分管，在江苏的无锡、南通、南京，浙江的嘉兴、杭州、金华，以及上海，共设置了7个函授辅导点。下面照片是1956—1957年间系主任孙泽瀛和分管函授的余元希老师到杭州的辅导点调研函授情况，与当时在杭州任教的老师们合影（照片由刘景德提供）。

照片中从左起依次是：刘景德、孙泽瀛、余元希、〇、潘曾挺、李汉佩、林忠民。

后　记

　　这部书稿的编写经历了很长的时间。早在校庆六十周年之前，数学系的老教师们就酝酿把数学系创建至今的发展脉络完整地整理出来，把数学系几代人坎坷曲折的经历和砥砺进取的过程记录下来，为撰写数学系的系史搜集、抢救史料，整理成文。

　　然而，六十年的峥嵘岁月从哪里开始整理，令大家颇费思量，特别是年代较远的人和事，需要有可靠史料或当事人的确认。经过"文革"的冲击，经过20世纪70年代的五校合并和分校，经过数学系的两次搬家，系里曾经留存的一些业务档案、会议记录和集体活动的照片等资料已所剩无几了。而学校档案中对数学系的记录不多，且都是比较简略的条目，缺少细节和关联性。而且随着岁月的流逝，历史事件中的当事人离我们越来越远，越来越少。鉴于这种状况，我们先从以下两方面做工作：

　　一是梳理出数学系几十年的主要发展轨迹。这项工作是由张奠宙和郑英元两位教授领衔的，他们都是建校初期进入数学系的，对数学系早期的事情和人物比较了解，对当事人的咨询和采访更有针对性。他们花费了大量精力采访老教师，编辑了《华东师范大学数学系简史（1951—1976）（初稿）》。随后数学系指派温玉亮等老师参照学校档案，对"简史"进行校对和补充，编辑了《华东师范大学数学系系史（1951—1977）》。

　　二是组织集体回忆，搜集珍贵史料。时任老教授协会数学分会会长陈志杰和张奠宙在数学系网站上开辟了《往事与随想》专栏，动员数学系的退休教职工和曾在数学系工作或学习过的校友、系友，来写一些回忆、记事、随想、评论和校友活动的文章,用当年的老照片和原始资料,附上背景的文字说明,在专栏里发布。这项措施很有效,大量图文并茂的文章在专栏里出现,为我们提供了丰富、生动、翔实的素材,同时也为某些历史事实的确认提供了一个讨论的平台。

在数学系党政领导的支持下,我们把《华东师范大学数学系系史(1951—1977)》和《往事与随想》专栏积累的资料汇集成《传承——华东师范大学数学系纪事(第一辑)》,于2017年10月在数学系校友联谊会成立大会上赠送,征求老校友的意见,准备将该资料集整理后正式出版。

该资料集包含四部分内容:

纪事篇:数学系的重要历史记录。

人物篇:为数学系老一辈名师立传。

学科篇:为数学系各学科的发展留史。

留痕篇:为曾经在数学系停留过的人和发生过的事留痕。

2018年,学校老教授协会组织编写华东师范大学《传承》丛书,我们正在编撰的《传承》被纳入学校的这套丛书。于是,我们参照丛书的要求,对原书稿内容做了较大的补充、调整和修改。考虑到篇幅的限制,将原书稿内容按时序做了裁截,原则上截止到"文革"结束(《学科篇》部分适当放宽)。

在《纪事篇》中,我们以前期编辑的两版"数学系系史"为基础,进一步查询了学校档案、学校大事记、校史、教师的人事档案、学生的学习卡、课程表等更多资料,使记录内容尽量准确、丰富。

在《人物篇》中,我们所介绍的名师除了那些学贯中西的著名数学家,还有长期为我国中小学基础教育做出杰出贡献的教育名家,以及一辈子在数学系办公室兢兢业业地工作、受到全系师生爱戴和崇敬的老教务员。在本篇中,我们只选录了已经过世的老一辈名师,数学系的后人将永远敬仰和怀念他们。

在《学科篇》中,我们所介绍的学科发展史除了已经成为"世界一流"和"世界知名"的学术团队,还有曾经在数学系几起几落、百折不挠,但半途与其他学科跨界整合并在其他院系开花结果的团队。

在《留痕篇》中，我们让尽可能多的早年系友留下他们在华东师大数学系的痕迹，留下他们激情燃烧的青春影像。

本书稿是数学系历史记录的第一辑。20世纪80年代以后，数学系迎来科学的春天，进入发展的快车道，后面的历史情节更加精彩绚烂，将由新的亲历者来日再叙。

书稿的资料甄选、整理、统稿、校订等工作主要由本书编委会负责；数学分会的老教授们和数学系各届热心系友为我们提供了大量历史资料和老照片，辨认出很多即将被历史湮没的人和事，使我们深受感动；学校老教授协会和华东师范大学出版社的领导给予我们悉心的指导，学校档案馆、校史办和人事处为我们查询资料提供很多方便。在此，我们表示衷心的感谢！

本书编委会

2020 年 8 月 19 日